城市化与水文过程

许有鹏 等 著

科学出版社

北 京

内 容 简 介

本书针对城市化下水文特性变化所导致的洪涝灾害与水污染频发问题，采用多学科综合分析方法，探寻了高强度人类活动下水文过程演变规律，阐明了不同下垫面下"四水转化"规律以及河流水环境变化特征。同时，以我国高度城市化长江下游三角洲地区为典型，综合考虑了城市区域陆-气交互作用，将中尺度陆-气耦合模型与城市冠层模块相叠加，探讨了城市化发展对产汇流过程的影响。基于此，进一步分析了极端暴雨洪水事件频率变化，模拟并评估了城市化下洪涝风险动态变化，提出了水安全保障对策，以期协调改善城市化与区域洪涝风险的关系，为防洪减灾决策提供支持，促进城市水文研究的深入发展。

本书可为研究我国城市化对水文过程影响提供科学依据与参考，也可供地理、水利、生态环境等相关领域的科学研究人员、工程技术人员、管理决策人员及本科大专院校、科研院所师生使用与参考。

审图号：GS 京（2022）0675 号

图书在版编目（CIP）数据

城市化与水文过程/许有鹏等著. —北京：科学出版社，2022.8
ISBN 978-7-03-072882-1

Ⅰ. ①城… Ⅱ. ①许… Ⅲ. ①城市化–关系–区域水文学–研究–中国 Ⅳ. ①P344.2

中国版本图书馆 CIP 数据核字（2022）第 147259 号

责任编辑：黄　梅/责任校对：郝甜甜
责任印制：师艳茹/封面设计：许　瑞

科 学 出 版 社 出版
北京东黄城根北街 16 号
邮政编码：100717
http://www.sciencep.com

北京九天鸿程印刷有限责任公司 印刷
科学出版社发行　各地新华书店经销
*
2022 年 8 月第 一 版　开本：787×1092　1/16
2022 年 8 月第一次印刷　印张：15
字数：348 000

定价：179.00 元
（如有印装质量问题，我社负责调换）

前　言

城市化（或称城镇化）是社会经济和人口向城市地区高度集中的过程，是社会经济发展的必然结果。截至 2018 年，全球城市化率已达到 55%，预计 2050 年全球约 68%的人口将居住在城市地区。

城市的兴衰、文明的演替与水源息息相关，城市化与水文过程也存在着紧密交织的联系。水文过程是气象要素与下垫面综合作用的产物，是流域内的降雨经过下垫面调节形成流域出口径流的过程。城市化快速发展改变了局部气候条件，形成了城市的热岛效应、雨岛效应以及干湿效应，导致城市极端暴雨事件频繁发生。同时城市化发展使得流域内土地利用/地表覆被发生较大变化，河流水系衰减严重，使得水文循环过程发生变异，导致洪峰提前，洪水流量加大，极端洪涝事件频频发生，同时河流自净能力下降，水污染问题日趋严重。由此引发了一系列洪涝与水生态环境问题，已严重影响到人类生存与发展。

中国是世界上遭受洪水灾害最为严重的国家之一，洪水灾害导致的巨大损失危害到社会经济可持续发展。其中长江三角洲地区尤为典型，该地区位于我国东部，是长江入海的地区，也是我国经济发展最快、城市化程度最高的地区之一。而该地区平原河网地势低平，易受到江海潮位的影响，排水不畅。近年来，随着城市化的快速发展，城市地区社会经济活动和人口较为集中，不透水面大规模扩张，河网水系锐减，区域洪水灾害威胁加剧，水生态环境问题突出。该地区气候变化和土地利用/地表覆被变化促使区域水循环过程发生改变，城镇化发展等人类活动导致洪水过程显著变化。

本书借助遥感和 GIS 空间分析技术以及宏观分析与实验观测相结合的方法，从自然地理学、气象学、水文与水动力学、河流地貌学、景观生态学等多学科的视角，分析了不同下垫面特征下"四水转化"规律以及快速城镇化下水环境变化特征，探寻了高强度人类活动下水文过程演变规律。同时通过水文计算、数值模拟等途径，综合考虑了城市区域陆-气交互作用，将中尺度陆-气耦合模型与城市冠层模块相叠加，探讨了城镇化发展对降雨径流过程的影响。在此基础上，进一步开展了城市极端暴雨洪水事件的频率变化分析，模拟并评估了城市化下洪涝风险动态变化，提出了城镇化地区水安全保障对策，以期协调改善城市与区域洪涝风险的关系，为城镇化下防洪减灾提供支持，同时促进城市水文研究深入发展。

全书共分为八章，主要从城市化与水系演变关系、城市化水文效应、洪涝及水环境等方面进行了较为详细的介绍和机理分析。其中，开篇主要回顾了当前城市化水文水环境效应研究进展，明确深入开展该研究的迫切性与必要性；第二章在分析了长三角城市化发展对流域下垫面影响的基础上，探讨了城市化发展对河流水系的影响；第三章探讨了城市化下降雨格局演变特征、城市化对极端降水的影响；第四章介绍了城市化水文观测对比实验的构建与观测情况，进而探讨了城市化下"四水转化"规律；第五章揭示了城市化地区水文变化特征，同时对城市化地区降雨径流过程进行模拟分析；第六、七章则在前述章节的机理探究基础上，进一步评价了城市化地区洪涝风险及河流水环境与健康状况；最后，第八章着眼于城市化水文效应研究前沿与发展趋势。

本书致力于探讨城市化发展对局部气候气象条件的影响，分析城市化扩张对下垫面与河流水系影响特征，探寻城市化降雨径流规律变化，揭示城市化对水文过程影响机制，预测水文过程的变化趋势，探讨城市化下防洪减灾与水环境保护措施，以促进该地区城市化持续发展。其目的在于推动我国东部地区城市化对流域水文过程的影响研究，促进城市水文学的蓬勃发展。

本书依托于国家重点研发项目课题及专题"长三角地区城镇化对水文过程与水安全影响研究"（2016YFC0401502）、"高度城镇化对长江下游产汇流机制的影响"（2018YFC1508201-02），国家自然科学基金项目"城镇化对长江下游地区产汇流影响机制与洪涝防控研究"（41771032）、"流域水系结构与连通变化对洪涝与水环境影响研究"（41371046）及国家自然科学基金长江水科学研究联合基金"长江中下游大型城市洪涝灾害成因与防洪对策"（U2240203）等研究成果，同时本书也是近年来科研团队多位博士、硕士研究成果的凝结与体现。

本书由许有鹏统筹，其先后主持了书中各章节内容的研究，并确定了全书章节安排：第一章由陆苗、许有鹏、林芷欣编写；第二章由林芷欣、王柳艳、李子贻、周峰等编写；第三章由高斌、袁甲、吴雷、何玉秀、韩龙飞等编写；第四章由陆苗、王强、周才钰、代晓颖、徐羽等编写；第五章由王强、王跃峰、韩龙飞、王杰等编写；第六章由高斌、王丹青、王跃峰、徐羽等编写；第七章由于志慧、高斌、王思远、邓晓军等编写；第八章由许有鹏、陆苗等编写。最后由许有鹏、陆苗、王强、林芷欣、高斌、于志慧审校定稿。同时感谢徐光来、季晓敏、张倩玉、杨洁等多位老师和研究生先后参与本书各章节数据收集、研讨分析等其他研究工作。此外，全书还得到了刘国纬教授、王腊春教授、张兴奇副教授、杨龙副教授等众多同行的支持和帮助，长三角有关流域单位和人员在资料收集、野外实验以及流域考察等方面也给予了大力支持和帮助，在此一并致谢！

本书以长江三角洲地区为例，虽在城市化与水文过程变化方面进行了一些分析，但由于影响城市化地区水文过程变化要素错综复杂，涉及气候自然变化、人类活动影响等多方面因素，同时不同地区城市化对水文过程影响均有不同特点和规律，城市化水文效应仍亟待深入研究。

由于作者水平与时间限制，本书目前只是初步探讨，许多方面研究还有待进一步深入分析和完善，书中一些不妥之处敬请批评指正。

目　　录

第一章 绪 论

流域水文过程是气象要素与下垫面共同作用的结果，是流域内的降雨通过地表下垫面调节作用，最终形成流域出口断面径流的过程。近年来经济快速发展，特别是城市群落迅速崛起，使得流域地表土地利用/地表覆被类型发生较大变化，不透水面积大幅增加，改变了地表产汇流变化规律，导致流域水文过程特性发生较大变化。

城市发展不只满足于单个城市的扩张，而是从小城市逐步发展成中等城市、大城市，进而形成大都市区、城市群，最终形成大都市连绵带。伴随着城市化速度的加快，城市面积不断扩大，地表下垫面属性发生剧烈改变，天然河网水系受到较大冲击，明显改变了流域、区域、城市自然状态下的水文过程及其特征规律。一方面，城市化直接改变了地表土地利用状况，不透水面积增加、河道渠化，破坏了河流的自然演变规律。另一方面，自然地表变为不透水面、水域面积被侵占、水系结构的改变等造成区域产汇流特性改变，带来地表径流增加、汇流时间缩短、洪峰流量增大、径流系数增加等一系列变化，造成区域河网调蓄能力下降、洪涝频繁发生，并导致河流水质恶化等水环境、水安全问题。

第一节 城市化发展现状

城市化（也称为城镇化①）是国家经济结构、社会结构、生活生产方式的根本转变，也是长期积累和长期发展的渐进式过程（戴均良等，2010）。城镇化不仅涉及产业转型、城乡结构调整、基础设施建设，还需要资源、环境、政策、管理等方面的支撑（陆大道，2007）。新型城镇化的建设与城镇化质量的提升、中国经济向高质量发展转型、新时代"两个阶段"战略目标实现息息相关（陈明星等，2019）。

随着区域社会经济发展，人口纷纷向城市集中，城市数量、规模迅速增加。改革开放 40 多年来，我国城镇化水平翻了 1.5 番，超过了世界平均城镇化水平 3.7 个百分点（方创琳，2018）。中国城镇化进程前所未有的速度与规模，吸引了地理学、社会学等学科的众多学者广泛关注。众多学者分别从全国、区域、城市这 3 个不同尺度对中国城市用地扩张特征与空间模式进行了总结（李加林等，2007；刘涛和曹广忠，2010），也有学者从人口、经济、社会和土地城镇化等角度分别对中国、珠三角、江苏的城镇化进行综合分析与评价（周春山等，2019）。此外，不少学者从国家政体与政策方面对城镇化过程进行评价，认为城市发展和建设与城市政府的制度安排、政策选择密切相关（许学强和叶嘉安，1986；宁越敏和杨传开，2019）。

---

① 城市化与城镇化概念在有关城市规划学科中有一定差别，本书中主要分析城市化以及城镇化所引起的下垫面变化以及这种变化对水文、水资源与水环境的影响，故对这两个概念不加严格区别。

两个或多个城市体系之间，由于引力加强会出现互为郊区的局面。随着不断扩大的大城市环带日益接近，中间城市区域被吞并，出现了城市连绵带或超大城市。近数十年来的快速发展，我国已初步形成 28 个不同规模、不同等级和不同发育程度的城市群（姚士谋等，2010），如珠江三角洲城市群、长江三角洲城市群、京津冀城市群等。同时，我国城镇化过程中也出现了"冒进式"城镇化的现象，造成许多负面影响（陆大道，2007）。一方面，"人口城镇化"存在大量水分，出现一定程度的虚假城镇化和贫困城镇化（周一星，2006）；另一方面，"土地城镇化"的速度过快，城市空间蔓延式大扩张（陆大道，2007；马立呼等，2021），造成了资源、环境的巨大压力。近年来，我国众多的城镇化地区资源、生态和环境状况严重恶化，耕地、水资源等重要资源过度消耗，景观、生态环境受到严重破坏（伍健雄等，2021）。

第二节　城市化与水文过程

一、城市化下降雨过程

城市下垫面对降雨的影响较早就得到学者关注，Horton（1921）通过对多个城市的观察发现城区暴雨频率高于郊区，提出了城市"雨岛效应"猜想。随后众多学者开始关注城市化对降雨的影响，并开展了城市气象观测实验。其中美国城市气象实验（metropolitan meteorological experiment，METROMEX）发现城市中心和其下风向降雨明显增加（Changnon，1968）。这些观测实验主要借助地面雨量站、探空气球等，可能存在降雨空间代表性不足的问题。

气象雷达和卫星遥感技术的发展，为城市化对降雨的影响研究提供了更高时空分辨率的观测数据。借助气象雷达发现，由于城市冠层中建筑物阻碍效应，降雨落区呈现分化，对流性降雨的中心极易出现在城市边界和下风向地区，证实了城市下垫面在激发对流和增强对流活动中的作用（Bornstein and LeRoy，1990）。基于 TRMM（tropical rainfall measuring mission）卫星降雨观测资料发现，夏季降雨量在城市下风向 30～60 km 范围内增强 28%，在城区增强约 5.6%。

随着计算机运算能力的提升以及数值气象模式的不断发展，学者开始借助气象数值模拟技术定量分析城镇化对降雨的影响及其物理机制。相关研究在全球许多城市和地区都有开展，如美国圣路易斯（Rozoff et al.，2003）、纽约（Ntelekos et al.，2009），欧洲（Trusilova et al.，2009），新加坡（Li et al.，2016），中国上海（张赟程等，2017）、珠三角（张兰等，2015）、京津冀（Wang et al.，2015）、长三角（Zhong et al.，2017）等。

相关研究均得出城镇化发展会对降雨产生一定影响，但对于其对降雨的影响程度，尚存在一定分歧，甚至有一些相反结论。如有学者认为城市地表粗糙度增加对降雨有显著影响，城区建筑增多可能促进云团分叉并增加强降雨比例（Wang et al.，2015）；而另外部分学者认为城市化导致的气流分叉或破碎能否在城区或下风向地区增加降雨仍需验证，如 Rozoff 等（2003）认为城市下风向地区产生的气流辐合不足以引发暴雨，Zhang 等（2009）认为北京城市扩张降低了地表自然植被覆盖率，会减少地表蒸发以及距地大气水分供应，不利于夏季降雨发生。

城镇建设导致地表热力性质和水热平衡发生变化，改变了区域气候环境，引发"雨岛效应"等现象。当前，城镇化对降雨的影响研究主要可归纳为两种：①通过在时间上纵向对比城镇不同发展阶段某雨量站降雨特性变化特征，如降雨总量、降雨强度和降雨历时等；②分别选取城区和郊区典型雨量站，利用横向对比城郊站相同时期降雨特性。如 METROMEX 实验发现，圣路易斯等城市中心和下风向地区降雨增加明显（Changnon，1979）。丁瑾佳等（2010a）通过横向对比苏锡常典型城郊站点降雨资料，得出随着城镇化发展速度的加快，苏州市和无锡市"雨岛效应"越发明显。陈秀洪等（2017）发现，广州市快速城镇化阶段城区短历时降水频率和强度均有一定程度的增加。由于雨量站数量有限，该方法难以反映出降雨在流域上的分布情况，所得结果误差较大。随着气象综合观测实验和中尺度气象模式的逐渐发展，利用气候模式定量化分析城市发展对局地降雨影响研究逐渐成为主流。目前，国内对该领域的研究主要集中在东部发达地区。一般认为，城镇化会引发热岛效应，结合全球变暖为主要特征的气候变化，极可能加速区域水循环过程。且大气颗粒物的增加和城市上空粗糙程度的上升，都将导致降雨量增加（张珊等，2015；Yu et al.，2017）。

但是，随着城镇化的快速推进，不透水面积增加，使得地表水面积减小，阻隔了浅层地下水对区域水资源蒸发的补给作用，导致局地空气含水量下降，使得区域蒸发和降水有所下降。如 Barron 和 Donn（2013）发现西澳大利亚南河流域，不透水面扩张造成地下水蒸发由入渗量的 90% 下降到不足 30%；在中国秦淮河流域，当城市不透水率由 4.2% 上升到 13.2% 时，地表蒸发量减少了 7.2%；陈莹等（2011）将土地利用变化模型与水文模型相结合，模拟结果表明土地利用变化将使得太湖西苕溪流域地表年均蒸发量减少 0.68%～3.15%。

二、城市化下洪水响应过程

在气候变暖和人类活动影响日益加剧的环境下，降水变异强度增加，洪涝灾害呈高频态势。学者们针对洪涝问题进行了诸多有益研究，主要从水位的长序列变化、暴雨洪涝响应以及洪涝水位演变的驱动机制等方面展开。研究发现，以城镇化、水利工程建设及裁弯取直等工程措施为典型的人类活动对洪涝水位的影响存在明显的阶段性与突变性特征（王杰等，2019）。不同下垫面条件具有不同的植被特征，而植被根系效应对区域洪涝过程影响较大（Scholl and Schmidt，2014）。城镇化地区极端暴雨事件增多、河网水系锐减和圩垸等水利工程的大规模修建给区域洪涝水位变化带来深刻影响（Jiang et al.，2020）。

由于流域水文过程受气象要素与下垫面共同影响，城市化下流域不透水面积增加、河流水系衰减必然影响到流域产汇流机制变化，而暴雨是引发洪水的最直接因素之一，厘清洪水对于暴雨特征的响应对防洪减灾具有重要意义。降雨对洪水要素影响的主要研究方法包括：①基于实测降雨站点观测资料提取降雨指标并探讨其与洪水特征的关系（王杰等，2019）；②基于降雨随机模拟模型或降雨强度分布公式，探讨不同降雨类型对洪水要素的影响（Wang et al.，2019）；③基于降雨雷达或天气预报模式（如 weather research and forecasting model，WRF）并结合分布式水文模型，探讨降雨时空分布对洪水特征的影响。Wang 等（2019）基于水文模型探讨了短历时的降雨时间变异性对洪水过程的影响，结果发现，当降雨总量一定时，降雨集中度增加将会导致洪峰流量增加。Yang 等（2019）基于实测洪峰资料发现，我国特大洪峰受到天气系统的影响，其中北方地区及东南地区主要受到台风的影响，而南方地区主要受到夏季风控制的极端暴雨影响。同时，相关研究表明，近几十年来全球及区域尺度的极端降雨的频率和强度均有所增加，导致洪水灾害风险也在增加（Yin et al., 2018）。

同时，下垫面特征（如流域空间尺度、地形和下垫面土地利用特征等）直接影响了区域产汇流过程，从而会导致洪水特征发生变化（李倩，2012）。首先，空间规模反映了流域的汇水空间和集水能力。已有研究表明，流域面积越大，洪水汇集到流域出口的过程越长，产生的洪峰流量越大（Borga et al., 2008）。李倩（2012）通过模拟城市空间布局情景，探讨了不透水面的空间分布差异对洪水的影响，结果发现当流域不透水面增量一定时，不透水面分布在流域上游时对洪水影响最大。

但由于各流域自然地理特征的差异，洪水特征对流域空间尺度的响应也存在一定的区别。有研究表明，洪峰滞时和洪峰流量随流域面积增大而增大，且与流域面积呈现一定的指数关系（Creutin et al., 2013）。其次，流域地形特征也是影响洪水过程的重要因素。有研究通过室内试验发现，相同重现期降雨过程下，洪峰流量与流域比降呈现单调递增的线性关系（曾杉，2018）。快速城镇化发展，不透水面（如混凝土、沥青的路面、墙面）大幅扩张，取代了原来的自然下垫面（如植被、水面等），而不透水面通常具有弱透水率、低反射率以及大热容量等物理属性（杨龙，2014）。城市下垫面物理属性的改变可能直接影响了水文循环的大气和产汇流过程，引发了一系列生态环境问题，如城市热岛、雨岛效应和暴雨洪水灾害等，城镇化水文效应研究愈加迫切（刘家宏等，2014）。

此外，流域前期条件（如起始流量、前期降雨和前期土壤湿度等）也是影响洪水特征的重要因素（Cea and Fraga, 2018）。通过对不同城镇化流域洪水响应特征对比分析发现，前期降雨在高度城镇化流域对洪水影响较小，而在低度城镇化流域影响较大（Zhou et al., 2017）。通过对比极端降雨和前期湿度对洪水的影响发现，极端降雨对洪水的影响相对前期湿度变化的影响较大（Garg and Mishra, 2019）。由此可见，在不同城镇化水平和不同气候特征影响下，洪水特征对于流域初始条件的响应也有所差异。

目前对于城镇化地区洪水响应规律的研究，相关学者开展了许多有益的尝试，丰富了我们对于洪水变化规律的认识。但由于城镇化地区的影响因素错综复杂，相关研究开展的背景不一，尚未形成统一的城镇化地区洪水响应规律的认识。并且现有研究多是基于单一因素开展的洪水响应特征分析，尚未综合分析各影响因素对城镇化地区洪水响应的相对影响。城镇化影响下的洪水响应问题仍是水文、地理和大气科学等学科关注的热点问题，并且重点关注水文循环的变化特征和机理（刘家宏等，2014；杨大文等，2018）。

然而，限于观测数据和经济条件，相关研究多在单一流域开展观测和模拟分析，且研究结果及结论多是针对该流域的特定条件，针对城镇化地区水文实验相对较少。而对于地形复杂和影响因素较多的城镇化地区，单一流域的观测及模拟研究相对片面，尚难以定量揭示各影响因素对洪水特征的相对影响。同时，从产汇流或者水文循环大气过程单方面来考虑的城镇化水文效应的结论可能相对片面。因此，相关研究在城市水文观测实验、洪水响应规律及影响因素的定量分析、陆-气耦合模拟研究等方面还有待进一步深入。

三、城市化下洪涝风险

洪水灾害（也称为洪涝灾害）常指由于暴雨或极端暴雨造成地表大量积水，引起居民点、城镇或农田因淹没而造成人员伤亡或经济损失的自然灾害。洪水灾害是当今世界上发生最频繁和危害最大的自然灾害之一。城市洪涝灾害已成为影响中国城市公共安全的突出问题，也是制约中国经济社会发展的重要因素。其损失占各类自然灾害损失的40%以上。随着人类经济发展，城市化快速崛起，洪水灾害带来的损失越来越大。据《中国水旱灾害公报 2018》统计数据显示，2000~2018 年中国因洪涝灾害死亡 21720 人，直接经济损失 31639.52 亿元。

城市化进程不仅引起局地气候变化，增加了城市区域的降雨量，加大了城市地区的暴雨强度；而且不透水面的增加，增大了洪峰流量和缩短了径流汇流时间，增加了地表径流成分并缩短了流量过程，使得洪水频率增大；再加上河流水系结构变简单，河湖连通受阻，共同导致了城市地区的防洪压力不断增大。东部地区是我国城市化发展最为迅速的地区之一，该地区基本是我国主要江河的下游地区，由于地势平缓、河段纵比降小，流域上游洪水一旦进入下游地区往往是峰高量大，通常会大大超过下游河道泄洪能力，如果再加上潮水顶托，即会产生较大的洪涝灾害。

由于人们对于自然灾害风险研究侧重方向的不同，国内外对洪水风险的内涵以及分析途径还未获得统一认识。总体来看，自然灾害风险的定义主要从两方面来考虑：一是考虑风险事件发生的概率，二是在概率的基础上加入风险事件导致的后果（马保成，2015）。城市洪涝灾害是自然灾害的主要表现形式之一，根据自然灾害风险定义，结合城市洪涝灾害特性，其风险可以定义为危险性和易损性的综合表征（李超超等，2020）。开展洪水灾害研究，需要广泛调查搜集洪水灾害和社会经济基础资料，分析研究自然条件、社会、经济因素对洪水灾害的影响程度，同时还需要分析洪水灾害对社会经济发展和环境带来的后果，并不断深化对洪灾发生、发展规律的认识，寻求防洪减灾的应对措施。

目前洪水风险的定量分析主要包括洪水事件的性质和量级、洪水事件出现的可能性以及洪水事件出现后可能造成的损害 3 个方面内容。洪水事件的性质和量级主要讨论洪水的成因以及最高水位、最大流量和洪水总量的大小等；洪水事件出现的可能性一般是指超过一定量级洪水的出现频率或重现期；洪水事件发生后可能造成的损害则主要包括淹没范围、洪灾经济损失以及人员伤亡等多项内容。在洪灾风险中，由于不同量级的洪水发生的概率不同，相应所造成的洪灾损失值也不同，故应对不同洪灾损失及其相应发生的概率进行估计，求出不同程度的洪灾损失的概率分布以及可能遭遇的各种特大灾害的损失值和相应的概率，使决策者对该种风险出现的概率、损失的严重程度等有比较清晰的了解。目前国内外洪涝灾害风险评估较为常用的方法主要有历史灾情评估法、指标体系评估法、遥感影像评估法和情景模拟评估法。

历史灾情评估法是利用历史暴雨洪涝灾后调查数据，基于数理统计方法对城市受灾情况进行分析评估，该方法应用较早（卞洁，2011）。指标体系评估法是利用形成城市洪涝灾害的直接和间接指标，对洪涝灾害进行估计和预测，其理论基础是认为洪涝灾害是致灾因子、孕灾环境和承灾体的综合函数，核心是指标的选取和权重的确定（李远平等，2014）。指标的选取与洪涝类型、空间尺度、研究区特征等相关，权重确定的方法有层次分析法、模糊逻辑、主成分分析、专家打分法等（张正涛等，2014）。遥感影像评估法是利用暴雨洪涝期间的遥感影像数据对地面受灾情况进行估算，在时效性和评估范围上具有很大优势（徐宗学等，2018）。然而，该评估方法受制于遥感影像的分辨率和影像解译的准确率，且一般获取的是洪涝淹没的大致范围，而不能反映淹没水深和地表流速等关键信息。情景模拟评估法主要利用数学模型对洪涝过程进行模拟，并采用未来预测或设计降雨数据对可能发生的洪涝灾害事件进行评估（周峰等，2015）。该方法能够直观、精确地给出城市洪涝灾害风险的空间分布特征，可以为防灾减灾及风险管理决策提供一定的参考依据，并为灾害风险转移提供数据支撑。随着数据搜集技术和水文水动力学模型的发展，情景模拟法将成为洪涝灾害风险研究发展的必然趋势。

流域内水文地理特征和大气环流异常是造成区域洪涝灾害的主要原因。随着城镇经济的迅猛发展，区域不透水面积急剧扩张，地表植被及河湖水系破坏严重，加之防洪工程调度的影响，出现了洪涝风险空间转移现象，使得部分区域洪涝风险加剧。由于影响洪水的因素错综复杂，就目前人类的认知水平，尚无法完全预知未来相当长时期内洪水发生的确切时间和真实过程，人们对未来发生洪水过程还不能做出完全准确的模拟预测，因此人们通常是将洪水灾害的发生作为随机事件加以分析处理，引进洪涝灾害风险评估方法，定量评估某一地区出现某种类型洪涝灾害的可能性。

起初，人们应付洪涝的思想是人定胜天，通过各种工程和非工程性措施减少洪水泛滥的频次和程度，在一定程度上遏制了洪水的威胁。但由于自然和经济方面的原因，洪水灾害目前还难以彻底防范或根本消除，洪水风险总是伴随人类的日常生活而存在。当前，人水和谐的概念受到相关学者和部门的重视，通过开展洪水风险评估、洪水预报与预测工作，采取洪水风险管理等手段，应对区域洪涝防控问题。

目前国内外洪涝灾害风险的研究除了洪灾风险评估之外，还包括洪涝灾害风险因子的识别、揭示洪涝灾害风险形成机制、控制和减轻洪涝风险的对策研究等方面。洪灾风险研究是防洪减灾的基础和重要技术支撑，有助于相关防洪规划的制定；有助于规范区域开发管理与防洪工程建设，是实施非工程措施的重要依据；有助于增强全民防洪减灾意识，促进全社会防洪救灾及洪水保险的开展。总体上，目前该领域的研究主要从宏观层面出发，探究城镇化下区域洪涝风险变化特征。但由于城市人口和社会财富具有空间集聚性特征，往往需要通过防洪工程的修建，强化局部重点区域的防洪安全。因此，需要深入分析防洪工程调度模式对不同区域洪水的影响程度，探讨合理科学的调度方式，为区域防洪减灾提供科学依据。

第三节　城市化与水环境

一、河流水质变化

近年来，随着城市化的发展、工农业的迅猛发展、人口的增加，工业废水和农业污水排放显著增加，地表水水质恶化，引起了许多学者的关注。在国外，水质评价研究起步较早，Horton、Brownd 和 Nemerow 提出了一系列评估方法，然后在欧亚地区开始了大量的水环境评价研究（王维等，2012）。早期的水质评价以颜色、味道等简单指标为评价对象。随着水质评价方法研究的深入，水质评价指标逐渐丰富。此外，随着数学模型的引入，水质评价方法精确性也越来越高。

目前国内外的主要水质评价方法可分为两类：流域综合水质评价方法和监测断面评价方法。国内外学者应用最多的流域综合水质评价方法主要包括聚类分析、主成分分析、判别分析、回归分析以及自组织映射算法（Giraudel et al., 2001）。以印度的 Gomti 河流域为例，判别分析被用于分析流域水质的时空变化特征，聚类分析被用于验证特征，结果显示基本相同（Singh et al., 2004）。采用趋势检验、聚类分析、主成分分析方法，发现地球成因学、气候、人为因素为西班牙 Ebor 河逐月水质的主要影响因素，造成该河流的上下游水质较好，而中游污染严重（Bouza-Deaño et al., 2008）。在温瑞塘河流域采用回归分析、因子分析、聚类分析方法分析出该流域典型污染物及其空间分布、季节变异特征，认为面源污染是该地区主要的污染来源（Mei et al., 2014）。张洪等（2015）则根据监测数据统计分析了海河流域河流水质的变化特征和上下游水质的分布特征，发现水质逐渐改善，但下游水质较差。

在了解地区水质状况基础上，水环境评价体系被构建出来，用以评价区域水环境安全。水环境评价体系涉及多个层次、多方面以及多个单因子指标，水质是水环境安全评价的基础要素，也有学者从水资源角度进行评价。在评价体系已经确定的条件下，如何确定各个指标的权重是水环境研究的重点，层次分析法、专家打分法、模糊综合评价方法以及它们的改进形式都是水环境安全评价中常用的方法，在实际研究中根据研究区的实际情况采用适当的方法，才能更好地评价区域水环境状况。

二、城市化下水环境

城镇化快速发展下土地利用变化对河流水环境有重要影响。城镇化发展的最主要特征之一就是区域下垫面改变，下垫面的剧烈改变导致了一系列水环境问题，从而威胁水环境安全。水质监测点周边的土地利用类型对水质影响最大，可以采用缓冲区方法，例如沿河道不同宽度的缓冲区、监测点上游沿河道缓冲区、以监测点为圆心不同半径的缓冲区等，提取监测点周边土地利用数据，将其与水质资料进行统计分析。同时，土地利用的结构组成（Xu et al., 2021）或景观指数（吕乐婷等，2021）对河流污染来源和水质也存在重要的影响。在此基础上还进一步发现不同尺度下的土地利用类型对水质影响的效果有一定差异，具有较为明显的尺度效应。除统计方法外，水量水质模型也被广泛应用在土地利用对水环境的影响研究中，常用的模型有 HSPF 模型与 SWAT 模型。研究发现退耕还林、水土保持、梯田种植、化肥施用等措施对水质有较大影响。刘瑶等（2015）通过 SWAT 模拟昌江流域不同土地利用情况对水环境的影响，认为农业非点源污染是该区域水环境非点源污染的主要来源。

城镇化快速发展下水系特征变化同样对河流水环境有一定影响。国外已有研究主要关注对水系结构及连通性等指标的量化，提出了一种无量纲的方法描述河流连通性，并刻画河道走廊对下游水质的影响（Harvey et al., 2019）。在研究对象和方法上，采用水质测量与同位素示踪相结合的方法，对比分析了水生植被与河流连通性对水质的驱动作用（Kaller et al., 2015）。除河流外，河流周边的浅水湿地或集水区等同样是水质研究关注的重点对象，湿地内部的水文连通程度及其与河流的连通情况对水质也存在较大影响（Racchetti et al., 2011）。国内在关注河流形态、连通性对生态水文过程影响的同时，同样关注引调水工程、闸泵调度等对河湖水质、水环境、水生态的影响（左其亭等，2016）。夏军等（2012）指出水系连通对生态环境的影响主要表现在对水质、湿地生态环境、水生生物多样性、防洪及水资源利用等方面，而除此之外，学者们通过模拟分析不同闸泵调度情景下地区河湖水文及水环境变化情况，发现整体上加强河湖连通性能有效改善区域河湖水质（崔广柏等，2017；Wang et al., 2018）。

其他人类活动也会对河流水环境产生影响，针对这些影响因素提出对策措施可以有效保障地区水环境安全。城镇化快速发展，使大量河道被填埋、裁弯取直，河网天然格局遭受破坏，造成河流蓄水能力下降、河流水质恶化等问题。因此，必须通过河道开挖、清淤、拓宽，河岸带修复等方法进行水系复育，这些方法对局部区域的河流和地区的整体水系的蓄水功能、自净功能恢复具有重要意义（Huang et al., 2009）。有学者通过对河流监测点周边土地利用与水质关系的研究，认为水环境指标在不透水面积达到一定阈值时发生跃变（赵军等，2012）。还有学者分析了河岸带土地利用类型对河流水质的影响，认为河岸带水域和交通用地对河道水质影响的空间尺度在缩小（赵霏等，2014）。对比不同河岸带修复方式或河道整治方法对河流水质的影响，发现混凝土水泥护岸方法相对其他护岸方法会导致水质较差（王华光等，2012）。通过模型模拟不同河岸带修复情景下的河流水质状况，可以发现河岸带修复对氮/磷污染有一定削减作用（赵鹏等，2015）。河道整治或河岸带修复对区域水质改善有重要作用。

第二章 城市化与河流水系演变

河流水系是流域水文过程的载体，是生态环境的重要组成部分，是经济社会发展的重要支撑（刘昌明等，2021）。河流水系与人类的生产、生活息息相关。随着城市化进程的不断推进，高强度的人类活动与下垫面条件剧烈变化对区域河流水系形态、结构的影响日益突出。

长江三角洲是我国最重要的经济核心区之一，是我国经济增长最快、城市化水平和发展速度最高的地区之一，长三角也是世界上最大的大河三角洲和城市群之一。快速城市化导致城市规模不断地扩张，改变了地表的下垫面特性，城市持续扩展的不透水面导致大量河道被填埋、裁弯取直，河网天然格局遭受破坏，水系连通受阻，造成了洪涝灾害频繁发生、河道生境遭受破坏等一系列水安全问题。这些问题也在制约长江经济带的现代化建设与可持续发展。因此，在城市规模日益壮大的背景下，探讨长三角地区城市化与水系演变特征，并分析城市化发展等人类活动与水系格局变化之间的关系，可以为区域防洪减灾决策提供科学依据。

第一节 长三角区域概况

一、自然特征

长江三角洲地区①位于中国东部沿海地区，地理位置在北纬 29°12'～33°19'，东经 118°19'～122°19'，面积约 9.5×10⁴ km²（图 2-1）。该区域受东亚季风控制，降雨充沛，雨热同期，气候湿润。多年平均降雨约 1262 mm，夏季（6～8 月）降雨较多（约占 43%），汛期（4～9 月）降雨占全年 74% 左右[图 2-1（b）]。年平均气温约 16℃，年平均最高气温和最低气温分别为 21℃和 13℃[图 2-1（c）]。受梅雨锋和热带气旋（主要为台风）等天气系统的影响，汛期洪水灾害频发，对区域生命财产安全威胁较大。

区域地形以平原和丘陵为主，85.3%的区域高程在 200 m 以下，西南以及南部地区以山地为主，最高海拔达 1542 m。长江以北多为平原，长江两岸和长江以南多为丘陵。其中，江苏地势低平，河湖众多，平原、水面所占比例居全国首位，地面高程在 45 m 以下的平原低地占总面积的 85%，其中 50%以上在 5 m 以下，有苏南平原、江淮平原、黄淮平原和东部滨海平原；低山丘陵和岗地主要分布在苏北盱眙—响水一线以北和江苏西南部地区。浙江省境内地形复杂，山地和丘陵占 70%以上，平原和盆地占 23.2%，河流湖泊占 6.4%，有"七山一水两分田"之称，其地势呈现由西南向东北阶梯状倾斜。上海则主要为长江三角洲冲积平原，西南部有少数残丘。

---

① 关于长三角区域范围不同学科、不同时期均有不同理解与界定，本书中长三角兼顾了自然与社会经济特点，并参照国内已有研究成果来确定。

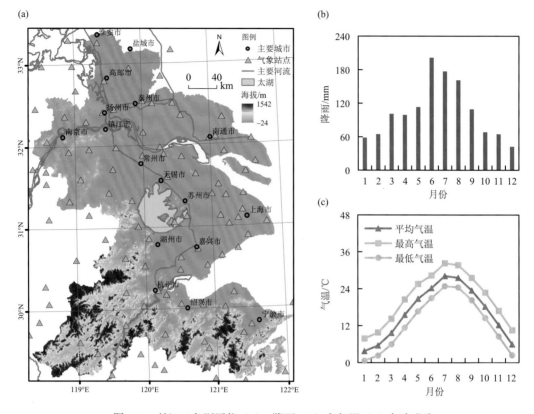

图 2-1　长江三角洲区位（a）、降雨（b）和气温（c）年内分布

　　长三角地区河川纵横、湖荡棋布、水系众多，由北向南涉及淮河、长江、钱塘江 3 大天然水系，并有京杭大运河贯穿其间，主要包括黄浦江、东西苕溪、曹娥江、甬江、秦淮河以及环太湖水系等河流，太湖、洪泽湖是区域内的主要大型湖泊。太湖流域属于长江水系，太湖流域以太湖为界分上游水系、下游水系，下游主要为平原水网水系，包括东部黄浦江水系、北部沿江水系和南部沿杭州湾水系。秦淮河流域大部分位于江苏南京市境内，秦淮河为长江的一级支流，中、下游干支流纵横交错，为典型的平原水网地区。甬江流域的鄞东南平原，位于长三角东南部沿海地区，也属于典型的平原河网地区。

二、社会经济

　　本书研究的长三角区域囊括了江苏、浙江两省的 14 个地级市及上海市，具体为南京、镇江、扬州、泰州、南通、苏州、无锡、常州、杭州、嘉兴、湖州、宁波、绍兴、舟山及上海（图 2-1），是中国目前经济发展速度最快、经济总量最大、最具发展潜力的地区之一。根据 2019 年长三角各市统计年鉴数据，长三角地区人口总数约为 1.46×10^{8} 人，国内生产总值（gross domestic product，GDP）为 20.01×10^{4} 亿元。长三角仅占全国面积的 1%和全国人口的 11.05 %，却创造了全国 20.19%的国内生产总值。该地区是中国城市化程度最高、人口最稠密和人民生活最富裕的地区，也是世界上最大的大河三角洲和城市群之一。

三、水利分区

　　长三角按照流域河道水系、地形差异和洪涝特点，大致可划分为 15 个水利分区（图 2-2）。长三角中心区为太湖流域，通过地形和水利工程建设，形成了 8 个相对独立的水利分区，分别为武澄锡虞区、阳澄淀泖区、杭嘉湖区、浦东区、浦西区、湖西区、浙西区和太湖湖区。长江南岸太湖流域西部有 1 个片区，即秦淮河区。长江以北 3 个片区，分别为里下河、通南沿江平原和高仪六区。长三角南部多为沿海丘陵地带，划分了 2 个片区，分别为钱塘江中游区和甬曹浦区。另外，还有上海市崇明岛区域。

　　环太湖平原，即太湖腹部地区（武澄锡虞区、阳澄淀泖区）以及杭嘉湖区，是经济发达的平原水网地区，由于地势低平，区内洪水主要靠大量闸泵和广泛分布的圩区来调节。湖西区、浙西区、钱塘江中游区和甬曹浦区为低山丘陵地区。秦淮河流域为长三角地区经济发达的典型流域，城市化水平较高。太湖湖区是以大型湖泊为主的水域地区。高仪六区主要包括高邮市、仪征市和南京六合区等，近年来城市化发展相对较快。里下河区和通南沿江平原为沿海（江）平原水网地区，洪水期间排水主要靠抽水站抽排入海（江）。浦东区和浦西区是以黄浦江为界，处于其江岸两侧的水利片区。

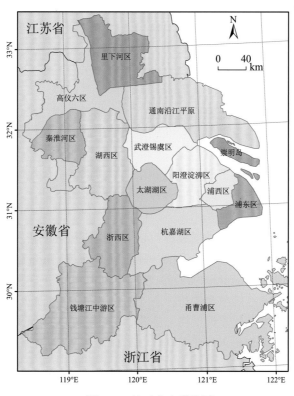

图 2-2　长三角水利分区

第二节　长三角城市化进程

城市化一般认为是农业人口向非农业人口转化并向城市集中的过程，但不同学科从各自领域对城市化的具体理解有所不同。人口学关注城乡人口结构、规模及其时空变化，认为城市化是农村（农业）人口向城市（非农业）人口转变的过程。经济学主要从经济发展的角度，认为城市化是农业经济向工业和服务业等非农业经济转换的过程，关注的是生产要素流动、产业结构调整和经济模式转变等。社会学则主要关注人及人类生活方式的变化，认为城市化是由乡村生活方式向城市生活方式的转变。地理学认为城市化是农村地域景观向城市地域景观转化的过程，在宏观上表现为城市空间扩张和城市用地结构变化，在微观上表现为不同类型自然景观转化为城市建设用地的过程。

上述不同学科对城市化的理解反映了城市化具有多维含义，包括人口城市化、经济城市化、社会城市化和空间城市化等，分别反映了城市化的主要特征，即城市人口的增长、非农业经济的发展、生活方式的转变和城市用地的扩张等。基于对城市化过程的不同理解，出现了不同的城市化测度方法，如人口城市化率、经济城市化率和土地城市化率等。

人口城市化率反映了国家或地区人口向城市的聚集程度，可用某一地区内的城镇人口占总人口的比重来表征。它的实质是反映了人口在城乡之间的空间分布，具有很高的实用性。但是，由于行政区划的变迁和社会政治因素的影响，会导致城镇人口统计口径显著变化，所以城镇人口比重指标存在一定缺陷。

经济城市化率可通过某一地区内的非农业国内生产总值（第二、三产业之和）占总国内生产总值（GDP）的比重来表征，体现了非农业经济活动在总经济活动中的结构关系，反映地区城市财富的累积程度，较准确地把握了城市化的经济意义和内在动因，反映了生产方式变革的广度与深度。

土地城市化率反映了城乡土地用地的结构，一般用某一区域内的城镇用地占总面积的比重或不透水面比率来表征。随着遥感技术的发展，可以通过不同时相的遥感图像来快速、动态监测城市化的进程。

根据 Northam 理论，城市化发展过程可以分为城市化水平较低且发展缓慢的初始阶段（initial stage）、城市化水平急剧上升的加速阶段（acceleration stage）和城市化水平较高且发展平缓的最终阶段（terminal stage）（Northam, 1979; 王建军和吴志强, 2009）。但 Northam 没有给出 S 形曲线的数学模型，各个阶段的分界标准也不明确，随后有学者通过数学模型推导，得出城市化发展的微分方程，分析得出人口城市化率达到 10%、30% 和 70% 分别表示城市化发展进入缓慢阶段、加速阶段和稳定阶段（焦秀琦, 1987）。

一、人口城市化进程

1978～2019 年长三角地区总人口、城镇人口和城镇人口比重的时间序列变化如图 2-3 所示，近四十多年来该地区总人口数量持续增加，城镇人口呈现快速上升趋势，人口城市化率（城镇人口比重）持续增加。城镇人口比重由 1978 年的 18.47% 上升到 2019 年的

72.50%。受改革开放的影响，大量外来人员涌入城市，导致城市人口比例明显增长。根据 Northam 理论，目前长三角正处于城市化水平急剧上升的加速阶段。

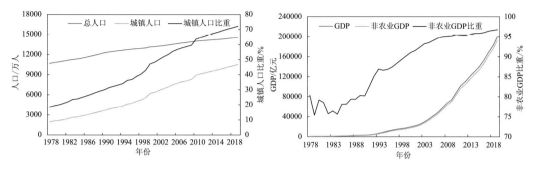

图 2-3　1978～2019 年长三角人口、经济城市化进程

二、经济城市化进程

自 1978 年我国实行改革开放政策以来，长三角地区的 GDP 和非农业 GDP 在 1978～2019 年呈现快速增长的趋势（图 2-3）。从经济城市化率（非农业 GDP 比重）来看，该地区在改革开放初期经济城市化率就超过 70%，表明该地区有较好的工业发展基础。自 20 世纪 80 年代以来，非农业 GDP 比重呈快速上升趋势，截至 2019 年，该地区非农业 GDP 的比重已达 96.75%，说明社会经济高度发达。对比人口城市化率，可发现该地区经济城市化发展水平始终高于人口城市化水平。

三、土地城市化进程

从水文学角度看，城市化对水文循环过程的影响主要来自于下垫面结构的改变，尤其是以城镇用地等为代表的不透水面的变化过程。因此，土地城市化率指标在城市化与水安全之间的响应机制探讨中更为重要，在一定程度上反映了城市化对水文循环过程的影响程度。

考虑到区域城市化发展特点和遥感影像的适用性与分辨率，根据长三角地区 1991 年、2001 年、2015 年、2020 年共四期遥感影像，揭示长三角地区快速城市化阶段的土地城市化时空变化规律。1991 年采用的是 Landsat TM 影像，2001 年采用 Landsat ETM+影像，2015 年采用 OLI 影像，2020 年采用 Landsat8 OLI 影像，空间分辨率均为 30 m。影像解译方法 1991 年和 2001 年以监督分类中的最大似然分类法为主，以神经网络、机器学习等算法作为辅助；2015 年主要采用非监督分类方法，将地物划分 200 类后结合同时期的谷歌影像判别地类并合并；2020 年以谷歌地球数据引擎（Google Earth Engine，GEE）平台为依托，采用分类回归树（classification and regression trees，CART）方法对遥感影像进行解译分析，最后完成不同地物类别信息的提取，并建立相应的数据库。参考中国土地资源分类系统和长三角土地覆被类型特点，将其土地利用分类识别为旱地、城镇用地、水田、水域和林草地 5 大类别。总体平均 Kappa 系数达到 0.8 以上，其精度可以满足宏观上大尺度下城镇化遥感监测的要求。

　　从遥感影像解译结果来看，长三角在 1991 年至 2020 年间，土地用地类型都发生了较大变化（图 2-4，表 2-1）。整体上城镇用地变化最为显著，由 1991 年的 5.0%增加到 2020 年的 29.5%，其中 1991～2001 年的城镇用地年均增长率达到 5.46%，2001～2015 年均增长率达到 8.18%，远远高于其他的土地利用类型，2015 年以后城镇用地年均增长速率下降至 2.71%，近 30 年间长三角地区城镇用地共增加了 24271.8 km^2，增长率达 484.51%。长三角地区水田面积为持续下降趋势，下一阶段的下降率显著大于前一阶段，而旱地面积在 1991～2015 年均为下降趋势，在 2015～2020 年转为增加趋势，但总体上，近 30 年间两种用地类型面积分别下降了 27846.9 km^2 和 6467.5 km^2，城镇用地增加的面积大部分是由水田和旱地转化而来。林草地面积在长三角地区则表现为稳定的上升趋势，这与环境保护的要求及地方政策有一定的关系，1991～2020 年共增加了 6222.9 km^2。水域面积整体上升，尤其在 2001～2015 年增加率较高，29 年间共增加了 3735.1 km^2。

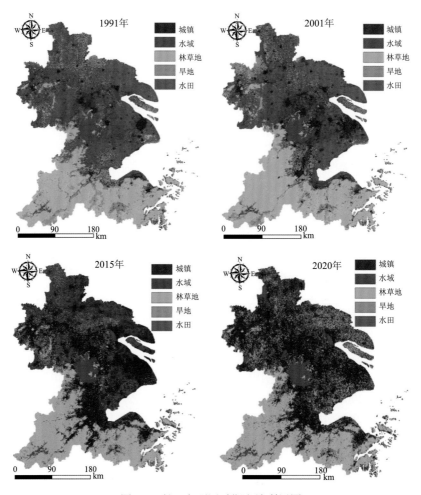

图 2-4　长三角不同时期土地利用图

表 2-1　长三角土地利用变化

类别	面积/km²				占全区域面积比重/%			
	1991 年	2001 年	2015 年	2020 年	1991 年	2001 年	2015 年	2020 年
城镇	5009.6	8524.5	25622.5	29281.4	5.0	8.6	25.8	29.5
水田	47386.2	41902.4	27781.1	19539.3	47.7	42.2	28.0	19.7
旱地	14169.2	12803.3	5277.7	7701.7	14.3	12.9	5.3	7.8
林草地	23122.8	26677.9	27750.2	29345.7	23.3	26.9	28.0	29.5
水域	9656.5	9378.8	12830.1	13391.6	9.7	9.4	12.9	13.5

注：由于软件处理误差，表格中各年份长三角总面积有差别，在误差允许范围内。

　　长三角近年来城市化进程显著，主要表现在城镇用地快速增加，水田和旱地面积大幅减少，同时林草地和水域面积均有一定增加。不透水面积在这段时间增加明显，对区域的防洪减灾等任务有一定的影响。同时，不同土地利用的变化改变了区域水资源水环境状况，水环境影响因素发生了不同程度的变化，对区域水环境保护造成威胁与挑战。

第三节　长三角地区河流水系时空变化特征

一、水系数据与指标选取

（一）水系数据获取

　　水系数据主要来源于不同时期的地形图，其中武澄锡虞区、阳澄淀泖区、杭嘉湖区和秦淮河流域数据源自 1∶50 000 纸质地形图（20 世纪 60 年代、20 世纪 80 年代）以及 1∶50 000 数字线划图（DLG）和 Google 遥感影像（21 世纪 10 年代），鄞东南区数据源自 1990 年、2003 年和 2010 年的 1∶10 000 电子地形图。在对纸质地形图进行扫描、配准、数字化、拓扑检验、拼接和裁剪等处理的基础上，提取 21 世纪 10 年代的 DLG 数字线划图中的 HYDA、HYDL 水系层，最终分别得到各典型流域三个时期的水系分布图。同时，利用同时期长三角地区的遥感影像、土地利用图和水利普查数据对水系数据进行核对。

　　传统的 Horton、Strahler 和 Shreve 等河流分级法主要适用于自然演化的树枝状河流，水利部门的河流分级方法也主要是针对流域边界确定且流域面积较大的河流。显然，这两种方法并不能直接用于人为干扰严重、流域边界模糊的平原河网地区的河流分级。同时，平原河网地区的河流具有水力坡降小、流向不定、水系密集、边界难以确定、行政管理干预明显等特点，这导致河流分级成为当前平原河网地区水系结构研究的一个难点。

　　为此，本书在参考相关河流分级方法的基础上，结合长三角地区平原河网的自然和社会属性（包括其主要功能），以及河流在城市发展中的重要性，并考虑到地形图的制图标准和河道的实际宽度，将该地区水系划分为 4 个等级。各等级水系划分标准如下：一般连续河流宽度大于 20 m 的定义为主干河道（干流），其中河流宽度大于 40 m 的为一级河道，河流宽度在 20～40 m 之间的为二级河道，主干河道大多属于省管或者市管的区域行洪排涝骨干河道；一般河流连续宽度小于20 m河流为支流，其中河流宽度在10～20 m之间的为三级河道，0～10 m之间的为四级河道，支流在流域防洪中主要起调蓄作用。一、二级河道在1∶50 000纸质地形图上显示为双线河，与湖泊一起作为面状要素；三级河道与四级河道在纸质地形图上分别显示为粗、细单线河，并作为线状要素。水系分级标准详见表2-2。

表2-2　长三角地区水系分级系统

级别	类型	河宽	地形图图示	主要功能
一级河道	干流	>40 m	双线河（面状要素）	行洪
二级河道	干流	20～40 m	双线河（面状要素）	行洪
三级河道	支流	10～20 m	粗单线（线状要素）	调蓄
四级河道	支流	0～10 m	细单线（线状要素）	调蓄

（二）水系特征指标选取

定量描述长三角地区水系变化特征的指标——河网密度（D_d）、水面率（W_p）、河流发育系数（K）、干流面积长度比（R_{AL}）、盒维数（D）、河网复杂度（CR）、河网结构稳定度（SR）、结构连通指数（α指数、β指数、γ指数）。这些指标归为数量特征（D_d、W_p）、结构特征（K、R_{AL}、CR）、形态特征（SR、D）以及连通特征（α指数、β指数、γ指数），从而探讨长三角地区水系演变的主要特征。

1. 河网密度

河网密度（D_d）指单位流域面积上的河流总长度，数值大小说明水系发育与分布疏密的程度，反映流域水系的长度-面积比，河网密度越大，表明单位面积内河流越多。城市化等人类活动对河流的填埋、取截、改道等会改变河流的自然长度，因此对水系的河流密度进行统计评价，可比较直观地表现河流的纵向改变度。

$$D_d=L/A \tag{2-1}$$

式中，L为流域内河流总长度，单位为km；A为流域面积，单位为km^2。

2. 水面率

水面率（W_p）指多年平均水位条件下河道两岸堤防之间所包括的河道面积以及湖泊面积与区域总面积之比。水面率对削减洪峰、蓄滞洪水及灌溉供水意义重大，直接影响着区域防洪排水的综合能力，而且体现平原河网地区的生态环境状况，因而水面率是区域土地利用和洪涝控制的主要参考指标之一。

$$W_p=（A_w/A）×100\% \tag{2-2}$$

式中，A_w为流域内河流和湖泊的总面积，单位为km^2。

3. 河流发育系数

河流发育系数（K）是支流河流长度与主干河流长度的比值，表示各级支流的发育程度。

$$K = L_b / L_m \tag{2-3}$$

式中，L_b 为支流的河流长度，单位为 km；L_m 为主干河流长度，单位为 km。

4. 干流面积长度比

干流面积长度比（R_{AL}）反映了河网的发育状况，面积长度比越大，表明单位河长的河流面积即河宽越大，河流过水能力越强。河网尤其骨干河道的面积长度比对区域的行洪排涝能力具有重要参考意义。

$$R_{AL} = A_R / L_R \tag{2-4}$$

式中，面积长度比由等级河网的总面积（A_R）与相对应的河流长度（L_R）计算得到。

5. 河网复杂度

河网复杂度（CR）用于描述河网数量和长度的发育程度，其数值越大，表明该区域的河网构成层次越丰富，其支流水系越发达，河网结构越复杂。

$$CR = N_c(L_b/L_m) \tag{2-5}$$

式中，N_c 表示河网等级数。

6. 河网结构稳定度

河网结构稳定度（SR）表示不同阶段河网长度与河道面积的比值，河网结构的变化导致河流长度与面积演化的不同步性，此指标可描述不同阶段下河网结构的稳定程度。

$$SR_t = (L_t/R_{At})/(L_{t-n}/R_{A(t-n)}) \quad (n > 0, \ t > n) \tag{2-6}$$

式中，SR_t 表示第 t 年时，河网在过去 n 年时间的稳定度；L_t、R_{At} 和 L_{t-n}、$R_{A(t-n)}$ 分别表示在第 t 年和第 $t{-}n$ 年的河流总长度、河流总面积。

7. 盒维数

分形维度是河流分形特征的量化表示，维度可以用 Horton 分形理论和盒维数进行量化。其中，盒维数（D）是最简单和应用最多的分形维度表征方法，反映了河网对整个平面空间的填充能力。

盒维数可通过 AutoCAD 和 ArcGIS 软件统计而得。通过创建不同边长（r）的多边形，利用空间分析功能，将河网与不同尺度的多边形网格进行交叉，总会出现其中一些网格里有水系，而另一些格网为空的情形。统计有河流网格的数目，记为 N_r，当多边形边长无限小时，即 $r \to 0$，得到盒维数：

$$D = -\lim_{r \to 0} \frac{\lg N_r}{\lg r} \tag{2-7}$$

通过变换多边形的尺寸 r（100，150，200，…，1000），计算出非空多边形个数，从而得到一系列（r, N_r），最后将 N_r 与相应的格子边长（r）在双对数坐标系下进行一元线性回归，直线斜率的负值即为盒维数（D）。

8. 结构连通指数

如果把任意两条河流相互交叉之处称为节点 V，而任意两个节点之间的河段称为河链 E，则水系就可以通过这些节点与河链用河网图 G 表示出来，即 $G=(V, E)$。其中，$V = \{v_1, v_2, \cdots, v_n\}$，$v_n$ 为第 n 个节点；$E = \{e_1, e_2, \cdots, e_m\}$，$e_m$ 为第 m 条河链。显然，对于任何一个复杂的河网图，都存在着节点、河链以及子河网的数量这 3 个网络图基本参数。如果将这 3 个基本参数分别记为 n、m 和 p，则由它们可以构成 α、β 和 γ 指数等具有科学意义的河网连通评价指标（徐建华，2002）。

（1）α 指数（实际成环率，又称环度），指河网中实际的闭合流路数量与可能存在的最大闭合流路数量的比值，可表征河网中现有节点的回路存在程度，其计算公式为

$$\alpha = (m - n + p)/(2n - 5p) \tag{2-8}$$

α 指数一般介于[0, 1]之间，$\alpha = 0$ 说明河网中没有闭合流路，$\alpha = 1$ 说明河网中已达到最大限度的闭合流路数量。

（2）β 指数（线点率），指与河网中每一个节点相连的平均河链数量，可表征河网中节点之间连通的难易程度，其计算公式为

$$\beta = m/n \tag{2-9}$$

β 指数一般介于[0, 3]之间，$\beta = 0$ 说明没有河网存在，β 指数数值越大说明河网越复杂，各节点之间相连的河链更多。

（3）γ 指数（网络连接度），指河网中河链的实际数量与其可能存在的最大数量之间的比值，可以表征河网内部的连通程度，其计算公式为

$$\gamma = m/3(n - 2p) \tag{2-10}$$

γ 指数一般介于[0, 1]之间，$\gamma = 0$ 说明没有河链存在，$\gamma = 1$ 说明河网中任何一个节点都存在与其他节点相连的河链，γ 越接近 1，说明河网的连通程度越高。

二、城市化下水系格局演变特征

（一）太湖腹部区

1. 总体水系格局变化特征

自 20 世纪 60 年代以来，太湖平原腹部区内的武澄锡虞与阳澄淀泖区部分河流水系消失（图 2-5），导致河网密度随之下降。20 世纪 60~80 年代该地区河流长度由 29773.6 km 减少到 29138.9 km，约减小了 2.1%。水面积由 547.0 km² 减少到 530.9 km²，约减少了 2.9%；20 世纪 80 年代~21 世纪 10 年代变化较前一阶段更为剧烈，河流长度由 29138.9 km 减少到 25995.4 km，约减少了 10.8%。水面积由 530.9 km² 减少到 459.5 km²，约减少了 13.4%。由此可见，自 20 世纪 60 年代以来，随着城市化的发展，城镇面积的大量增加使得该地区河网水系呈衰减趋势，且这种趋势在不断加剧。

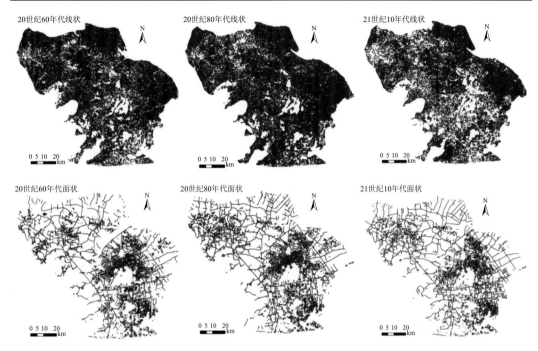

图 2-5　太湖腹部地区线状和面状水系分布

20 世纪 60～80 年代期间，一级河流由 1847.0 km 增加到 1973.3 km，增加了 6.8%，二级河流、三级河流分别减少了 5.8% 和 25.0%（表 2-3）；20 世纪 80 年代～21 世纪 10 年代期间，水系变化较前一阶段更为剧烈：一级河流持续增加了 8.5% 的长度，二级河流、三级河流分别减少了 5.9% 和 18.7%。与此同时，该地区四级河流的数量呈先增后减少的趋势，在两个时期分别变化了 23.6% 和–10.3%。各等级河流面积变化与河流长度表现出类似的变化规律。

表 2-3　太湖腹部地区 20 世纪 60 年代～21 世纪 10 年代河流数量变化

		20 世纪 60 年代	20 世纪 80 年代	21 世纪 10 年代	20 世纪 60～80 年代/%	20 世纪 80 年代～21 世纪 10 年代/%
河流长度 /km	一级	1847.0	1973.3	2141.2	6.8	8.5
	二级	5522.0	5204.7	4899.4	−5.8	−5.9
	三级	11803.6	8854.9	7195.1	−25.0	−18.7
	四级	10601.0	13106.0	11759.7	23.6	−10.3
	总计	29773.6	29138.9	25995.4	−2.1	−10.8
河流面积 /km²	一级	104.1	115.8	122.3	11.2	5.6
	二级	212.8	216.8	170.5	1.9	−21.4
	三级	177.1	132.8	107.9	−25.0	−18.8
	四级	53.0	65.5	58.8	23.6	−10.2
	总计	547.0	530.9	459.5	−2.9	−13.4

河网水系的变化受多种因素的影响,然而在高度城市化的平原河网地区,人类活动引起的下垫面变化和水利工程的建设是主要原因。从总体来看,20 世纪 60~80 年代期间,二、三级河道长度下降明显,而四级河道长度明显增加,其可能是二、三级河道变窄降级成为四级河道所致。20 世纪 80 年代~21 世纪 10 年代期间是该地区城市化发展的快速阶段,因此对低等级河道的填埋和掩盖不断加剧,使得三、四级河道大幅度减少。与此同时,20 世纪 80 年代~21 世纪 10 年代期间一级河流有所增加,可能的原因是该地区为了增加区域的防洪能力,对部分主干河道进行疏浚和开挖导致区域一级河流有所增加。

2. 不同水利分区水系格局变化特征

近 50 年来武澄锡虞区和阳澄淀泖区水系均有所减短,但变化趋势不一。武澄锡虞区的总河长逐步减少;阳澄淀泖区则是经历了先增加后减少的变化,20 世纪 80 年代河长达到最大值,比 20 世纪 60 年代增长 1428.8 km,其后 21 世纪 10 年代比 20 世纪 80 年代又减少了 1909.6 km。两区的湖泊与河流总面积持续缩小,分别减少了 54.5 km²、178.5 km²(表 2-4)。

表 2-4　各区河网总长度和总面积变化

		武澄锡虞区			阳澄淀泖区		
		20 世纪 60 年代	20 世纪 80 年代	21 世纪 10 年代	20 世纪 60 年代	20 世纪 80 年代	21 世纪 10 年代
长度/km	河流	14428.2	12364.7	11130.8	15345.4	16774.2	14864.6
面积/km²	湖泊	18.4	23.3	13.3	571.3	496.4	430.9
	河流	213.6	189.4	164.2	333.4	341.5	295.3
	合计	232	212.7	177.5	904.7	837.9	726.2

不同等级的河流长度变化也存在差异性(图 2-6),干流主要呈现增长趋势,人类活动对支流衰减的影响更为显著。近 50 年来,武澄锡虞区一级河流在 20 世纪 60~80 年代、20 世纪 80 年代~21 世纪 10 年代长度分别增加了 34.0 km、71.7 km;阳澄淀泖区则是分

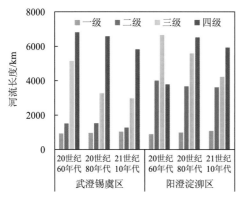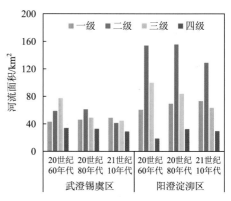

图 2-6　各区各级河流长度(a)、各级河流面积(b)变化

别增加了 92.3 km 和 96.2 km，增加幅度不超过 11%。对二级河流长度而言，武澄锡虞区呈先增长后减少的变化趋势，阳澄淀泖区则呈持续减小趋势，两个时期分别减少了 8.3%、1.5%。三级、四级河流长度持续减少，武澄锡虞区 20 世纪 80 年代比 20 世纪 60 年代三级河流河长减少了 1884.1 m，约 36.6%，21 世纪 10 年代比 20 世纪 80 年代河长缩短幅度较小，约 9.0%，四级河道亦不断衰减。20 世纪 60 年代~21 世纪 10 年代期间，阳澄淀泖区三级河道分别减少了 16.0%、24.5%，衰减较为剧烈，而其四级河道则是呈先增加后减小的变化趋势。

在对不同等级河流和湖泊分析的基础上，进一步按照河网结构综合指标体系，从数量特征、结构特征和连通特征三方面对该地区水系进行详细的分析（表 2-5）。从数量特征的变化可以看出，阳澄淀泖区河网广布，湖荡分布更多，其水面率大于武澄锡虞区。阳澄淀泖区的河网密度（D_d）则在 20 世纪 80 年代达到最大值，21 世纪 10 年代为最小值；正因为湖荡众多，河流水面率（W_{p1}）远远小于湖泊水面率（W_{p2}）。武澄锡虞区的 D_d 在经历了 20 世纪 60 年代到 20 世纪 80 年代的减少后，至 21 世纪 10 年代有所增长，但仍未达到 20 世纪 60 年代的河网密度水平。

表 2-5 河流综合指标变化

			武澄锡虞区			阳澄淀泖区		
			20 世纪 60 年代	20 世纪 80 年代	21 世纪 10 年代	20 世纪 60 年代	20 世纪 80 年代	21 世纪 10 年代
数量指标	河网密度（D_d）/（km/km²）		3.80	3.27	3.64	3.54	3.86	3.45
	河流水面率（W_{p1}）/%		5.62	4.98	4.67	7.21	7.35	6.37
	湖泊水面率（W_{p2}）/%		6.10	5.59	5.02	18.82	17.44	15.13
结构指标	主干河流面积长度比（R_{AL}）		4.15	4.28	3.89	4.37	4.82	4.29
	河网发育系数（K）	K_3	2.14	1.34	1.31	1.58	1.38	1.06
		K_4	2.79	2.66	3.68	0.96	1.69	1.55
连通指标	线点率（β）		0.96	0.99	1.01	0.89	0.93	1.02
	网络连接度（γ）		0.32	0.33	0.34	0.30	0.31	0.34

主干河流在水系结构和功能上均具有重要作用。河流的主干河流面积长度比（R_{AL}）越大，表明河流的过水能力越强。两个区域的 R_{AL} 最大值均出现在 20 世纪 80 年代，21 世纪 10 年代下降至最低值，即 21 世纪 10 年代单位河长的河流面积最小，河流过水能力最弱。总体上，20 世纪 60 年代~21 世纪 10 年代该区域的河流过水能力逐渐减弱。就河网发育系数（K）而言，三级支流发育系数逐渐降低，而四级支流的发育系数则呈现出区域性变化差异，总体上在 21 世纪 10 年代比 20 世纪 60 年代更发育一些。在城市发展初期，等级高的河流会在人类活动的影响下，因河宽变窄而退化成等级低的河流，使低等级河流长度增加。总体而言，河网发育趋于主干化、单一化。而对主干河道的连通分析（表 2-5）表明，阳澄淀泖区、武澄锡虞区主干河道连通均呈增强趋势，两区 20 世纪 60 年代及 20 世纪 80 年代的线点率（β）均小于 1，而至 21 世纪 10 年代，β 大于 1。总体而言，武澄锡虞区的连通程度略好于阳澄淀泖区。而网络连接度（γ）两区差异较小，

且两区都在逐渐增加。

在评价水系连通时，评价对象所包含的水系级别越多，相应的水系结构连通度也越大。低等级水系有利于改善河湖水系结构连通性，尤其是与骨干水网有水力联系的小水系对提高水系各项功能起着一定的作用。因此，仅对主干水系进行连通分析是不全面的，后续可进一步对其完善。但人类活动强度是影响水系网络空间结构水平的重要因素，主干河道的连通性逐步增强，这得益于人类对主干河道的高度关注，尤其是骨干河流受到更多的保护，使其连通状况有所转好。

3. 不同城市区域水系格局变化特征

20 世纪 60 年代～21 世纪 10 年代长三角地区人类活动最为剧烈的太湖腹部各市水系情况如表 2-6 所示。无论是水系数量特征，抑或是结构特征，20 世纪 60 年代的河流发育状况比 21 世纪 10 年代好，即河流水系在城市化过程中在逐步衰减。此外，在城市化发展程度高的常州市辖区、无锡市辖区和苏州市辖区（不含吴江区），河流水系各指标衰减趋势更为明显（图 2-7），其中，常州市辖区的河网密度在 20 世纪 60 年代达到 3.75 km/km^2，但至 21 世纪 10 年代下降了 1.11 km/km^2，成为河网密度衰减较为严重的区域[表 2-6、图 2-7（a）]；苏州市辖区（不含吴江区）20 世纪 60 年代水面率为 20.48%，在整个长三角地区属于中度偏高水平，但到 21 世纪 10 年代时衰减量达到了 4.32 个百分点，水面率下降幅度仅次于吴江区[图 2-7（b）]。河网密度的分布和变化也表现出显著的空间异质性，整体上河流水系密集的地区主要分布于太湖腹部东部，但衰减最严重地区位于西部和西北部的常州市辖区、无锡市辖区、江阴市等地。水面率较大的地区位于阳澄淀泖区南部的苏州市辖区（不含吴江区）、昆山市等地，表现出一定的环湖特性。

表 2-6　太湖腹部不同地区水系格局演变

区域	河网密度/（km/km^2）			水面率/%			干流面积长度比			河网发育系数		
	20 世纪 60 年代	20 世纪 80 年代	21 世纪 10 年代	20 世纪 60 年代	20 世纪 80 年代	21 世纪 10 年代	20 世纪 60 年代	20 世纪 80 年代	21 世纪 10 年代	20 世纪 60 年代	20 世纪 80 年代	21 世纪 10 年代
常州市辖区	3.75	3.48	2.64	6.42	6.05	4.46	39.73	39.26	35.95	2.95	2.69	2.36
江阴市	3.98	2.72	2.48	5.54	4.85	4.01	38.65	42.38	35.83	5.12	2.97	2.68
无锡市辖区	3.52	2.93	2.71	6.85	6.51	5.42	46.88	47.96	45.71	4.24	3.72	3.78
张家港市	4.48	4.19	3.78	5.24	4.30	3.86	31.54	37.05	33.52	11.34	8.40	7.49
太仓市	4.78	5.00	4.89	6.57	5.59	5.16	33.81	36.54	36.09	9.43	8.60	11.12
昆山市	4.16	4.64	3.80	19.55	18.96	16.01	40.49	44.71	36.53	1.78	2.80	1.30
常熟市	3.90	4.39	4.09	10.66	11.14	10.26	41.84	44.30	39.36	2.39	2.69	2.54
吴江区	2.68	3.01	2.63	24.84	20.74	18.91	49.95	54.27	56.10	2.13	2.67	2.20
苏州市辖区（不含吴江区）	2.81	3.01	2.61	20.48	19.53	16.16	50.12	56.15	52.35	2.33	2.67	2.66

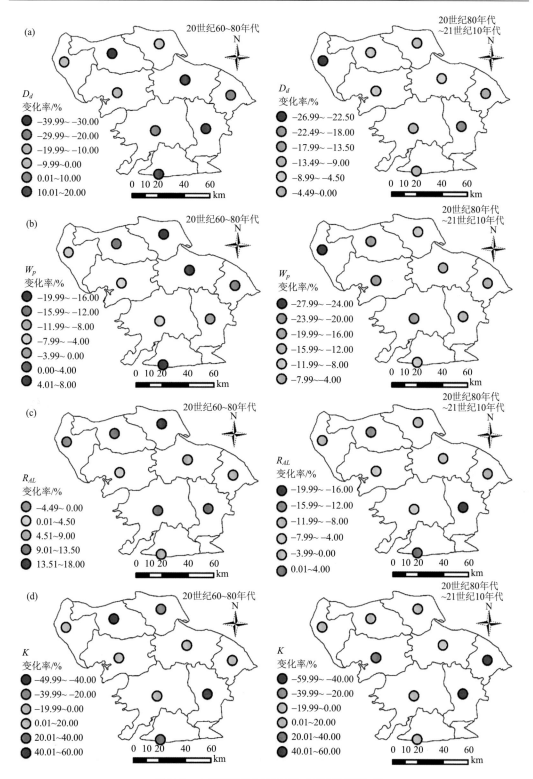

图 2-7 太湖腹部不同地区各水系指标变化图

各区的干流面积长度比在城市化发展初期（20世纪60~80年代）基本呈上升趋势[图2-7（c）]，表明在这一阶段，河网长度的衰减幅度要大于面积的衰减幅度，这与城市化过程中低等级河道的侵占，使河流长度减小有关；而在城市化发展迅速的20世纪80年代~21世纪10年代，干流面积长度比却呈现减小趋势。究其原因为该地区为了增加区域防洪排涝能力，一方面通过对主干河道的拓宽取直，增加其调蓄和排涝能力，另一方面又通过开挖新河道增加原有河网的连通和排涝能力，因此出现干流面积长度比先增大后减小的现象。

总体而言，20世纪60年代~21世纪10年代，武澄锡虞区的河网发育系数降低程度远大于阳澄淀泖区。在20世纪60~80年代间，位于武澄锡虞区的常州市辖区、江阴市、无锡市辖区及张家港市，其河网发育系数均呈下降趋势[图2-7（d）]，尤其是江阴、张家港两市的支流发育系数下降明显，而位于阳澄淀泖区的5个行政单元，除太仓市外，其他地区的支流发育系数却呈现出增长趋势，这可能是由于该地区防洪排涝的需要，人工新开挖一些支流渠道。而到了城市发展快速期间，除无锡市辖区外，其他地区的河网发育系数均在减小，这可能是由于城市建设发展需要，对一些低等级河道进行了填埋处理，从而城市建设用地的增加使得河网发育系数有所降低。

（二）杭嘉湖区

杭嘉湖地区位于太湖流域南部，西靠东苕溪，东接黄浦江，北滨太湖，南濒钱塘江杭州湾，地理位置介于30°09′39″~31°01′48″N、119°52′50″~121°15′46″E之间，面积7606 km²，东部平原地势平坦，地面高程一般在1.6~2.2 m，15 m以下占96.3%，平均高程2.15 m，平均坡度0.0084%，地面近于水平状，为典型的格状水系，河流交会角接近于90°（图2-8）。

20世纪80年代~21世纪10年代杭嘉湖地区平均河网密度减少态势明显（减少10%），高度城市化地区衰减幅度相对更大（图2-9）。杭州市主城区的衰减率达20.5%，近30年该市水系减少了1/5，可见城市的快速发展对自然水系的巨大冲击。就空间分布而言，河网密度在20世纪80年代基本呈现自东向西逐渐减小的格局，而在21世纪10年代趋势表现不明显。且高值区从地区东部的集中分布演化为以平湖为核心，在上海都市圈快速城市化影响下，松江和金山的河网密度受到不同程度的影响而逐渐下降。太湖平原与钱塘江作为推动长三角经济发展的载体与纽带，其沿岸及周边地区水系受城市化影响较大，河网密度低值区逐渐趋于沿太湖和钱塘江分布。

水面率分布的总体格局较为稳定。两个时期水面率中、高值区主要沿太湖分布，而水面率较小的区域则集中分布在地区东部和南部，大致沿钱塘江分布。从数值上看，20世纪80年代杭嘉湖地区平均水面率为9.72%，最大值和最小值分别为20.4%和3.4%；而21世纪10年代平均水面率为8.43%，最大与最小分别为18.9%和1.2%。可见，近30年杭嘉湖地区平均水面率下降了13%，衰减趋势明显，最低水面率均在南湖区，其降幅更加剧烈（下降64.7%）。总体上，杭嘉湖地区水面率的空间分布格局改变不大；就变化率与数值而言，区内湖泊、河流等水体缩减明显。

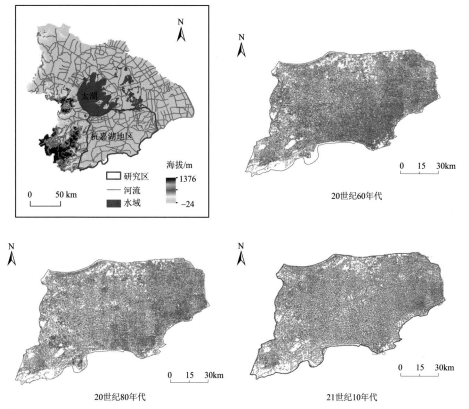

图 2-8 杭嘉湖地区概况及主要水系

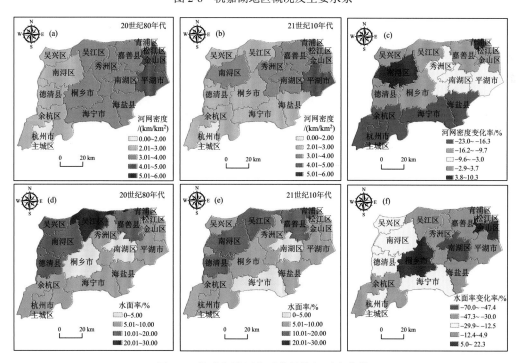

图 2-9 杭嘉湖地区水系数量特征时空变化

（三）秦淮河区

选取自前埠村向下直至武定门闸和秦淮新河闸的秦淮河流域中下游平原水网地区（图 2-10），利用数字高程数据划分出若干子流域，参考秦淮河流域的河流地貌状况，并

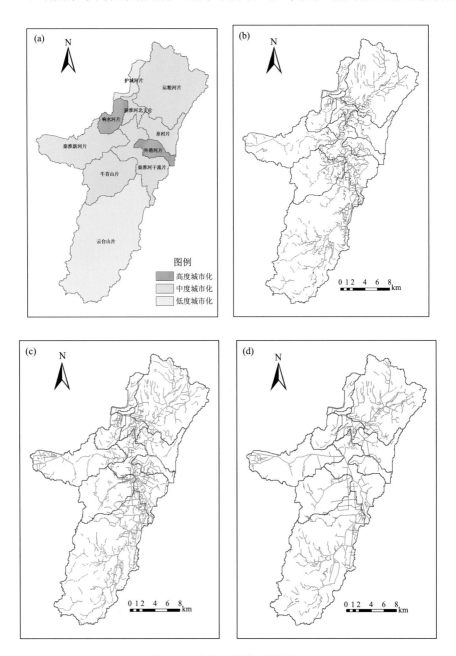

图 2-10　秦淮河流域平原区概况

（a）水利片分布及城市化等级图；（b）20 世纪 60 年代水系；（c）20 世纪 80 年代水系；（d）21 世纪 10 年代水系

参照南京水资源规划常规图件进行适当调整，划分出 10 个水利片，分别为云台山片、牛首山片、外港河片、秦淮新河片、秦淮河干流片、章村片、响水河片、秦淮河北支片、护城河片、运粮河片。

按照各水利片和高度、中度、低度城市化区以及总区域统计得到 20 世纪 60 年代、20 世纪 80 年代和 21 世纪 10 年代的河流长度、水体面积以及各水系结构参数。将秦淮河中下游流域划分为 10 个水利片区，通过将 20 世纪 60 年代的水系结构特征与 20 世纪 80 年代和 21 世纪 10 年代进行比较，计算得到各水系参数的变化率，如表 2-7 所示。

表 2-7　秦淮河流域不同水利片水系结构参数变化

指标	区域	高度城市化区	中度城市化区	低度城市化区	总区域
河网密度（D_d）/（km/km²）	20 世纪 60 年代	1.35	1.27	1.21	1.25
	20 世纪 80 年代	1.73	1.47	1.37	1.45
	21 世纪 10 年代	0.69	1.01	1.03	1
水面率（W_p）/%	20 世纪 60 年代	4.5	5.19	6.24	5.53
	20 世纪 80 年代	4.74	5.59	5.58	5.53
	21 世纪 10 年代	2.88	6.73	7.96	6.94
河网复杂度（CR）	20 世纪 60 年代	35.01	30.7	26.55	29.33
	20 世纪 80 年代	42.93	25.2	36.36	29.12
	21 世纪 10 年代	38.17	17.45	20.16	18.82
河网结构稳定度（SR）	20 世纪 60 年代	—	—	—	—
	20 世纪 80 年代	1.19	1.01	1.06	1.04
	21 世纪 10 年代	0.85	0.67	0.92	0.75

20 世纪 60～80 年代，秦淮河河流长度及密度呈现增加的趋势，总体平均增幅为 15.7%，其中高度城市化区增幅为 27.9%，中、低度城市化区的增幅递减，约 15% 左右，即城市化相对快速的区域，河流的长度增长略快，但差异不明显。而水体面积总体上变化不大，中、高度城市化区的水面率略有增大，而低度城市化区略有减小，增减幅度均在 10% 以内。20 世纪 80 年代～21 世纪 10 年代秦淮河流域平原河网地区的河网长度及密度则表现出明显的下降趋势，平均减幅达 30% 左右，其中，高度城市化区域的减幅高达 60%，中度城市化区的减幅为 30% 左右，低度区为 25% 左右，表现为城市化程度越高，河流缩减越明显的趋势（图 2-11）。

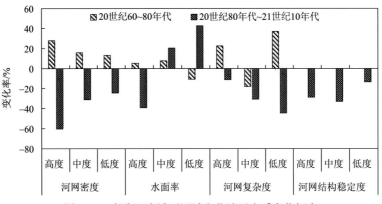

图 2-11　秦淮河流域不同城市化地区水系变化幅度

20 世纪 80 年代的河网结构稳定度（SR）为 1.04，21 世纪 10 年代为 0.75，相比 20 世纪 80 年代，呈现出 27.9% 的减幅，其中，中、高度城市化区域的减幅显著，高达 30% 左右，而低度城市化区的减幅仅为 13.2%；从 20 世纪 80 年代到 21 世纪 10 年代，SR 数值在不同城市化区域间不同幅度的减小说明城市化程度越高，河道长度与面积的不同步演变越显著，河网稳定程度越低。

秦淮河中下游平原区的河网层次正趋于简化，支撑主干河道的支流水系逐渐弱化，河网水系发育呈现出由多元到单一、由复杂到简单的变化趋势。从 20 世纪 60 年代至 20 世纪 80 年代，总体上河网复杂度（CR）变化不大，高、低城市化区域均呈现出增大的趋势，而中度城市化区呈减小趋势；随着城市化进一步发展发展，河网的数量及长度的发育呈现弱化趋势，构成层次越发简化，支撑主干河道的支流水系越发薄弱。

（四）鄞东南平原区

该区域位于长江三角洲东南部沿海地区，属典型的平原河网地区。地处杭州湾之南，为浙东丘陵与宁绍平原的一部分，东部为山区丘陵，西邻奉化江干流，南临奉化东江，北濒甬江（图 2-12）。地势南高北低、东高西低，自然形成河流由南向北排、自东向西排的格局。平原区现有地面高程一般为 1.9～3.5 m，平原区境外来水主要来自汛期的上游东江来水和水库泄洪，此外均为区域内产水。洪涝水大部分通过奉化江、甬江沿岸水闸排出。近年来，研究区水利工程的建设在提高区域的防洪排涝能力方面发挥了重要的作用，但城镇用地的扩张和河流水系减少等因素改变了流域调蓄能力和蓄泄关系，尤其在遭遇外江高潮位、水利工程排泄能力受限的情形下，洪涝情势尤为严峻。

1990～2010 年研究区河网密度和水面率均呈不断减少趋势，河网由紧密变得较为稀疏，其中河网密度由 1990 年的 3.9 km/km^2 减少到 2010 年的 3.2 km/km^2，减少了近 20%；与此同时水面率由 1990 年的 9.5% 减少到 2010 年的 6.7%，减少了近 30%。不同等级水系的变化特征存在着一定的差异性，其中低等级河道以持续减少为主要特征且变化强度最为剧烈。1990～2010 年，三、四级河道总长度分别减少约 20%、30%；同时发现，由于骨干河道的被关注度较高，疏浚、清淤及连通工程主要集中在骨干河道，因此骨干河道水面积呈现先减少后增加的趋势。

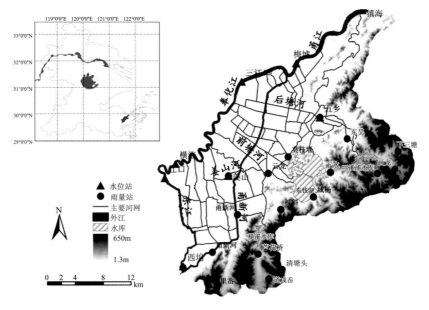

图 2-12 鄞东南平原位置图

就水系变化的空间特征而言，衰减程度由中心城区向郊区呈现"弱-强-弱"的阶梯变化特征，其中城镇化较快的城郊结合地带最为剧烈（图 2-13）；而城市化发展较慢的西坞等区域水面率变化相对较弱。河网密度的空间变化具有类似的特征。

进一步分析结果显示，水系数量的减弱改变了河网的空间结构特征，1990～2010 年期间，盒维数由 1.35 减少至 2010 年的 1.27，减少了 5.9%，河网结构逐渐趋于简单化；1990～2010 年，河网面积长度比由 1990 年 24.1 m²/m 减少到 2003 年的 21.5 m²/m，再到 2010 年的 21.0 m²/m（图 2-14）。不同等级河道的面积长度变化特征有所差异。其主要是

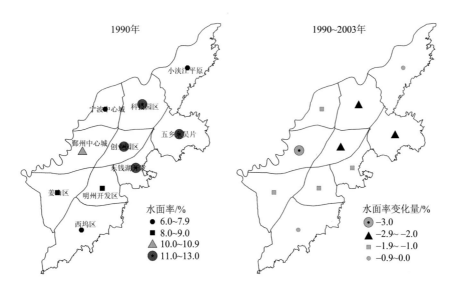

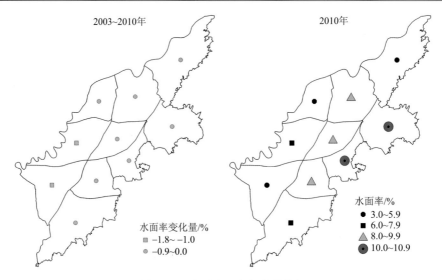

图 2-13　水面率及空间变化特征

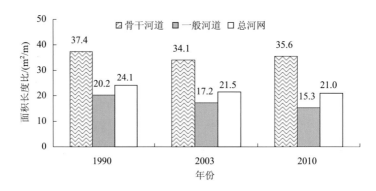

图 2-14　不同等级河道面积长度比变化特征

因为城市化发展初期缺少对河网的保护，河道的淤积和填埋使得各等级河道水面均呈减少特征，当城市化发展到一定程度，随着城市防洪压力的加大，研究区开展了一系列针对河网保护的骨干河道整治工程和连通工程，提高了骨干河道的行洪排涝能力。低等级河道的面积长度比则呈持续减少趋势，由 1990 年的 20.2 m^2/m 减少到 2010 年的 15.3 m^2/m，减少了 24.3%，变化程度较为剧烈。

　　总的来说，河网数量的锐减，使得干流和支流纵横交错形成的"网"状水系逐渐变成了仅由骨干河道组成的"口"状水系。水系变化与城市化过程有显著的关系，城市化水平越高的地区，河网密度与水面率的减少幅度越大，河网遭受的破坏就越大。

三、长三角地区城市化与水系演变的关系

　　自然河流不断发育，日益趋于复杂，但由于受到人类活动的干扰，水系结构发生改变。长三角地区是我国经济最为发达的地区，人类活动剧烈，该区近 50 年水系变化主要由人类活动所致。为此，将长三角典型地区按城市化率划分为高度城市化地区（46.8%～58.2%）、中度城市化地区（30.2%～39.7%）和低度城市化区（22.1%～29.8%）3 类具体

划分区域详见参考文献韩龙飞等（2015），用以讨论城市化对水系结构的影响。

城市化作用下末端河流被填埋和主干河道的疏浚深刻改变着水系的结构特征。由表 2-8 可知，长三角地区高度城市化地区支流发育系数（K）最低，三期平均只有 2.64；低度城市化地区 K 值最大，K 值平均达 6.07；中度城市化地区 K 值介于其间，达 4.71。过去 50 年，高度、低度城市化地区支流衰减剧烈，衰减幅度分别为 28.5%、68.3%，而中度城市化地区衰减相对较少。并且，高度、低度城市化地区近 50 年 K 值衰减呈加剧趋势，20 世纪 60～80 年代，两区下降幅度分别为 1.0%、32.1%；20 世纪 80 年代～21 世纪 10 年代，两区衰减幅度分别为 27.6%、53.3%。尤其对于低度城市化地区的支流河道，随着城市化推进，支流严重衰减，到 21 世纪 10 年代 K 值仅 2.89，略高于高度城市化地区。

表 2-8 不同城市化水平地区水系参数

水系参数	时期	高度城市化地区	中度城市化地区	低度城市化地区
河网密度（D_d）	20 世纪 60 年代	2.45	3.80	4.47
	20 世纪 80 年代	2.32	4.04	3.46
	21 世纪 10 年代	1.78	3.64	2.96
水面率（W_p）	20 世纪 60 年代	6.88	14.69	17.23
	20 世纪 80 年代	7.14	13.51	16.25
	21 世纪 10 年代	5.55	11.85	15.30
支流发育系数（K）	20 世纪 60 年代	2.93	4.90	9.12
	20 世纪 80 年代	2.90	4.65	6.19
	21 世纪 10 年代	2.10	4.57	2.89
干流面积长度比（R_{AL}）	20 世纪 60 年代	40.91	41.39	41.08
	20 世纪 80 年代	42.76	45.72	44.39
	21 世纪 10 年代	46.14	42.37	40.68
盒维数（D）	20 世纪 60 年代	1.45	1.67	1.69
	20 世纪 80 年代	1.43	1.69	1.61
	21 世纪 10 年代	1.38	1.66	1.61

城市化对主干河流的影响在高度城市化地区最为显著。高度城市化地区干流面积长度比（R_{AL}）最大，3 期平均 R 值为 43.27，其次为中度城市化地区（43.16），低度城市化地区 R_{AL} 值最低。高度城市化区河道主干化趋势加剧：20 世纪 60～80 年代，高度城市化地区 R_{AL} 值由 40.91 增加到 42.76，增加了 4.5%；20 世纪 80 年代～21 世纪 10 年代，增加幅度达 7.9%。中度、低度城市化地区这一趋势并不明显，20 世纪 60 年代～21 世纪 10 年代，两区 R_{AL} 值变化不大，变化率分别为 2.4%、−1.0%。

河流数量特征、结构特征受城市化影响显著，相应地，河流的复杂性也发生变化。高度城市化地区盒维数（D）值最低，3 期平均 D 值为 1.42，而中度、低度城市化地区分别为 1.67、1.64。20 世纪 60 年代～21 世纪 10 年代，三区的 D 值均呈下降趋势，高度城市化地区下降幅度最大（4.8%），其次为低度城市化地区（4.7%），中度城市化地区 D

值下降轻微（0.6%）。这也表明随着城市化的发展，河网水系格局由复杂趋向简单。且人类活动剧烈地区，水系的简化程度更为严重。

总的来说，20世纪60年代～21世纪10年代长三角水系结构数量特征、结构特征、网络复杂性都存在不同程度的衰减，水面率等部分指标衰减加剧，高度城市化地区河流衰减远大于其他地区，且其主干河流拓宽趋势显著。

若无人类活动干扰，河流水系会自然地发育、演变，而城市建设侵占河道，末端河道遭到大量填埋，从而破坏原有的河流系统。支流大量消失，流域调蓄能力下降，带来一系列洪涝问题。为解决这一问题，人类拓宽、疏浚主干河道，以期加大下游的泄洪能力。简化后的水系对河流生态系统带来深刻的影响，造成河流生物多样性、河流水质等发生改变，这些影响通常被忽视。一旦水系结构衰减超过一定阈值，河流生态系统自我调节能力遭到破坏，可能带来灾难性后果。因此，河流系统与人类活动应相互反馈、相互制约，逐渐相互适应，最终达到新的平衡。

第三章　城市化与降雨过程

从局部到区域尺度，城市化是人为改造自然环境最为直接的表现形式之一，不可避免地改变了城市地区地表覆被格局，导致陆面物理属性和形态特征等发生了明显变化，进而对城市地区气温、降水和径流等水文气候要素产生影响。同时在气候变化大背景下，城市化所导致的极端天气事件将进一步加强。

长江三角洲作为我国三大城市群（长三角城市群、珠三角城市群和京津冀城市群）中城市化程度最高、规模最大的城市群。过去二十年长三角地区经历了快速城市化阶段，城镇面积由 1991 年的 5009.6 km² 增加到 2020 年的 29281.4 km²。与此同时，长三角地区极端高温、暴雨发生频次和强度亦有明显增加，对长三角地区人身财产安全和社会经济发展造成了巨大损失。因此，科学、系统地开展长三角地区城市化对气候、水文的影响研究能够加强对城市群地区降雨演变特征的认识，对长三角地区灾害风险预警、防灾减灾和经济建设具有重要意义与理论价值。

第一节　城市化下降雨格局演变特征

近年来长三角地区极端暴雨事件增多、洪涝灾害事件频发，经济损失严重。降雨作为驱动流域水文过程的基本要素和产生洪涝灾害的直接因素，其变化特征始终都是水文学、气候学所关注的重点。一方面，全球气候变化导致大尺度的大气环流发生变异从而影响区域降雨；另一方面，城镇化过程中土地利用变化导致下垫面水热平衡发生改变，不但引起热岛效应，还对降雨产生影响。长三角及其附近地区主要气象站点的空间分布如图 3-1 所示。

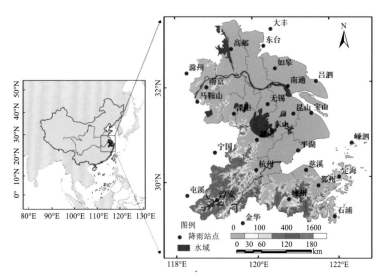

图 3-1　长三角及其附近气象站点的分布图

一、极端降雨时空变化特征

（一）极端降雨时空变化

极端降水指标是刻画极端降雨时空变化特征的有效手段（表3-1）。这9个极端降水指标被分为两组，一组用来表示降雨量特征，另一组用来表示降雨日数。

表3-1 极端降水指标

缩写	指标名称	定义	单位
PRCPTOT	年降水量	一年中日降水量≥1 mm 的降水量总和	mm
R95p	强降水日降水量	日降水量超过95%分位数的降水总量	mm
Rx1day	最大一日降水量	每月最大一日降水量	mm
Rx5day	最大五日降水量	每月内连续五日最大降水量	mm
R10mm	降水大于10 mm日数	年内日降水量≥10 mm 日数	d
R20mm	降水大于20 mm日数	年内日降水量≥20 mm 日数	d
CDD	连续无雨日数	日降水量<1mm 的最长连续日数	d
CWD	连续有雨日数	日降水量≥1mm 的最长连续日数	d
SDII	降水强度	年降水量/年降水日数（日降水量≥1 mm）	mm/d

1960～2016年间，除连续无雨日数和连续有雨日数呈下降趋势外，长三角地区其他降水指标均表现为上升趋势（图3-2），表明1960～2016年，长三角极端降水逐渐加剧。尤其是2006～2016年，上升趋势更为明显。Mann-Kendall（MK）趋势检验结果表明，除R95p及SDII呈显著与极显著上升趋势外，其他降水指标均呈不显著的上升或下降趋势。该时段内，极端降水强度和频率都在增加，而降水持续时间呈减少趋势，因此降水强度和频率的变化是引起极端降水增强的主要原因。

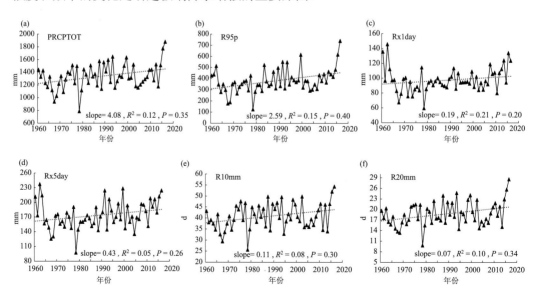

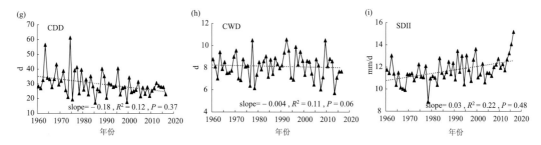

图 3-2 1960～2016 年长三角极端降水指标数值变化趋势

　　图 3-3 显示了极端降水指标数值变化趋势的空间分布特征。1960～2016 年间,极端降水空间分布格局呈现出显著的空间分异特征。除连续无雨日和连续有雨日外,其余 7 个降水指标呈显著上升趋势的站点主要集中在长三角南部及东部沿海地区。其中降水强度(SDII)上升趋势最为明显,有 16 个站点呈显著上升趋势;其次为 PRCPTOT,有 12 个站点呈显著上升趋势,只有 1 个站点呈下降趋势,在长三角北部,且不显著。连续有

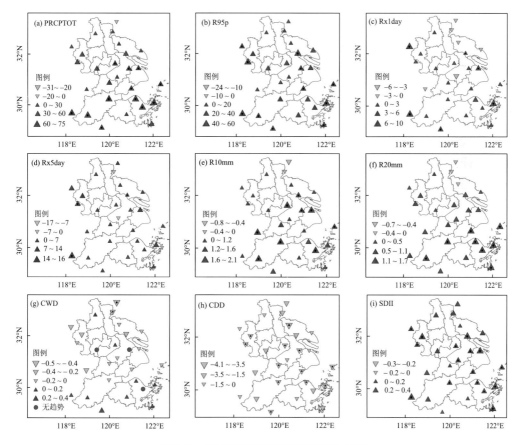

图 3-3 长三角极端降雨指数空间分布图

红色/绿色分别表示增加/减少趋势,标有黑色的站点在 95%置信水平增加或减少

雨日数（CWD）的空间分布特征较为复杂，少数呈上升趋势的站点主要集中在长三角南部，且均不显著；中北部地区主要以下降趋势为主，有 2 个站点表现为显著下降；同时，分布在长三角中部和东南部的三个站点，未检测出明显的变化趋势。此外，1960～2016 年间，长三角所有站点的 CDD 均呈下降趋势，说明降水事件变得更为频繁，有 12 个站点呈显著下降趋势，主要分布在长三角中东部地区。以上分析表明，从极端降水指标数值的时空特征看，除连续无雨日和连续有雨日外，长三角地区极端降水指标数值均表现为上升趋势，说明长三角地区极端降雨量有区域极端化的趋势。1960～2016 年，长三角面临的洪涝风险逐渐加剧，尤其是长三角的中部和东部沿海地区。

（二）城市、郊区降雨变化特征

长三角地区 20 世纪 80 年代以后开始逐步进入快速城市化时期，城市用地大规模扩张，下垫面特性发生改变，势必会对这一地区降雨产生影响。早在 1921 年，Horton 对美国多个城市气象研究发现城市地区更容易发生暴雨，提出可能存在城市"雨岛效应"（Horton，1921）。无论是 20 世纪 60 年代的 METROMEX 气象站点实验、20 世纪 90 年代的气象雷达观测，还是数值模拟研究，大量国内外研究表明，城市化会影响局地降雨特征（Chen et al.，2016；Yu et al.，2017）。

选取长三角中南部太湖地区武澄锡虞和阳澄淀泖水利分区的 21 个雨量站，通过对比城区和郊区降雨量，来分析该地区城市化对降雨的影响。城、郊雨量站大气环流背景相同、气象条件相似，气候变化趋势具有一致性，因此城、郊降雨差异一定程度上可反映城市化的影响。由于各个雨量站数据记录序列的时间长度不同，选取分析的时间段为 1968～2020 年。

从年降雨量来看（图 3-4），城区的降雨量大于郊区降雨量。1968～2020 年城区年平均降雨量为 1122.47 mm，而郊区为 1101.25 mm。这期间，城区和郊区年降雨量均呈增加趋势，而城区增加速率（5.69 mm/a）高于郊区（5.34 mm/a）。一方面，城、郊降雨量均在上升，这与长三角降雨量在增加的结论相一致，全球气候变化造成了该地区降雨变化趋势；另一方面，区域城市化造成了城、郊增加幅度又不同，这表现为城市化使得城、郊年降雨量差异在增大。从图 3-5 年降雨量的变化趋势看出，城、郊的年降雨量差异略有增大。1968～2020 年期间，城、郊年降雨量差值平均为 21.22 mm，但此差值出现小幅增加趋势，增长的速率为 0.3449 mm/a。这一结果与丁瑾佳等（2010）的研究结果相一致，其结论为 1961～2006 年期间太湖地区城、郊降雨差距在增大，城区降雨增多趋势较郊区明显。除此之外，大致在 2010 年以后，城、郊年降雨量差范围显著扩大，说明城、郊降雨量差呈现复杂性和非一致性。郊区雨量站分散于城市周围，而之前有研究表明，城市下风向区域增雨显著，城市地区降雨可能增加，也可能减少（张珊等，2015），不同城市化阶段对降雨的影响也有差别（Wang et al.，2015）。这里并没有细分上下风向城、郊降雨量的差异，但从观测数据来看，城市化对城、郊年降雨量差异的影响是较为复杂的。

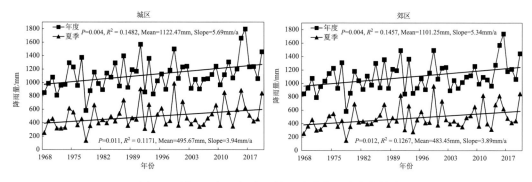

图 3-4 城区和郊区年降雨量、夏季降雨量变化趋势

夏季城、郊降雨量差异与年度降雨量类似（图 3-4、图 3-5）。城区夏季降雨量（495.67 mm）高于郊区（483.45 mm）；城区和郊区夏季降雨量均呈显著增加趋势，但城区增加速率（3.94 mm/a）高于郊区（3.89 mm/a）；夏季城、郊降雨量差异也在略微增大。不同阶段，城、郊降雨差异呈不同变化特征，1968～2010 年间夏季城、郊降雨量差值几乎不变，而 2010～2020 年间城区夏季降雨量明显高于郊区，使得 1968～2020 年间城、郊差值趋势略微增大，如图 3-5。夏季城、郊降雨量差值范围在不同时间段有着明显不同，说明城、郊地区降雨差值差异性在不断变化，反映出城市化对城、郊降雨影响的复杂性。

选取城区、郊区代表性站点分析 1968～2020 年间城镇化发展对降水的影响。如图 3-6 所示，苏锡常的城、郊年雨量及汛期雨量均呈明显上升趋势，但之间又存在着

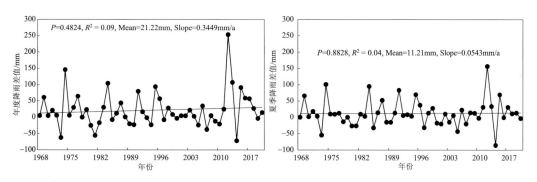

图 3-5 城区和郊区年度、夏季降雨量差值变化趋势

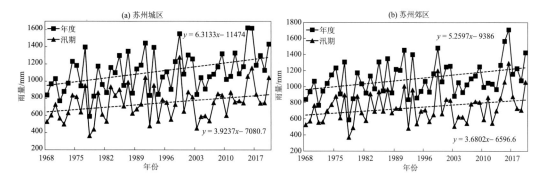

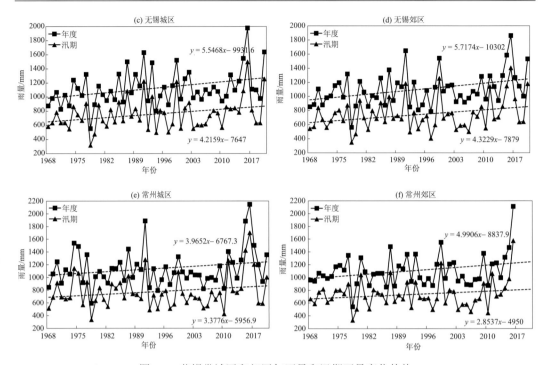

图 3-6　苏锡常城区和郊区年雨量和汛期雨量变化趋势

差异。无锡和常州的城区年雨量增速小于郊区,其中,无锡城、郊年雨量增速分别为
5.55 mm/a 和 5.72 mm/a,常州城、郊年雨量增速分别为 3.97 mm/a 和 4.99 mm/a。而苏州
城区年雨量增速则大于郊区,分别为 6.31 mm/a 和 5.26 mm/a。

　　与年雨量变化趋势有所不同,无锡汛期城区雨量的增速小于郊区,无锡城区汛期雨
量增速为 4.22 mm/a,而郊区是 4.32 mm/a。苏州和常州城区汛期雨量增速大于郊区,其
中苏州城、郊汛期雨量增速分别为 3.92 mm/a 和 3.68 mm/a,常州城、郊汛期雨量增速分
别为 3.38 mm/a 和 2.85 mm/a。

　　将江苏太湖地区城市化分为两个阶段,即缓慢期(1968～1995 年)和快速期(1996～
2020 年)。由表 3-2 可知,在城镇化缓慢期,苏州地区年雨量增雨系数(即城区雨量/郊
区雨量的比值,下同)是 1.000,城区和郊区年雨量基本无差距;在城镇化快速期,增雨
系数增加到 1.026,增加 2.6%,城区和郊区年雨量差距在增大。在城镇化缓慢期,无锡与常
州地区年雨量增雨系数分别为 1.038 和 1.042,说明城、郊降水量有一定差距;在城镇化快
速期,增雨系数分别减小到为 1.017 和 1.015,说明这些地方城区和郊区年雨量差距减小。

表 3-2　江苏太湖地区的年雨量变化

年份	苏州			无锡			常州		
	城区/mm	郊区/mm	增雨系数	城区/mm	郊区/mm	增雨系数	城区/mm	郊区/mm	增雨系数
1968～1995	1048.0	1047.7	1.000	1077.8	1038.5	1.038	1107.8	1063.0	1.042
1996～2020	1192.9	1162.5	1.026	1185.9	1166.1	1.017	1174.4	1157.1	1.015
变化幅度	13.8%	11%	2.6%	10.0%	12.3%	-2.0%	6.0%	8.9%	-2.6%

与年雨量变化规律相比，城、郊汛期降水量的变化具有一致性（表 3-3）。在城镇化缓慢期，苏州地区汛期雨量增雨系数是 1.001，城区和郊区汛期雨量基本无差距；而在城镇化快速期，增雨系数增加到 1.008，增幅为 0.7%，城、郊降雨量差距有了一定改变。在城镇化缓慢期，无锡地区与常州地区汛期雨量增雨系数分别为 1.035 和 1.046，城、郊降雨量差距较明显；但在城镇化快速期时，增雨系数分别变为 1.015 和 1.068，增雨系数有减亦有增，这表明区域城市化对汛期降雨的影响较为复杂。

表 3-3　江苏太湖地区的汛期雨量变化

年份	苏州			无锡			常州		
	城区/mm	郊区/mm	增雨系数	城区/mm	郊区/mm	增雨系数	城区/mm	郊区/mm	增雨系数
1961～1978	709.8	709.3	1.001	726.8	701.9	1.035	751.5	718.2	1.046
1979～2016	783.9	777.9	1.008	796.1	784.6	1.015	807.8	756.5	1.068
变化幅度	10.4%	9.7%	0.7%	9.5%	11.8%	−1.9%	7.5%	5.3%	2.1%

二、夏季降水日内变化特征

基于 2008～2016 年夏季逐时 CHMPA（china hourly merged precipitation analysis）降水资料，分析区域降水日内变化特征，有助于理解区域降水的形成机制。将小时降水量≥0.1 mm 的时次判定为有降水发生，而将小时降水量< 0.1 mm 的时次判定为无降水发生。在此基础上，统计出 2008～2016 年夏季逐时平均降水量、降水时间与降水强度；然后累加逐时降水量与降水时间，得到夏季平均降水量与降水时间，并基于此计算夏季平均降水强度。根据中国气象局降水量等级划分标准，将小时降水量划分为小雨（0.1～2.5 mm）、中雨（2.5～8 mm）、大雨（8～16 mm）和暴雨（≥16 mm）4 个等级。

为了更深层次描述日内降雨的空间特征和形成机制，借助了控制坐标系统理论。控制坐标系统（control coordinate system，CCS）是 Huff 和 Changnon（1972）在对美国圣路易斯市城镇化降水效应研究中，为定位和识别潜在影响区，而提出的一种理论坐标系统。该坐标系统以城市地区降水前的风向为水平参考线，以城市中心为圆心，将该区域平均划分为 4 个象限，分别定义为上风向控制区、下风向控制区和最小影响区（Changnon，1979）。Shepherd 等（2002）在对美国亚特兰大、蒙哥马利、纳什维尔、圣安东尼奥和达拉斯等大都市城镇化降水效应研究中，将上述控制坐标系统修改为以 150 km 为边长的九宫格，并以平均盛行风向为水平参考线，将九宫格所在区域划分为 4 个部分，分别为上风向控制区、城市区域、下风向控制区和最小或无影响区。

参照 Shepherd 等的方案，将控制坐标系统定义为以 1.5°（约 150 km）为边长的九宫格，目标城市位于九宫格中心，并以平均引导气流方向为水平参考线，将九宫格所在区域划分上风向控制区和下风向控制区（图 3-7）。以往研究表明，城市对夏季对流性降水的影响最为显著，而对流性降水的平均引导气流大约在 700 hPa 高度上（Hagemeyer，1991）。基于此，采用空间分辨率为 0.125°×0.125° 的逐月平均 ERA-Interim 再分析风场资料（https://apps.ecmwf.int）计算 2008～2016 年夏季 700 hPa 高度的平均风场，并将其作为平均引导气流方向。

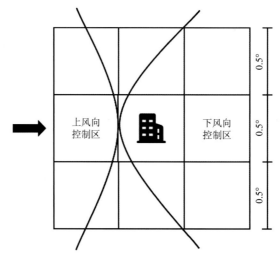

图 3-7　控制坐标法示意图

黑色箭头为平均引导气流方向

　　夏季是长三角地区极易发生暴雨洪水的季节，因此分析夏季降水日变化对了解该地区暴雨洪水发生规律有重要作用。而城市暴雨洪涝是备受关注的热点问题，因此以长三角地区的大城市南京与上海为典型城市进行分析，探讨该地区的夏季降雨特征变化。

（一）夏季降水日内峰值及峰现时间

　　降水峰值容易诱发城市洪涝，造成基础设施被淹受损，危及人民生命和财产安全，阻碍经济社会的正常运行。故了解降水峰值的发生时间及其空间分布，有助于认识区域降水系统和水循环的内在规律，为科学应对洪涝灾害提供理论支撑。基于 2008～2016 年 CHMPA 降水资料，分析南京、上海地区夏季降水量、降水时间与降水强度日峰值及其出现时间的空间分布（图 3-8）。图中矢量箭头表示降水场（降水量、降水时间与降水强度）达到日内峰值的时刻（北京时），如方向为 120° 的箭头表示 8 时（代表 07:00:00～07:59:60 时段）降水场为 24 个时刻中的最大值，依此类推。

　　南京地区夏季降水量日内峰值为 29.57～40.98 mm，高值区分布在城区及北部地区，峰现时间分布在 7～20 时[图 3-8（a）]；南京城区降水量日内峰值为 34.48～40.22 mm，峰现时间出现在 7～10 时及 15 时。南京地区夏季降水时间日内峰值为 11.67～16.11 h，高值区分布在南京城区及其以东约 30 km 范围内，高值中心位于南京城区，峰现时间分布在 13～18 时；南京城区降水时间日峰值为 12.89～16.11 h，峰现时间位于 15 时、16 时[图 3-8（b）]。南京地区夏季降水强度日内峰值为 2.51～3.76 mm/h，高值区位于南京城区，峰现时间分布为 2～21 时；南京城区降水强度日内峰值为 3.28～3.76 mm/h，峰现时间位于 8～10 时[图 3-8（c）]。

　　上海地区夏季降水量日内峰值为 26.33～41.33 mm，高值区位于上海城区，并延伸至城区北岸长江出口处，峰现时间分布在 7～17 时；上海城区降水量日峰值为 29.70～41.33 mm，峰现时间位于 14～16 时[图 3-8（d）]。上海地区夏季降水时间日内峰值为 10.89～17.44 h，其高值区分布与降水量一致，峰现时间分布在 8～19 时；上海城区降水时间日内峰值为 12.78～17.44 h，峰现时间位于 16 时、17 时[图 3-8（e）]。上海地区夏季降水强度日内峰值为 2.11～3.49 mm/h，高值区也位于上海城区，峰现时间分布在 3～21 时；上海城区降水强度日内峰值为 2.31～3.49 mm/h，峰现时间位于 14～16 时[图 3-8（f）]。

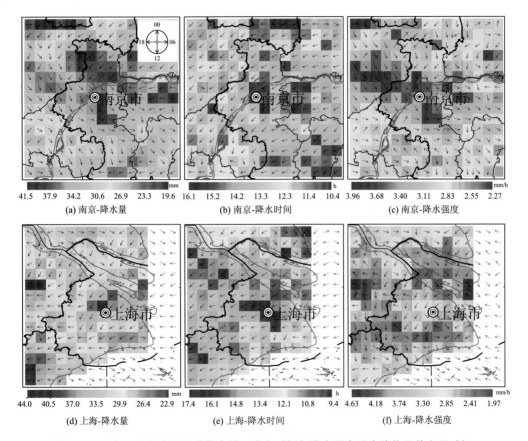

图 3-8　南京、上海地区夏季降水量、降水时间与降水强度日内峰值及其出现时间

　　综上所述，南京、上海地区夏季降水量、降水时间与降水强度日峰值在城区均存在相对高值区，说明夏季易在城区位置出现暴雨中心。且降水时间日内峰值均出现在下午，其原因可能是太阳辐射日变化使得下垫面温度在下午相对较高，并通过长波辐射、湍流交换等方式提供给低层大气，形成湿热空气并膨胀上升，引起大气层结不稳定，从而有利于触发和强化大气低层气流产生辐合，进而形成对流性降水。

（二）区域平均降水日内变化特征

根据控制坐标系统的定义，以 2008～2016 年夏季 700 hPa 高度的平均风场为平均引导气流方向，划分出南京、上海地区的城市影响区、上风向控制区和下风向控制区（下文简称上/下风区），上/下风区与城市影响区的面积相同。子区域夏季平均降水日变化特征，如各区域夏季平均降水量、降水时间与降水强度的逐时平均值，其日内变化曲线如图 3-9 所示。

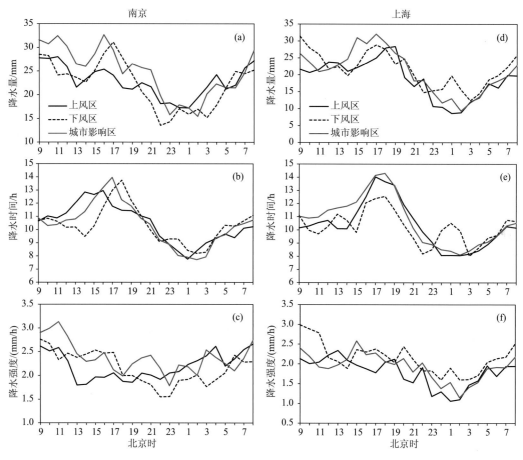

图 3-9   南京、上海不同区域平均降水日内变化

南京地区城市影响区、上风区和下风区降水量与降水时间均存在明显的峰谷结构 [图 3-9（a）、图 3-9（b）]，城市影响区峰值（32.68 mm、13.96 h）分别出现在 16 时、17 时，下风区峰值（31.13 mm、13.75 h）分别出现在 17 时、18 时，而上风区峰值（28.03 mm、12.97 h）分别出现在 11 时、16 时；三个子区域降水量谷值出现在 22～2 时，而降水时间谷值出现在 1～2 时。三个子区域的降水强度均存在 U 型结构 [图 3-9（c）]，降水强度大体上在凌晨和上午相对较高，而在下午和晚上相对较低；城市影响区降水强度在各时段总体相对较高，上/下风区降水强度的相对大小以 20 时为界交替变化，9～20

时上风区降水强度相对小于下风区，而在 20 时至次日 8 时则相反。

上海地区城市影响区和上风区降水量、降水时间与降水强度均存在峰谷结构，城市影响区峰值（32.06 mm、14.31 h、2.58 mm/h）分别出现在 17 时、18 时、15 时，上风区峰值（28.41 mm、14.03 h、2.34 mm/h）分别出现在 19 时、17 时、13 时；城市影响区降水量、降水时间与降水强度的谷值均位于 2 时，而上风区相关谷值出现在 1～2 时。下风区降水量、降水时间与降水强度均为多峰结构，降水量主峰值（31.41 mm）位于 9 时，次峰值（28.85 mm）位于 17 时；降水时间主峰值（12.56 h）位于 18 时，较显著的次峰值（10.76 h）位于 7 时；降水强度主峰值（2.99 mm/h）位于 9 时，次峰值（2.44 mm/h）位于 20 时；此外，降水量、降水时间与降水强度在 1 时均存在量级相对较小的峰值。

综上所述，南京、上海地区城市影响区降水量与降水时间的峰值均高于上/下风区，夏季易在城市区形成暴雨中心，且其峰现时间均位于午后；南京地区下风区降水量与降水时间的峰值低于城市影响区而高于上风区，其峰现时间相较城市影响区推迟 1 小时；上海地区下风区降水量、降水时间与降水强度均存在多峰结构，可能与海陆风方向及强度的日变化有关。

第二节　城市化对极端降水变化贡献率

针对城市化对极端降水事件的影响，国内外学者开展了许多有益探索。针对大型城市群地区城市化对极端降水影响，国内外学者通过对比分析城郊站点极端降水变化情况，计算城市化对气象指标的贡献率，来检测城市化带来的气象水文效应，发现高度城市化地区较周边地区年极端降雨量和极端降水强度显著增加，极端降水的区域性和局地性明显。目前已有的针对城市化对降雨的影响研究多局限于定性分析，而定量评估较少。并且目前的研究方法也存在一定局限性，首先，目前对不同程度城市化级别的界定并不明确，对城市化水平进行分类多采用近年来的土地利用和人口经济等数据，难以反映城市化过程中农村站点向城市站点的转变，容易夸大或低估城市化的影响。采用时变数据对站点进行动态分类能更加精确地反映不同城市化水平对极端降水的贡献。其次，由于极端降水影响因素较为复杂，同时受到了地形、天气系统等因素影响，目前尚难以定量厘清不同城市化水平对极端降水变化影响的贡献率。缩小研究区域范围，锁定相似的地形特征、环流季风类型，有助于识别城市化因素引起的局地极端气候变化。

一、不同城市化级别站点划分

为了探讨城市化对极端降水的影响，采用 DBSCAN（density-based spatial clustering of applications with noise）方法划分站点的城市化级别，DBSCAN 是一种非参数的基于密度的聚类方法，用参数邻域半径（Eps）和邻域点数（MinPts）来描述邻域样本分布紧密程度。其中，Eps 描述了某一样本的邻域距离阈值，MinPts 表示 Eps 邻域内所包含的样本个数。MinPts 的值一般取 4，Eps 则需依据样本数据进行粗略的估计。DBSCAN 的实现过程为：通过检查数据集内任一数据点 Eps 范围内所包含数据点个数来判断是否建立数据簇，在该数据点 Eps 范围内的数据点个数不小于 MinPts 时建立数据簇，再搜索此数据簇密度可达的数据点进行合并，即从该点密度可达的所有数据点形成一个聚类，而不属于任何簇的数据点标记为噪声点。根据研究数据属性值的相似性聚类得到的分类结果更具层次性，能最大程度体现各类别之间的差异性。利用 DBSCAN 聚类算法对各类站点的建设用地占比、人口密度和 GDP 密度数据进行聚类，从而得到不同的簇，不同的簇则代表不同城镇化级别。

太湖平原地区地形差异小，但区内城市化率变化较快，具有较强的典型性。前期研究表明，该区域极端暴雨频率和强度有增加趋势，对区域洪涝灾害产生了较大影响，且其中城市化因素作用明显。因此有必要按不同时间尺度对站点城市化级别进行动态划分，继而进一步探讨城市化对极端降水的影响程度及其贡献率。总体上自 1996 年开始，太湖平原地区经济逐步转入快速平稳发展阶段。1976～1995 年人口城市化率增长速率约为 0.57；1996 年以后，随着城市社会经济快速发展，该区域非农业人口比重不断上升，1996～2015 年人口城市化率增长速率增至 1.64。从 GDP 来看，前一时期 GDP 增速为 142.44 亿元/a，后一时期增速达 2196.8 亿元/a，后一时期 GDP 增速约为前一时期的 15.4 倍，两个时期 GDP 增速差异显著。且该区域人口城市化率和 GDP 前后两个时期数据的均值差异均达 0.01 显著性水平。基于此，本书中以 1996 年为分界点，1976～1995 年和 1996～2015 年分别代表太湖平原地区城市化发展起步期和城市化发展快速期。太湖平原地区 40 个雨量站点分布见图 3-10。

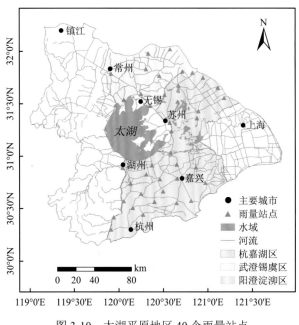

图 3-10 太湖平原地区 40 个雨量站点

为研究不同程度城市化对极端降水的影响，首先，基于 5 km 缓冲区（半径），分别用缓冲区内建设用地百分比、人口密度均值、GDP 密度均值来表征不同时期该雨量站点的城市化程度；再利用 DBSCAN 聚类算法依据建设用地占比将 40 个站点分为城市站、城郊站和农村站，结果如图 3-11 所示。在城市化发展起步期，人口城市化率较低，经济增速较缓，此阶段高度发达的城市站点较少，城市站点仅苏州市区、无锡市区、常州市区 3 个站点，城郊站点有 11 个，其余 26 个站点均为农村站点。到了城镇化发展快速期，各地飞速发展，此时被划分为城市站的站点增加到 9 个，城郊站点增加至 21 个，农村站点减少至 10 个。

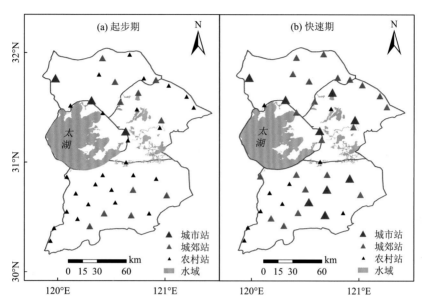

图 3-11　不同时期不同城镇化级别站点空间分布

二、城市化影响贡献率识别

（一）不同阶段极端降雨变化

依据太湖平原地区气候特征，并考虑到资料序列长短以及时间连续性，统一选取各雨量站点 1976～2015 年反映极端降水日数和极端降水量级的两类极端降水指标数值。非参数 Mann-Kendall（MK）统计检验和 Sen's 斜率估计是气候水文资料趋势检验中常用的方法，用来检验降水的长期变化趋势（上升或者下降趋势）。并且 MK 检验不需要时间序列存在正态性或者线性关系。采用非参数 MK 检验法和 Sen's 斜率等方法，分析太湖平原地区 1976～2015 年极端降水指标数值的时空变化趋势。

从城镇化发展起步期和城镇化发展快速期对比来看（图 3-12），除连续无雨日数（CDD）外，城镇化发展快速期各级别站点极端降水指标数值均值基本高于起步期，即极端降水阈值有所增大。从城镇化程度对比分析来看，对于表征极端降水日数的指标和年总降水量，在起步与快速期，总体都呈现出农村站大于城市站和城郊站的态势；对于其他表征极端降水量级的指标，则是在起步期城市站较大，而快速期城郊站较大。

太湖平原地区 1976～2015 年极端降水指标数值变化趋势及其空间分布存在差异（图 3-13）。从结果来看，对于连续有雨日数（CWD），在平原各地均无明显变化趋势；各站点连续无雨日数（CDD）则普遍呈减少趋势，且显著减少的站点主要分布在南北两侧。表明连续性的干旱在减少，而连续性的降水无大变化。总的来说，太湖平原与干燥相关的极端事件持续时间有所缩短，南北两侧地区尤其明显。其次，对于其他极端降水日数指标，有雨日数（R1mm）倾向于在研究区北部和中部呈增加趋势，在南部则呈减少趋势；部分位于北部站点的降水大于 10mm 日数（R10mm）呈显著增加趋势；降水大于 20mm 日数（R20mm）则总体呈现不显著增加趋势。总体来看，太湖平原地区极端降水事件的频率微弱加强，其中强降雨日数最为明显。对于极端降水量级指标[图 3-13（f）～（k）]，强降水日降水量（R95p）、极端强降水量（R99p）、最大 1 日降水量（Rx1day）、最大 5 日降水量（Rx5day）、年降水量（PRCPTOT）、降水强度（SDII）整体呈增加趋势，且呈显著增加的站点多位于北部和东南部地区。研究结果表明，无论是从不同时期极端降水均值变化，还是从极端降水时空变化来看，在不同城镇化时期以及不同空间格局上极端降水的变化特征有一定差异。随着城镇化发展，太湖平原极端降水事件总体呈现一定上升趋势，具体表现在极端降水频率和强度的增加，而连续无雨日数的减少，结合不同城镇化程度地区对比分析来看，城镇化对极端降水演变趋势发挥一定作用。

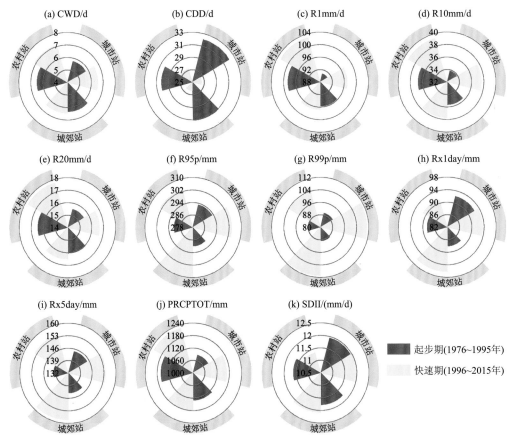

图 3-12 不同时期各级别站点极端降水指标数值的均值

图中各指标含义见表 3-1

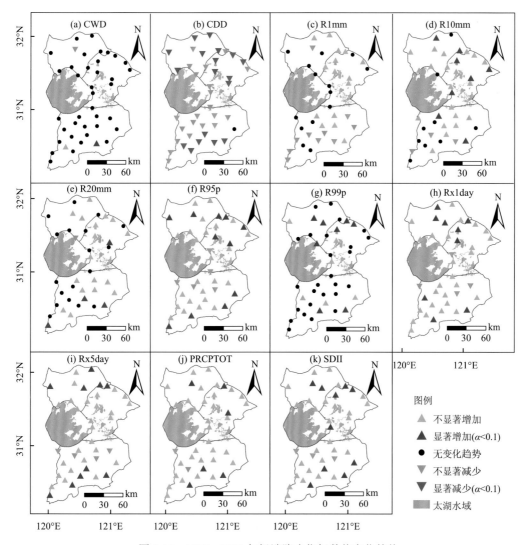

图 3-13　1976～2015 年极端降水指标数值变化趋势

（二）城镇化效应

城镇化对极端降水的影响主要是由不同城镇化水平站点所处环境差异引起的。数据序列差异的计算如下：

$$\Delta D_{ji} = D_j - D_i \quad (j=2,3;\ i=1,2;\ i \leqslant j) \quad (3\text{-}1)$$

式中，D_j 表示 j 级别城镇化水平站点的极端降水数据系列；D_i 表示比 j 级别低的 i 级别城镇化水平站点极端降水数据系列（1、2、3 分别表示农村站、城郊站和城市站）。通过计算不同数据序列差异，有助于剔除其存在的共同变异性，但保留了不同城镇化级别站点数据序列间存在的真实差异。城镇化效应则通过不同城镇化水平站点数据序列差异的变化趋势 b_{ji} 来表示，b_{ji} 代表 ΔD_{ji} 的 Sen's 斜率。$b_{ji}>0$ 表示城镇化对极端降水事件产生正效应；$b_{ji}=0$ 表示城镇化对极端降水事件无影响；$b_{ji}<0$ 表示城镇化对极端降水事件产生

负效应。城镇化影响贡献率 R 定义为城镇化效应 b_{ji} 与变化率 b_j（j 级别站点极端降水 Sen's 斜率）绝对值之比：

$$R_{ji} = \frac{b_{ji}}{|b_j|} \times 100\% \qquad (3\text{-}2)$$

R_{31}、R_{21} 分别表示城市站和城郊站城镇化对农村站极端降水影响贡献率。一般来说，R_{ji} 的值为＜1。R_{ji}=±100%表示极端降水事件的变化完全是由城镇化引起的；R_{ji}＞100%或 R_{ji}＜−100%则表示存在未知的人文或自然因素（如气候变化等）对极端降水产生的影响，这种情况认为 R_{ji}=±100%。

基于太湖平原极端降水指标数值时空差异，进一步对各级别站点极端降水指标数值变化趋势进行分析并定量评估了城镇化对其影响贡献率，结果如图 3-14 所示。其中城市站数据由 1976～1995 年和 1996～2015 年两部分城市站数据组成，城郊站和农村站亦是如此。首先对表征极端降水日数的指标，除连续无雨日 CDD 外，各级别站点都呈上升趋势；且城市站变化速率大于农村站，但城郊站变化速率与城市站和农村站关系不明确。城镇化效应在城市地区多表现为增强作用，城镇化贡献率达 11%以上，说明近年来城市地区极端降水频率和连续性降水的显著增加有 10%以上是由城镇化进程的不断推进（城镇人口比例稳步上升、城市规模持续扩张、城市污染排放增多等）造成的，并且城镇化进一步减少连续无雨日数的持续时间；在城郊站则多表现为抑制作用，且对各指数的抑制程度差异较大，由此可知城镇化级别不同，对极端降水频率和持续时间可能产生截然不同的效应。其次对极端降水量级指标而言，总体呈上升趋势，城市站、城郊站和农村站变化速率之间有明显差异，具体表现为城市站和城郊站变化速率均大于农村站。结果表明，城市站和城郊站城镇化都倾向于对极端降水量级指标产生促进作用，且正向贡献率都在 17%以上。

	CWD	CDD	R1mm	R10mm	R20mm	R95p	R99p	Rx1day	Rx5day	PRCPTOT	SDII
城市站	0.04	−0.19	0.20	0.19	0.07	2.02	1.78	0.39	0.85	5.32	0.02
城郊站	0.01	−0.15	−0.03	0.13	0.03	2.34	1.98	0.73	0.99	3.24	0.03
农村站	0.03	−0.17	0.17	0.10	0.07	1.72	1.49	0.31	0.74	4.01	0.02
b_{31}	0.01	−0.02	0.07	0.07	0.01	0.97	0.63	0.21	−0.07	1.60	0.01
b_{21}	−0.01	−0.03	−0.12	0.00	−0.02	0.40	0.42	0.29	0.20	−0.16	0.01
R_{31}	32%	−9%	37%	36%	11%	48%	36%	53%	−8%	30%	29%
R_{21}	−62%	−17%	−100%	−1%	−69%	17%	21%	40%	20%	−5%	44%

　　　　95%　　　90%　减少趋势（<0）　无趋势　增加趋势（>0）　90%　　95%

图 3-14　不同级别站点极端降雨指标数值 Sen's 斜率和极端降雨受城镇化影响贡献率

下标 1、2、3 分别代表农村站、城郊站和城市站，b_{ji} 代表城镇化效应，R_{ji} 代表城镇化影响贡献率

城镇化对极端降雨的影响从城郊地区对比来看，城市地区城镇化促进作用更明显。城郊地区城镇化影响则表现得更为复杂，对极端降雨指标中的 CWD、R1mm、R20mm

的弱化程度达 60% 以上，值得注意的是其对年总降水量也有微弱抑制作用，而对其他极端降水量级指标强化程度在 20% 左右，但强化程度不及城市站城镇化效应。城市地区城镇化对有雨日数和强降水日数的促进作用比对非常强降水日数要更强，同时进一步增加极端降水量，容易导致城市地区降水更为频繁，小雨大灾隐患增大。而城郊地区城镇化抑制极端降水日数，减缓极端降水日数的增速，却对极端降水量产生明显促进作用，致使城郊地区降水更加集中，洪涝风险增大。

第三节　城市化对降雨变化影响的数值模拟

降雨与气候变化息息相关，全球变暖引起气候发生变化，加速了水文过程。除此之外，剧烈的人类活动也可能影响降雨的变化。长三角城镇化进程始于 20 世纪 80 年代，城镇化剧烈地改变了地表下垫面，可能会引起"雨岛""湿岛"现象。而以往的研究也表明，城镇化确实影响了该地区的水文过程。

一、数值模拟模型

中尺度气候模式（weather research and forecasting model，WRF）可以有效模拟和预测长三角地区城镇化对夏季气候的影响。WRF 模拟中耦合单一城市冠层模型（single layer urban canopy model，NOAH-SLUCM），来精确模拟城市地区显热潜热输送、地表热存储等水热能量变化过程。

WRF 模式，是当前应用广泛的中尺度天气预报模型。WRF 既可以用于大气科学研究，又可以用来进行天气预报。随着计算机技术突飞猛进，气象预报技术也随之迅猛发展。20 世纪 90 年代后半期，美国多家科研机构，包括美国国家大气研究中心（Natioanl Center for Atmospheric Research，NCAR）、美国国家环境预报中心（Natioanl Centers for Environmental Prediction，NCEP）、预报系统实验室（Forecast Systems Laboratory，FSL）、空军气象局（Air Force Weather Agency，AFWA）、海军研究实验室（naval research laboratory）、Oklahoma 大学等，开始 WRF 模式的研制，并于 2000 年 12 月发布第一个版本。它的开发为理想化的动力学研究、全物理过程的天气预报、区域气候模拟、实时天气模拟及预测以及空气质量预报预测提供了一个可扩展的模式框架。

WRF 模式系统流程主要包括数据预处理、主模式和数据后处理及可视化 3 部分（图 3-15）。数据预处理系统（WRF preprocessing system，WPS）包含 3 个程序，主要用于为实时模拟准备输入数据，包括获取地表参数数据、解压再分析数据（NAM、GFS、FNL、NARR 等）以及将解压后的数据插值到研究区域。主模式中，动力求解模块（动力内核）是 WRF 模式的核心部分，其作用是对模拟进行初始化和积分运算。一个是在 NCAR 的 MM5（mesoscale model 5）模式基础上发展起来的 ARW（advanced research WRF），主要用于科学研究；一个是在 NCEP 的 Eta 模式基础上发展起来的 NMM（nonhydrostatic mesoscale model），主要用于业务预报。数据后处理及可视化作用是将主模式输出的模拟结果从垂直坐标插值到标准等压面或等高面上、从交错网格插值到正常网格上，然后利用 NCL、RIP 和 ARWpost 等程序将主模式输出的 NetCDF 格式文件转换为 NCL、RIP4 和 GrADS 等格式文件，并进行数据提取、诊断分析和可视化输出。

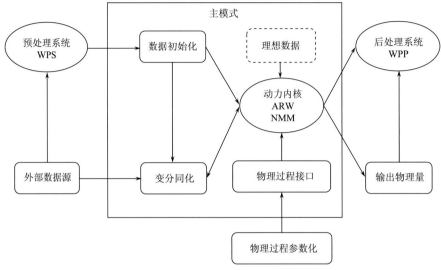

图 3-15　WRF 模式流程图

（一）模拟区域设置

在此采用的版本为 WRF-3.7.1，于 2015 年 8 月 14 日发布。模式采用三层单向嵌套设置（one-way triply nested），模拟中心为（31.5°N，114.7°E）。三层嵌套网格水平间距分别为 27 km、9 km、3 km。最外层区域网格数为 99×89，网格分辨率较粗。中间区域覆盖了中国东部的大部分区域以及部分黄海、东海，网格数为 147×129。最里层区域覆盖了整个长江三角洲地区，网格数为 129×126，网格分辨率为 3 km。模式垂直方向上分为 30 层，大气层顶气压为 50 hPa。模式在三层区域内积分时间步长分别为 180 s、30 s、12 s，模拟结果的输出时间间隔分别为 6 h、3 h、3 h。

（二）初始条件及边界条件

模式模拟初始场和边界条件数据源自美国环境预报中心（NCEP）提供的全球再分析资料 FNL（final global analysis, http://rda.ucar.edu/datasets/）。FNL 数据水平空间分辨率为 1°×1°，时间分辨率为 6 h。

除此之外，长江三角洲地区靠近海洋，海陆相互作用对局部气候的影响不可忽视。而 WRF 模式无法预测海洋表面温度（sea surface temperature, SST），SST 能够改变近海地区的空气密度、质量，因此进行长时间的连续模拟，模式需对海洋表面温度进行定期更新。借助 NCEP 提供的实时全球 SST 再分析数据（RTG_SST，https://www.nco.ncep.noaa.gov/pmb/products/sst/）在 WRF 模拟过程中用 RTG_SST 数据实时更新海洋表面温度。RTG_SST 的水平空间分辨率为 0.5°×0.5°，时间分辨率为 24 h。为了与边界条件数据的时间分辨率相一致，将日数据插值为 6 h 一次。模式的运行时间为从 2003 年 5 月 23 日 00 时 00 分（cordinated universial time, UTC）到 9 月 1 日 0 时 0 分（UTC）。其中 5 月 23 日到 5 月 31 日的模拟为模式的 spin-up 时间，6 月 1 日到 8 月 31 日的模拟用来分析。

二、不同城市化情景设置

本节设置了 4 组实验，来分析城市化下垫面变化（1990 年、2000 年、2010 年三期下垫面）对降雨的影响（图 3-16）。

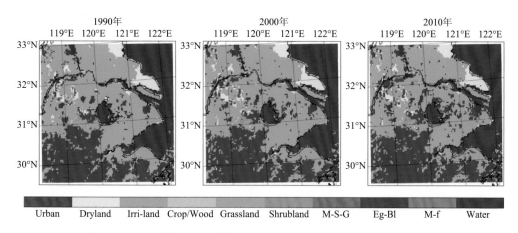

图 3-16　WRF 模式 D03 区域 1990 年、2000 年、2010 年土地类型图

Urban，城市用地；Dryland,旱地；Irri-land,水田；Crop/Wood, 农田/草地；Grassland, 草地；Shrubland, 灌木；M-S-G（mixed shrubland/grassland），灌木/草地混交；Eg-Bl（evergreen broadleaf），常绿阔叶林；M-f（mixed forest），混交林；Water，水体

其中 S2000 和 V2010 分别为控制实验和验证实验，S1990、S2000、S2010 用来分析城市化的影响。NCEP FNL 全球再分析数据最早只能追溯到 1999 年 7 月份，且夏季地表边界层条件选取正常年份，即尽量避免选取夏季过热的年份，也不选取夏季温度较低的年份。2000 年是 2000～2010 年中国东部最热的年份（Sun et al., 2014），而 2003 年夏季气温为较正常的年份，2000 年下垫面和 2003 年再分析数据模拟作为模型的控制实验。为了证实城镇化下垫面引起天气变化的合理性，避免大气专业极端情景模拟（城市化前和城市化后），将 2010 年下垫面和 2010 年再分析数据模拟作为验证实验，这样更具合理性（表 3-4）。

表 3-4　WRF 模拟实验设置

模拟实验	下垫面	模拟时间	
		模型 spin-up 时间	用于分析时间
S2000	CAS 2000	2003 年 5 月 23 日 00:00～5 月 31 日 23:00（UTC）	2003 年 6 月 1 日 00:00～9 月 1 日 0:00（UTC）
V2010	CAS 2010	2010 年 5 月 23 日 00:00～5 月 31 日 23:00（UTC）	2010 年 6 月 1 日 00:00～9 月 1 日 0:00（UTC）
S1990	CAS 1990	2003 年 5 月 23 日 00:00～5 月 31 日 23:00（UTC）	2003 年 6 月 1 日 00:00～9 月 1 日 0:00（UTC）
S2010	CAS 2010	2003 年 5 月 23 日 00:00～5 月 31 日 23:00（UTC）	2003 年 6 月 1 日 00:00～9 月 1 日 0:00（UTC）

三、城市化对降雨影响

（一）不同城市化情景下降雨总量变化

由 S2000 控制实验对夏季降雨总量和降雨日数的模拟结果来看（图 3-17），城市中心城区的降雨总量和降雨日数比郊区要多。尤其以上海市最为典型，上海市中心城区夏季降雨量要比郊区多 200 mm，降雨日数多 4～8 日。南京、苏州、无锡、常州地区，城市和郊区的降雨差异小于上海市。城市化对降雨分布的影响可能与城市规模有关，南京、苏州、无锡、常州城市面积远小于上海市，其城郊降雨差异小很多。宁波、杭州夏季降雨量少，其城郊差异也不明显。

2003 年长三角地区夏季盛行西风，如图 3-18 所示。不同时期下垫面模拟得出，城市下风向地区增雨显著，中心城区却不明显。从图 3-19 可以看出，S2010 相对 S1990（S2010～S1990）城市周边地区降雨增加 40～300 mm。上海市下风向地区增雨幅度最高，局部超过 400 mm；相反，超过一半的中心城区降雨在减少。南京、苏州、无锡、常州下风向地区降雨也一定程度上在增加。但这一特征在城市发展不同阶段有所差异，S2000～S1990 模拟结果显示，城市的上风向夏季总降雨量增幅高于城市下风向（图 3-19），但 S2010～S2000 城市中心城区和城市上风向地区降雨量减少，城市下风向地区降雨增加显著。而整个城市地区（包括中心城区和新增城市面积）S2010～S1990下垫面扩张使得夏季降雨增加，其中 S2000～S1990 增加 45.91 mm，S2010～S2000 增加 26.79 mm。模拟结果显示，随着城市规模的扩大，城区增雨效应在减弱。

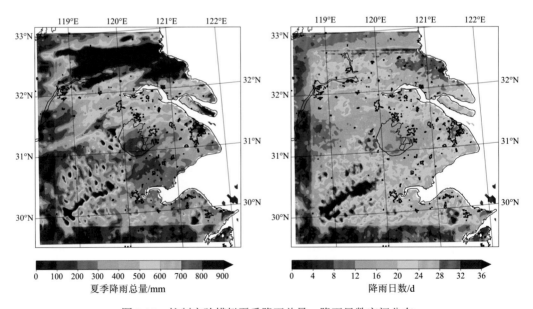

图 3-17　控制实验模拟夏季降雨总量、降雨日数空间分布

黑色实线包围区域（除水域外）为 2010 年城市用地

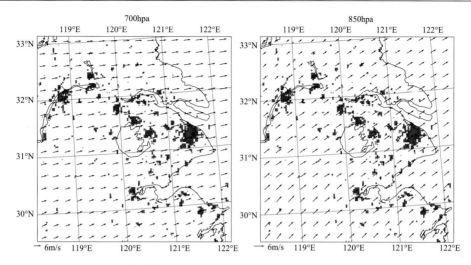

图 3-18 长江三角洲地区 2003 年夏季 700hpa 和 850hpa 高空平均风向和风速

红色部分为城市区域

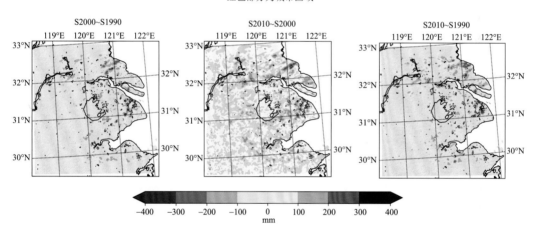

图 3-19 不同情景实验夏季降雨量之差的空间分布

城区和郊区不同阶段降雨变化趋势也有不同。S2000～S1990 中心城区降雨变化不大，而城市上风向的郊区呈增加趋势；S2010～S2000，城市规模进一步扩大，中心城区和上风向地区在减少，而城市下风向地区降雨在增加（图 3-19），S2010～S2000 的模拟显示大部分郊区站所处的下风向地区降雨在增加。如图 3-20 所示，城市扩张导致整个城市地区（包括中心城区和新增的城市用地）降雨日数增加。S2010～S1990 显示（图 3-20），降雨日数平均增加 1.64d，其中 S2000～S1990 降雨日数平均增加 1.60d，S2010～S2000 年平均增加 0.81d。

（二）不同城市化情景下极端降雨变化分析

本节极端降雨定义为日降雨量超过 99th 分位数日降雨。长三角地区 1960～2015 年极端降雨阈值为 47.8 mm/d。从控制实验模拟的极端降雨的空间分布来看（图 3-21），城市地区极端降雨量明显比其郊区要多，尤其以上海市为例，城郊差达 300 mm 以上。南京、苏州、无锡、常州也存在这一差异，但城郊差异不如上海市大。杭州和宁波极端降雨量偏小，城郊差异不明显。而极端降雨日数并不存在这一明显特征。

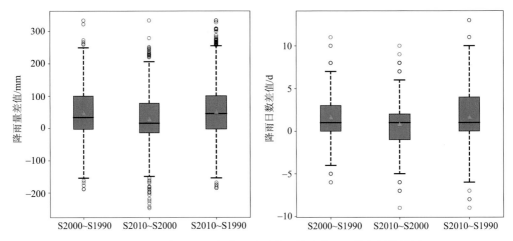

图 3-20　不同情景下城市地区夏季降雨量和降雨日数之差箱线图

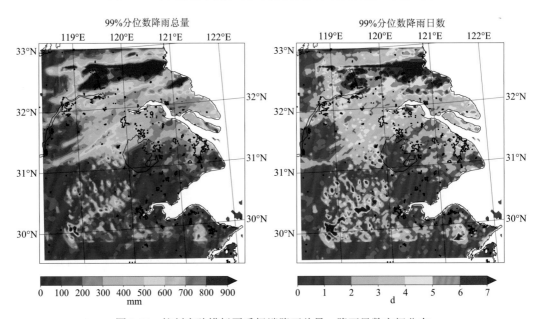

图 3-21　控制实验模拟夏季极端降雨总量、降雨日数空间分布

　　不同时期下垫面模拟结果显示，城市下风向区域极端降雨量增幅显著，而部分中心城区呈减少趋势（图 3-22）。S2010～S1990 模拟结果显示，上海下风向区域极端降雨增幅达 120～300 mm，而部分中心城区减少 120 mm。苏州、无锡、常州、南京城市下风向增加较少，增加量在 120 mm 以下。在城市不同阶段这一规律也存在不同，S2000～S1990 极端降雨量增加主要集中在城市上风向，而随着城市规模扩大，增加区域由上风向地区向下风向转移，如图 3-22（S2000～S1990、S2010～S2000）。

　　模拟结果显示，整个城市地区，S2010～S1990 下垫面的改变使得夏季极端降雨量增加了 30.0 mm（图 3-23）。且城镇化不同阶段增幅不同，S2000～S1990 增幅 23.50 mm，S2010～S2000 增幅降至 16.22 mm，随着城市不断扩大，对城区极端降雨的影响力在减弱。

总之，由于下垫面的改变，导致水热平衡被打破，区域的夏季总降雨量、极端降雨受到影响，且影响作用具有复杂的时空性。主要表现在：①城市规模影响突出。上海地区无论是降雨量还是降雨日数，城区和周围地区均变化明显，而规模较小的南京、苏州、无锡、常州和杭州变化稍弱。②影响的空间差异。中心城区降雨在减少，而其周围地区呈现不同变化。③影响的时段性。S2000～S1990，城市上风向地区增雨明显，而 S2010～S2000，城市下风向地区增雨明显，而城市上风向地区降雨减少（韩龙飞，2017）。

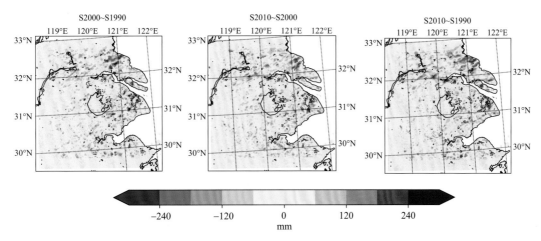

图 3-22　不同情景实验夏季极端降雨之差的空间分布

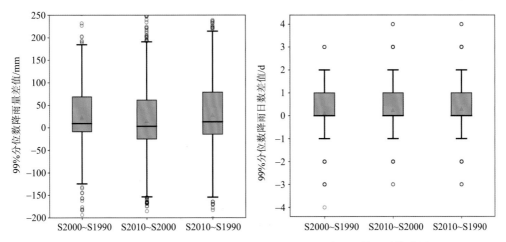

图 3-23　不同情景下城市地区夏季极端降雨量和降雨日数之差箱线图

第四章 城市化地区水文观测实验

实验观测是水文学研究的重要途径，是探索水文循环现象物理过程和形成机制的有效手段之一。回顾水文学的发展历程，人们对水文过程的认识以及水文理论的发展，几乎都源于水文观测及实验工作。水文实验包括实验室实验、布设水文站网和实验流域 3 种。国外较早关注水文实验的研究分析，系统的水文实验研究始于 20 世纪 30 年代。1965～1974 年的国际水文十年科学计划提出了代表流域和实验流域的概念，世界水文流域研究进入大发展和现代化阶段。20 世纪 80 年代以来，RS/GIS 等技术快速发展，促进了一系列陆面过程观测实验的开展。

我国水文实验研究在中华人民共和国成立后得到了较快发展，但 20 世纪 90 年代以后，由于科技体制改革等因素，存在水文实验站点密度不足、监测技术落后、实验设施陈旧等问题。近年来，随着洪水灾害等问题的加剧，陆续恢复或者发展了一些水文实验基地，比如滁州水文实验基地、五道沟水文水资源实验站等小流域实验基地等，为我国水文循环演变机理研究提供了重要支撑。

随着城市化过程快速发展，其引发了水灾害和水环境问题，许多学者开始关注城市化地区的水文实验，试图通过典型城市小区的观测揭示城市化对区域水文规律的影响。但目前在快速城市化地区，针对水文循环演变机制问题所开展的水文观测与实验研究还相对较少，与高度发展的社会经济相比并不协调（徐宗学等，2016）。因此，迫切需要针对长三角地区地形和城市化特点，开展水文观测与实验研究，揭示快速城市化地区不同特征下暴雨洪水的响应规律及演变机制。

第一节 城市化与水文观测实验

长三角地区覆盖面积广、下垫面条件复杂、水文影响因素众多，该地区城镇化下的产汇流机制尚不明确。开展水文实验的目的是分析不同土地利用/覆被下土壤水和径流的响应规律，探讨城镇化对洪水过程影响的产汇流机制。在开展大量野外调研的基础上，针对城镇化水平较高、经济较为发达的长三角地区，依据当地自然条件与人类活动特征，在南京市、常州市、苏州市、无锡市、镇江市、湖州市及宁波市建立了不同城镇化水平、不同空间尺度的实验小区，开展了水文对比观测实验。纵向上，对比城镇化背景下流域水文要素的长期动态变化，以定量揭示气候变化和城镇化等人类活动对降水径流机制的影响；横向上，对比不同城镇化流域降雨过程中降水、地表径流、土壤水和地下水响应关系，以分析城镇化等人类活动对流域"四水转化"及产汇流过程的影响机制。

借助地方水文部门合作支持，选取的水文观测实验集水区包括已进行过多年连续观测的西苕溪流域、通胜流域和奉化江流域，以及近年来陆续启动的溧阳中田舍河小流域、宁波画龙溪小流域、常州双桥浜集水区、无锡运东大包围（圩垸）和常州运北联圩水网区等，适当增设土壤水、地下水等必要观测项目（图4-1）。这些实验区涵盖不同地形、不同城镇化水平和不同圩垸规模的空间尺度，能够为城镇化背景下"四水转化"和产汇流机制分析提供必要的基础资料，为水文水动力模型参数率定和验证提供数据支撑。

　　微观尺度：选择溧阳中田舍河小流域（天然小流域）、奉化江画龙溪小流域（天然流域）、鄞江实验区（中度城镇化）和常州双桥浜小区（高度城镇化区），进行降水、河道水位、土壤水和地下水"四水转化"加密观测，分析不同城镇化集水区"四水转化"规律。

　　中观尺度：选择镇江通胜测区-洛阳河流域（中度城镇化）、常州运北大包围（高度城镇化）和无锡运东大包围（高度城镇化）等进行暴雨洪水观测，研究下垫面变化和水利工程调度下区域产汇流机制，探讨城镇化等人类活动对城市洪涝的影响。

　　宏观尺度：选择太湖腹部为研究对象，分析太湖平原水网区城镇化暴雨洪水特征及变化规律，分析苏州、无锡、常州城市联圩、下垫面变化和水利工程调度等对流域洪涝的贡献，为探讨城市、区域与流域洪涝风险协调提供决策依据。

　　上述不同尺度实验观测分析中，微观尺度重点探讨城镇不透面积和水系变化下，区域"四水转化"及产汇流机制的变化特征；中观尺度则主要考虑圩垸控制下管网、河网以及闸泵影响下城镇化区域暴雨洪涝过程变化；而宏观尺度则从区域与流域层面出发，分析联圩以及城市大包围影响下区域和流域暴雨洪水过程、河网动态调蓄能力特征，并为区域和流域洪涝防控提供支撑（表4-1）。

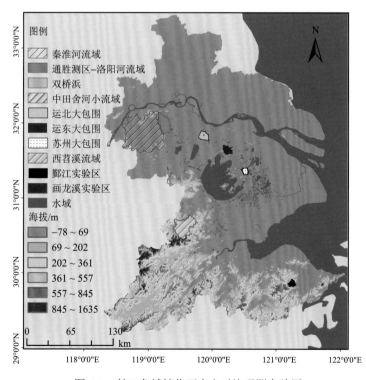

图4-1　长三角城镇化下水文对比观测实验区

表 4-1　　长三角各水文对比观测实验区

空间尺度	实验区名称	实验区类型	实验区面积/km²
微观尺度实验区	中田舍河小流域	天然小流域	42
	奉化江画龙溪实验区	天然流域	9.38
	鄞江实验区	中度城镇化	88
	常州双桥浜集水区	高度城镇化	1.63
中观尺度实验区	镇江通胜测区-洛阳河流域	中度城镇化	148
	秦淮河流域	中度城镇化	2631
	常州运北大包围	高度城镇化	157
	无锡运东大包围	高度城镇化	136
	苏州大包围	高度城镇化	87.8
宏观尺度实验区	太湖腹部地区	城镇化区域	36895

第二节　不同城市化水文观测实验区

一、高度城市化水文观测实验区

(一)常州运北大包围

　　城市大包围是指以大城市为中心,修建圩垸、联圩方式形成一个独立汇水系统,圩垸内外通过闸泵系统调节内外水量交换,从而更好实现城市区防洪排涝工作。常州市运北防洪大包围位于常州市区北部,属太湖流域武澄锡虞平原河网区的一部分。区域总面积约 157 km²。常州市运北防洪大包围现状见图 4-2。

　　常州市主城区内地势总体平坦,但高低相间,局部地区有低洼地分布,地面高程在 4～6 m 之间,土壤类型主要为水稻土,黏性重;植被类型主要为人工景观树木。建设用地面积约 121.09 km²,林草地面积约 7.26 km²,闲置用地(裸地、退耕地和河湖漫滩)面积约 14.44 km²,水域(包括公园蓄水)面积约 9.60 km²。

　　目前,常州市主城区防洪大包围已经基本形成,节点工程包括大运河东枢纽、采菱港枢纽、串新河枢纽、南运河枢纽、澡港河南枢纽、北塘河枢纽等,总设计排涝流量为 374 m³/s。正常情况下,沿江口门引水一般通过澡港河(澡港河南枢纽)和老京杭运河(新闸枢纽)进入主城区,分别流经关河、北塘河、老澡港河、北市河、西市河、南市河、东市河、童子河、后塘河、南运河、白荡浜、串新河、龙游河、采菱港后,汇入京杭运河或流入北塘河下游,水流方向一般为“西-东、北-南”。

　　根据常州水文(位)站资料(1951～2015 年),常州市主城区多年平均降水量为 1113 mm。降水量年际变化较大,最大年降水量为 1991 年的 1888 mm,最小年降水量为 1978 年的 592 mm;降水量年内分配不均,5～9 月降水量为 692 mm,约占全年降水量的 62.5%;暴雨主要集中在 6～7 月的“梅雨”季节,年日降水量超过 50 mm 的暴雨约 10 场。常州市运北防洪大包围降水主要特性见表 4-2。

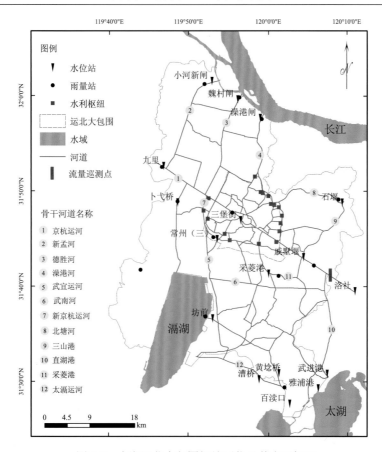

图 4-2　太湖运北大包围圩垸区位及其水网概况

表 4-2　常州运北大包围降水主要特性统计表

	最大 1h	最大 2h	最大 3h	最大 6h	最大 12h	最大 24h	最大 3d
降水量/mm	57.5	64	84.5	123.3	158	246.5	315
出现年份	2015	2000	2012	1974	2015	2015	2015

（二）常州双桥浜实验区

双桥浜居民小区位于常州运北大包围中北部，是太湖流域武澄锡虞城镇区较为典型的一部分，区域内地势平坦，呈西北高、东南低之势，地面高程在 5~6 m 之间：北至龙城大道，东至龙城大道，南至沪宁城际高铁和北塘河，西至通江南路，区域总面积约为 1.63 km² （图 4-3）。区间主要分布有奥韵家园、锦绣东苑、锦绣南园等小区。实验区交通用地 0.20 km²，城市绿地 0.45 km²，建设用地 0.76 km²，河道 0.02 km²。

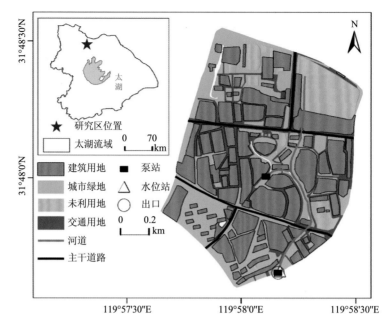

图 4-3 双桥浜水文实验小区概况图

双桥浜由北向南贯穿整个小区，北至锦绣路，在润德半岛附近分成两支，一支向西至锦绣南园，一支向南至北塘河，河道总长 1.91 km（其中西支 0.27 km），河道宽约 20.0 m，水面面积约 38200 m^2。北塘河西支上建有双桥浜污水截流泵站，与北塘河交汇处北侧建有双桥浜泵站，泵站设计流量为 4.0 m^3/s。正常情况下，双桥浜泵站每逢双日开启泵站翻水 2～3 h，以改善区内水环境。

2017 年，双桥浜小区年降水量为 1481.5 mm，是多年平均值的 1.33 倍；年蒸发量为 972.3 mm。其中最大一日降水量为 192.0 mm（6 月 10 日），最大 0.5 小时降水量为 29.0 mm（6 月 10 日），累计有 5 天的日降水量超过（或接近）50 mm。2017 年排涝期间，双桥浜平均水位为 3.90 m，最高洪水位为 4.12 m（10 月 7 日），平均流量为 2.25 m^3/s，最大流量为 8.93 m^3/s（6 月 10 日）。

（三）苏州城区大包围

苏州市城市中心区防洪大包围位于苏州市姑苏区、工业园区、吴中区。区域北以黄花泾、沪宁高速为界，东以苏嘉杭高速为界，西、南以京杭大运河为界（图 4-4）。根据 2015 年苏州城市中心区防洪大包围影像资料解析成果，实验区总面积为 87.8 km^2，其中城镇用地 65.27 km^2、河流与水域 6.84 km^2、绿化用地 8.37 km^2、未利用地 1.77 km^2、湿地 5.55 km^2。

苏州城市中心区处在中亚热带北缘向北亚热带南部过渡的季风气候区，四季分明，雨水丰沛（多年平均降水量 1100 mm），气候温和，无霜期长；年平均气温为 15.8℃，盛夏 7 月平均气温为 28.2℃，寒冬 1 月平均气温为 3.2℃，日最高气温 39.2℃，日最低气温零下 9.8℃；常年平均日照时数 1942.5 h，无霜期年平均长达 233 d。

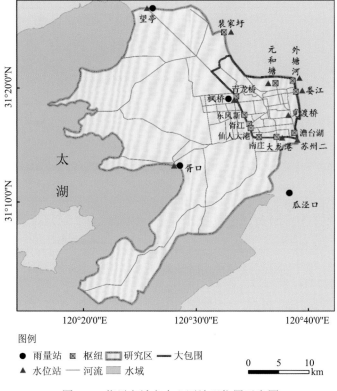

图例
● 雨量站　⊠ 枢纽　▨ 研究区　—— 大包围
▲ 水位站　—— 河流　▨ 水域

图 4-4　苏州市城市中心区地理位置示意图

　　苏州城市中心区河流水位受人工控制影响较大，涨幅较小，但水位涨高后，退水速度慢。河湖多年平均水位 3.02 m（水位为镇江吴淞基面以上米数，下同），平均年变幅 1 m 左右；大运河枫桥站多年平均水位 3.11 m，历史最高水位 4.82 m，历史最低水位 2.32 m；太湖、阳澄湖、大运河警戒水位为 3.8 m；城区环城河北片水位控制在 3.3～3.4 m，南片水位控制在 2.8 m 左右。2017 年 9 月 23～30 日累积降雨量达 144.5 mm，产流量达 1078 万 m³。

（四）无锡运东大包围

　　无锡市运东大包围位于无锡市中心城区，面积 136 km²。运东大包围工程于 2004 年 5 月 25 日开工建设，至 2007 年 10 月基本完成。大包围外围防线 68.5 km，包括 32 个堤防、11 座口门建筑物、8 个水利枢纽工程和 27 台套大型水泵，主要通过大包围 8 大水利枢纽将水排入围外河道，排涝流量 415 m³/s，排涝模数达到 3.05。防洪标准达到 200 年一遇，城市排涝标准达到 20 年一遇（图 4-5）。

　　实验区位于北亚热带和北温带的过渡地带，属北亚热带湿润的季风气候区，气候总的特点是：四季分明，气候温和，雨水充沛，日照充足，无霜期长。冬季北风多，受北方大陆冷空气侵袭，干燥寒冷；夏季偏南风多，受海洋季风的影响，炎热湿润；春夏之交多"梅雨"，夏末秋初有台风，干湿冷暖适量。

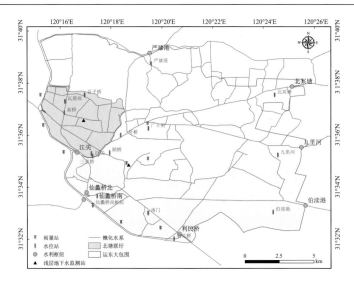

图 4-5　运东大包围空间示意图

实验区多年平均气温 15.6℃（无锡站，下同），极端最低气温–12.5℃（1969 年），极端最高气温 39.9℃（2003 年）；最冷出现在 1 月份，月平均气温 2.9℃，月平均最低气温–0.3℃；最热出现在 7 月份，月平均气温 28.0℃，月平均最高气温 31.9℃。年平均无霜期约 222 d，最早初霜日为 10 月 19 日（1955 年），最晚终霜日为 4 月 16 日（1961、1987 年）。年平均相对湿度 80%；年平均水面蒸发量 935 mm，最大 1223 mm（1967 年），最小 741 mm（1980 年）；陆地蒸发量 756 mm。

实验区多年平均降水量 1112.3 mm，年平均降水日数 125 d。降水年际变化较大，1954 年降水量达 1521.3 mm，1991 年为 1630.7 mm，而 1978 年仅为 552.9 mm；降水量时空分布不均，年内分布有一个明显的集中阶段，5～9 月份的汛期雨量约占全年平均降水量的 60%～70%，汛期最大降水量为 1216.1 mm（1991 年）。

每年春夏之交，出现典型的梅雨期，其特点为范围广、雨期长、雨量集中。平均梅雨期 27 d，平均梅雨量 246.1 mm；最长梅雨期 56 d（1954 年，梅雨量 410 mm），最大梅雨量 792.2 mm（1991 年，梅雨期 55 d）。时段降雨也有差异。最大 1 日雨量 221.2 mm（1990 年 8 月 31 日），最大 24 小时暴雨 225.5 mm（1991 年 7 月 1 日），12 小时最大时段雨量 163.2 mm（1990 年 8 月 31 日），1 小时最大时段雨量 82.7 mm（1992 年 9 月 7 日）。

二、中度城市化水文观测实验区

（一）秦淮河流域

秦淮河流域地处长江下游江苏省西南部，包括南京市区的一部分及江宁区、溧水区和句容市的大部分。秦淮河有溧水河、句容河两源，两源在江宁区西北村汇合为秦淮河干流，从东水关流入南京城。秦淮河下游与南京护城河合一，自东向西横贯市区南部至西水关流出汇入长江。秦淮河干流长约 34 km，流域集水面积约 2631 km²。秦淮河流域是一典型山间盆地，沿河两岸是低洼圩区，地面高程 6～8 m，圩区后部是丘陵山区，地面高程 300 m 以下。区内共 22 个雨量站（图 4-6）。

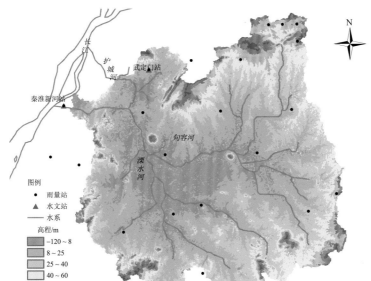

图 4-6　秦淮河流域位置、地形、水系及站点分布

秦淮河流域属于典型的亚热带季风气候，四季划分明显，雨水较为充沛，同时年温差较大。降水量季节分配主要受季风的影响，全年降水较为充沛，降水主要集中于夏季，占全年的 70%～80%，且年际变化幅度大，冬季降水稀少。流域地处中纬度地区，全年日照时数平均在 2000 h 以上，日照较为充足。流域偶有冰雹、霜冻、寒潮等灾害性天气出现。每年 6～7 月，流域会出现梅雨期，持续时间平均在 24 d 左右。每年的 7～9 月，热带风暴或台风可能从外围影响流域天气。

流域降水年内分布不均衡，降水较为集中，年际变化差异也较大，年均降水量约在 800～1100 mm，年降水量与梅雨期降水量也密切相关。受到地形的影响，在面临暴雨时，流域汇流速度很短，洪峰流量较高，流域下游又受到长江的顶托作用，洪水难以及时排泄出去，因此常出现洪涝灾害。另外，受气候影响旱灾也时有出现，历史多有记载。秦淮新河建成后，其承担了一定的分洪功能。流域年均蒸发量约为 1000 mm，从降水与蒸发来看，流域总体较为湿润。

（二）镇江通胜测区–洛阳河流域

通胜测区北接宁镇山脉，西以北山水库南分干渠为界，南临茅山余脉，东至洮隔平原边缘（图 4-7）。流域在镇江市内面积 385.6 km²，区内地形自西北向东南逐渐倾斜，地面平均高程约为 10 m 左右，其中，丘陵山区 347.8 km²，占通胜测区的 90.2%；平原圩区 37.8 km²，占通胜测区的 9.8%。流域内 100 万方以上的水库 11 座，集水面积为 80.1 km²，占通胜测区总面积的 20.8%。

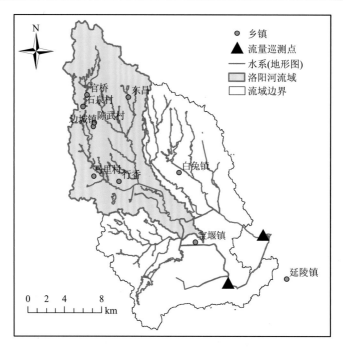

图 4-7 洛阳河流域位置及范围

　　洛阳河流域位于通胜测区上游,洛阳河位于镇江市的句容、丹徒境内,上受仑山、天王山、高骊山、十里长山、白山等山麓的来水,主源发源于天王山南麓,自仑山水库起向南经石泉,在洛阳贯穿 243 省道,进入行香的马里、徐村过 122 省道黄土桥向东至小蒋庄糜墅桥下,直线向东南于樊古隍村东沿老河进入丹徒区境内,到丁角横林坝入通济河、胜利河,全长 30.16 km,名洛阳河,流域面积 148.6 km²,干流比降 10.51‰。属太湖湖西水系。测区内多山丘区,植被情况一般,每年的 6～9 月份为本测区的主要雨季,降雨后山洪直泻,河水涨势猛,洪峰流量大。

　　实验区地处亚热带季风气候区,雨量充沛,四季分明。4～10 月降雨量较多,占全年的 80%。一般在 6 月中旬前后,江淮之间在冷暖气流交绥下,锋面活动显著,形成连绵梅雨,面广时长。8～9 月全市多处于副热带高压控制下,但台风活动频繁,常伴随暴雨洪涝灾害。洛阳河流域形成的洪水,一支通过胜利河、香草河经丹阳城区进入苏南运河北排入江,东排常州;另一支由通济河下泄,一部分经香草河进入大运河,一部分进入金坛境内排入洮、滆湖。由于通胜地区河道源短流急,历史上经常发生洪涝灾害。中华人民共和国成立以来,1954 年、1962 年、1969 年、1974 年、1991 年、2003 年、2015年、2016 年等均发生不同程度的洪涝灾害。洛阳河流域主要雨量站降水主要特性统计见表 4-3。

表 4-3　通胜测区降水主要特性统计表

站名	项目	最大 1h	最大 2h	最大 3h	最大 6h	最大 12h	最大 24h	最大 3d
东昌街站	降水量/mm	73	99.7	128	176.3	286.5	313.6	363.7
	出现年份	2015	1991	2003	2003	2003	2003	1965

站名	项目	最大 1h	最大 2h	最大 3h	最大 6h	最大 12h	最大 24h	最大 3d
白兔站	降水量/mm	75.3	97.4	119.6	145.1	229.4	249.9	291.3
	出现年份	2000	2006	2006	1991	2003	2003	1991
旧县站	降水量/mm	100.6	127.2	128.9	154	248.2	271.9	291.5
	出现年份	1998	1998	1998	2017	2003	2003	2003

三、自然流域及对比水文观测实验区

(一)常州中田舍河小流域

中田舍河小流域实验区(图4-8),其位于溧阳市天目湖镇,是溧阳市南部低丘陵山丘区代表性天然流域,年平均降水量1126 mm,年平均蒸发量876.1 mm。流域植被覆盖良好,在长三角太湖流域内可视为受人类活动影响较少的天然流域,与太湖流域其他典型城镇化地区进行对比,为分析产汇流新机理提供依据。

中田舍河源起苏皖交界的关山,下游汇入沙河水库,一级河流全长 10.4 km。鲶鱼桥控制断面下游即为沙河水库。中田舍河小流域内地势起伏较大,山脉多呈指状或串珠状,自南向北延伸;地貌类型复杂多变,主要为丘间谷地和河谷阶地,地面高程多在20~200 m。根据溧阳市水库管理处2011年专项调查资料分析,中田舍河小流域区域总面积为42.0 km²,其中,旱地面积约为10.50 km²,建设用地面积约为1.01 km²,林地(含经济林)面积为25.84 km²,水稻田面积约为2.60 km²,坑塘(水面)面积为0.50 km²,闲置用地(裸地、退耕地和河湖漫滩)面积为1.55 km²。

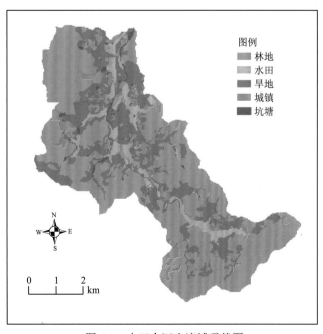

图4-8 中田舍河小流域现状图

　　根据中田舍雨量站和沙河水库水文站资料，中田舍河小流域多年平均降水量为1260.8 mm，多年平均蒸发量为773.6 mm。降水量年际变化较大，最大年降水量为2016年的2398.3 mm，最小年降水量为1978年的488.4 mm；降水量年内分配不均，5～9月降水量为778.9 mm，约占全年降水量的60.2%；暴雨主要集中在6～7月的"梅雨"季节，每年日降水量超过50 mm的暴雨约10场。中田舍河小流域降水主要特性详见表4-4。

表 4-4　中田舍河小流域降水主要特性统计表

	最大 1h	最大 2h	最大 3h	最大 6h	最大 12h	最大 24h	最大 3d
降水量/mm	84.5	97	100	129.2	190.4	193.1	233.8
出现年份	2014	2014	1989	2005	2005	1984	1999

　　2016年，中田舍河小流域累计降水量2398.3 mm，是多年平均值（1260.8 mm，1960～2015年）的1.90倍；累计有10天的日降水量超过50 mm，其中最大一日降水量142.5 mm（7月1日），最大三日降水量305.0 mm（7月1～3日）。梅雨期间（6月18日～7月17日）累计降水量786.0 mm，是多年平均值的2.88倍，有6天的日降水量超过50 mm。全年（沙河水库站）累计蒸发量701.6 mm，最大一日蒸发量6.2 mm（7月24日）。

（二）奉化江画龙溪与鄞江流域对比观测实验区

　　画龙溪和鄞江两个流域分别属于长三角东南部的宁波市鄞州和海曙区，该地区由奉化江分为鄞东南与鄞西地区，区域呈蝶形，东西两侧为丘陵地区，中部为平原河网地区（图4-9）。当遭遇台风或梅雨期暴雨，外江潮位升高，顶托江河下泄流量，易引发洪水。近年来，大规模城镇化发展导致区域下垫面特性发生改变，洪水灾害有加剧的趋势，开展水文观测研究可以为理解区域洪水规律、揭示洪水演变机制提供科学支撑。

　　两个流域空间规模较小，距离相近，地形差异较小，分别了代表不同城镇化水平（图4-9）。画龙溪流域（9.38 km²）城镇化水平较低（2018年不透水面比率仅为0.15%），人类活动影响有限，主要开展不同土地利用/覆被类型下的产流特性分析，反映人类活动影响较低情况下的水文响应规律。鄞江流域（88 km²）人类活动较为剧烈，村镇沿河谷分布，2018年不透水面比率为4.27%，主要开展城镇化影响下的水文综合观测，反映人类活动影响相对较大情况下的水文响应规律。对两个流域进行水文比较分析，探讨城市下垫面对洪水影响的产汇流机理。

　　画龙溪实验流域主要用来反映不同土地利用/覆被类型下的土壤水响应规律，故布设的监测站点相对较多；而鄞江实验流域主要用来对比反映人类活动影响较大区域的水文响应规律，其植被类型与画龙溪相似，故墒情站点主要布设于代表城市下垫面的类型下，如城镇用地和荒地。其中城镇用地墒情站点（YJ01）布设于建筑空地中，在站点布设完成之后，站点周围铺有小范围路砖，站点1 m左右范围外多为不透水面（水泥路面）和建筑[图4-10（e）]。YJ02墒情站点布设于建筑荒地中，土层多为建筑砖石碎料，土层经过夯实，如图4-10（f）所示。

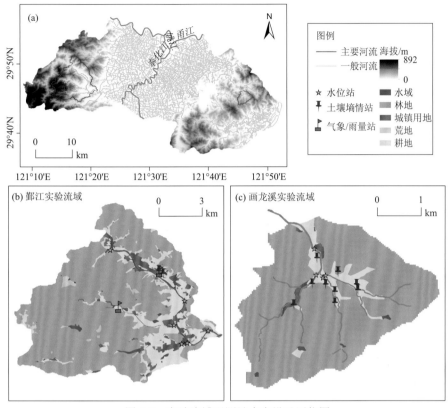

图 4-9 实验流域观测站点布设及区位图

图 4-10 画龙溪和鄞江实验区主要墒情站点现场图

第三节　城市化下"四水转化"规律

基于实验观测小区所获得的降水-径流-土壤墒情-地下水观测数据，开展不同下垫面条件下的"四水转化"特性分析，以揭示不同城镇化条件下流域水资源的形成和转化规律。

一、降水-径流响应规律

典型平原水网集水区（双桥浜集水区）和山丘区小流域（中田舍河小流域）数场洪水监测数据如图 4-11、图 4-12 所示，表 4-5 为不同类型流域的暴雨洪水响应规律。表 4-5 为上述典型场次暴雨洪水监测数据对比，表明快速城镇化发展导致区域径流深增大；高度城镇化小区暴雨-洪峰滞时较短，多在 1 h 以内，而山丘区自然流域暴雨-洪峰滞时多大于 3 h。对于平原水网集水区，主要由于处于高度城镇化发展阶段，不透水面所占比例较大，汇流时间短，径流系数较大；而对于山丘区流域，洪峰出现时间相对较慢，径流系数总体较小。

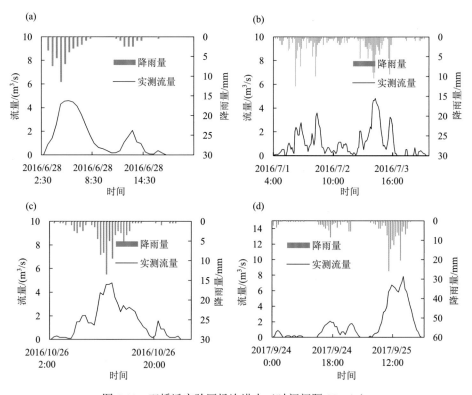

图 4-11　双桥浜实验区场次洪水（时间间隔 30 min）

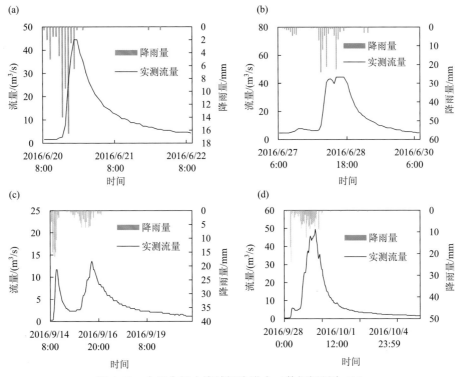

图 4-12　中田舍河小流域场次洪水（数据间隔为 1h）

表 4-5　双桥浜-中田舍河流域暴雨洪水对比分析

	场次	雨量/mm	径流深/mm	洪峰/m³/s	暴雨峰值-洪峰/h
双桥浜	20160628	59.5	57.0	5.53	0.5
	20160701	230.5	217.8	5.5	0
	20161026	91	77.9	4.66	0.5
	20170924	66	68.3	7.93	0.5
中田舍河	20160620	66	56.4	44.5	3
	20160627	140	104.1	44.5	5
	20160914	181	63.5	13	3
	20160928	244	181.5	49.4	8

二、降水-地下水响应规律

降水是浅层地下水重要的补给来源，其季节和年际分配不均，导致旱涝交替现象时有发生，并对浅层地下水埋深变化过程有着重要的驱动作用。枯水期偶有强降水发生，并造成浅层地下水埋深快速减小；枯水期极旱年份，浅层地下水失去重要补给源，埋深较大。基于 2005～2015 年太湖平原河网地区苏州市的 14 个浅层地下水监测井水位及2005～2014 年降水日尺度数据，开展浅层地下水与降水的响应分析（图 4-13）。

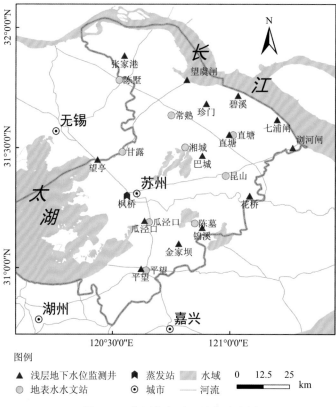

图 4-13 苏州市水系及站点分布图

利用互相关法获取浅层地下水与降水过程的响应机制,该方法在描述时间序列平稳性和滞时等方面可靠性较高,可写成(Cai and Ofterdinger, 2016):

$$C_{xy}(k) = \frac{1}{n}\sum_{t=1}^{n-k}(x_t - \overline{x})(y_{t+k} - \overline{y}) \tag{4-1}$$

$$\gamma_{xy}(k) = \frac{C_{xy(k)}}{\delta_x\delta_y} \tag{4-2}$$

式中,C_{xy} 为互相关函数;k 表示滞时;n 为时间序列长度;x_t 和 y_t 分别表示两个时间序列数据;$\overline{x}$ 和 $\overline{y}$ 分别表示 x_t 和 y_t 序列的平均值;γ_{xy} 表示互相关系数;δ 表示时间序列的标准离差。互相关系数大于标准误差 $2/N^{0.5}$ 时,$P<0.05$,N 为数据序列长度。

2005~2015 年浅层地下水埋深累计减小 0.15 m,波动性较大[图 4-14(a)]。2005~2010 年变化过程较为平稳,略有下降;2011 年埋深迅速升至最大值(1.18 m),其后稳步减小。根据降水年内分布划分出丰水期(5~10 月)和枯水期(11 月~次年 4 月)。丰水期浅层地下水埋深呈下降趋势,枯水期略有上升。2005~2010 年期间,丰枯水期埋深均较为稳定,2010 年迅速增加,其后呈下降趋势。年际和丰枯水期浅层地下水埋深与对应时段降水量相关系数分别为–0.50、–0.66 和–0.75(P 分别小于 0.1、0.01 和 0.01)。即,浅层地下水受降水量的强烈影响,尤其是枯水期。浅层地下水埋深年内分布呈"W"形[图 4-14(b)],月均浅层地下水埋深与降水量相关系数为–0.85($P<0.01$)。

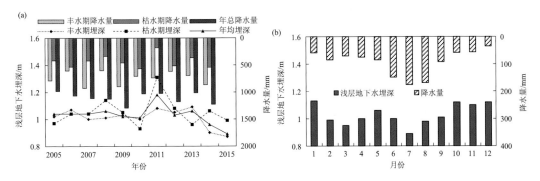

图 4-14　浅层地下水埋深年际及年内变化

月尺度浅层地下水埋深与降水量关系显著。当降水量较前一月增加时，69.3%的月份浅层地下水埋深有所减小；当降水量较前一月减少时，84.2%的月份浅层地下水埋深有所加大。枯水期浅层地下水埋深变化特征与不同量级降水总量和次数呈显著相关。其中，与 20 mm 以上级别降水总量和次数的相关系数分别为–0.78 和–0.77，与 10 mm 以上级别降水总量和次数相关系数分别达–0.96 和–0.94，与无雨日数的相关系数为–0.87（$P<0.01$）；丰水期水循环过程更为复杂，浅层地下水埋深与降水量级关系不显著。

同时，不同地区也存在着区域差异。因此，采用互相关分析法揭示 2005～2015 年太湖平原水网区各监测井日尺度浅层地下水埋深对降水的平均响应程度和时间，鉴别浅层地下水埋深变化是否受到其他因素的影响（图 4-15）。首先，瓜泾口等东部和南部浅层地下水埋深变化对降水十分敏感，上升和回落过程较快，互相关系数峰值均在 0.3 以上（$P<0.05$），滞后时间均为 1 d 左右；其次，北部和西北部的珍门、碧溪和望亭等站点退水过程缓慢，滞后时间多在 2 d 及以上。

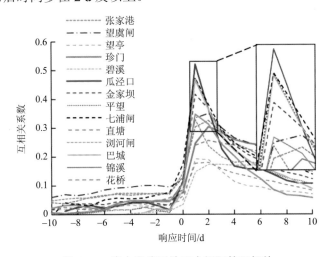

图 4-15　降水和浅层地下水埋深的互相关

三、降水-土壤水响应规律

土壤含水量是水文过程的关键变量，分析土壤含水量变化可以帮助理解水文循环过程，从而揭示不同城镇化水平下区域水文过程的变化机制。

双桥浜"20180901"和"20180916"场次降雨-墒情响应的分析结果表明，降雨对各层土壤含水量变化均有影响（图4-16）。其中，对10 cm处土壤含水量影响最为强烈，20 cm处次之，40 cm处土壤含水量影响最小。土壤含水量对降雨响应存在一定的滞后性，最先发生响应的是10 cm处，其次是20 cm处，40 cm处滞后时间最长。

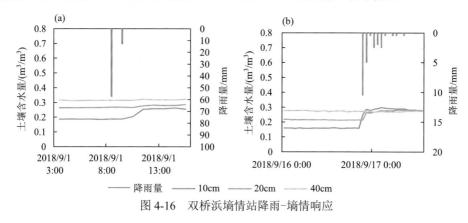

图4-16　双桥浜墒情站降雨-墒情响应

图4-17为中田舍地区降雨-土壤水关系。山区10 cm处土壤水分、20 cm处的土壤水分对降雨响应较为明显，40 cm处土壤水分对降雨基本无响应。10 cm处和20 cm处土壤水分对降雨的响应在时间上具有一致性，但20 cm处土壤水分对降雨响应更加强烈。

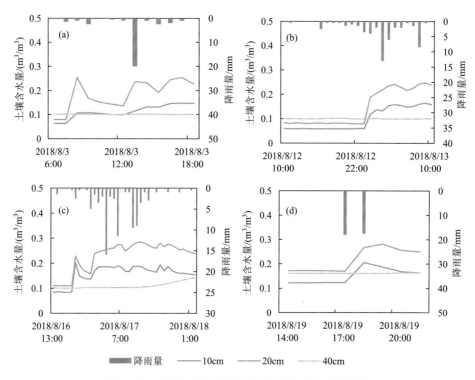

图4-17　中田舍墒情站典型场次降雨-墒情响应关系

　　降雨是土壤水分的直接补给源,不同降雨强度对土壤水分的影响不同。为探究不同降雨强度对土壤水分的影响,可选取典型场次分析降雨强度对土壤水分的影响。在选取降雨场次时,要求满足 3 个条件:①降雨事件前后 6 h 无明显降雨;②土壤水分变化明显;③在一次降雨中降雨时间分布较为均匀。研究所选取的 4 场不同强度的降雨均符合上述 3 个条件。

　　降雨量大小对土壤水分的影响程度不同,根据降雨量大小可将降雨划分为不同等级。按照气象水文部门规定,可根据 24 h 降雨量划分雨量等级标准,具体标准如表 4-6 所示。

表 4-6　降雨量等级划分标准及特征

24 h 降雨量/mm	降雨等级
<10	小雨
10~25	中雨
25~50	大雨
50~100	暴雨
100~250	大暴雨

　　根据上述标准对画龙溪小流域 2016~2020 年不同等级降雨发生频次进行统计,结果如图 4-18 所示。总体上,画龙溪小流域共发生小雨 569 次、中雨 178 次、大雨 67 次、暴雨 18 次、大暴雨 7 次。暴雨发生以 6~8 月较为集中;大暴雨集中在 8~10 月。对各年份分析可知,2016 年、2018 年各等级降雨均有发生,且 2016 年与 2018 年日降雨量大于 50 mm 的降雨较为集中。2017 年、2020 年均无大暴雨发生,暴雨、大雨发生总次数与其他年份基本一致。2019 年无暴雨发生,但发生 4 次大暴雨,受“利奇马”台风影响,最大 24 h 降雨量达 372.5 mm。

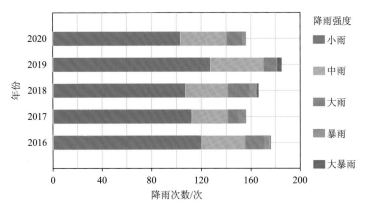

图 4-18　2016~2020 年画龙溪站不同等级降雨次数

(一)大雨强度对土壤水分的影响

　　画龙溪小流域此次降雨事件发生在 2017 年 9 月 15 日~16 日,降雨量为 31.5 mm,

降雨历时为 21 h，降雨强度为 1.50 mm/h。杨梅林、农田、坡耕地、竹林 4 种土地利用类型的土壤水分对大雨的响应曲线如图 4-19 所示。可知：总体上各土地利用类型 80 cm（坡耕地除外）深度土壤水分对大雨响应程度极微弱，其余各层土壤水分均对降雨发生响应。杨梅林和农田土壤水分变化曲线起伏程度小，表明其对降雨的响应较弱。

此次降雨事件中，降雨的发生分为两个阶段。在第一阶段，杨梅林 10 cm、20 cm、40 cm 和 60 cm 深度处土壤水分对大雨发生响应[图 4-19（a）]，但响应时间略有不同，农田各层对大雨有所响应，但总体响应幅度较小[图 4-19（b）]；坡耕地除 80 cm 外，其余各层响应曲线发生明显增长，表明其余各层均对降雨发生响应，40 cm 深度处土壤水分增幅最为明显，在响应时间上 10 cm 和 20 cm 深度处土壤水分响应时间基本一致，明显快于 40 cm 和 60 cm 深度处土壤水分[图 4-19（c）]；竹林 10 cm、20 cm 和 40 cm 深度处土壤水分对降雨发生响应时间明显不同[图 4-19（d）]，响应时间有 10 cm<20 cm<40 cm 的关系。

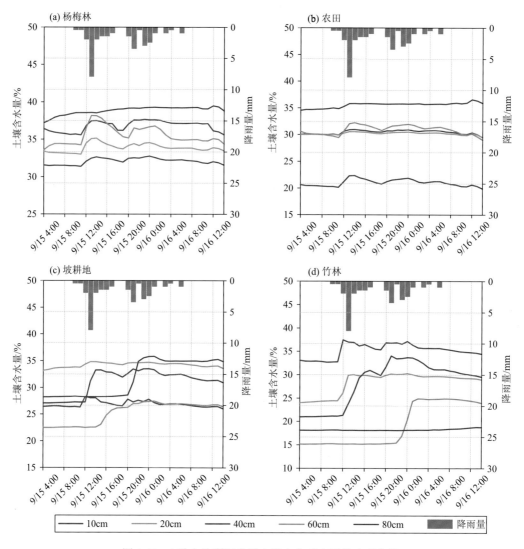

图 4-19　4 种土地利用类型土壤水分对大雨的响应曲线

在第二阶段，杨梅林和农田土壤水分也对降雨发生了二次响应，但受前期降水量影响，土壤水分增幅不明显。坡耕地 80 cm 处对此阶段降雨响应明显，发生了陡涨现象，变化幅度甚至大于 10 cm 和 20 cm 处土壤水分变幅，这是因为在高强度短历时降雨中，坡地易产生超渗径流，10 cm 和 20 cm 深度处土壤水分变化不大，而深层土壤水分快速响应是优势流导致的结果。在整个降雨过程中，竹林各层土壤水分的响应时间有 10 cm<20 cm<40 cm<60 cm 的关系，这也符合土壤水分对降雨的响应存在从上到下的次序的常态。

对大雨过程中土壤水分的变化特征进行统计分析，结果如表 4-7 所示。分析发现：总体上，竹林的土壤水变幅 C_v 值最大，坡耕地次之，农田最小，表明大雨强度下各土地利用类型土壤水分变化程度大小为竹林>坡耕地>杨梅林>农田。

对杨梅林，60 cm 深度处土壤水分增量为 4.60%，增幅为 13.69%，其余土层土壤水分增量均小于 2.0%，增幅均小于 5%。对农田，各土层深度土壤水分的最大增量均小于 2.0%，增幅均小于 8.33%。对坡耕地，不同深度土壤水分增量较杨梅林、农田大，40 cm 深度处土壤水分增量最大，为 5.38%，增幅为 17.99%，10 cm 深度处土壤水分增量最小，为 2.01%，增幅为 8.38%。对竹林，其对降雨的响应程度最大，尤其是 40 cm 和 60 cm 深度处，土壤水分增量分别是 13.07% 和 9.73%，增幅分别为 62.36% 和 64.14%，80 cm 深度处土壤水分增量最小，仅为 0.66%，增幅为 3.64%。

表 4-7　大雨过程中土壤水分变化情况

土地利用类型	土层深度/cm	初始含水量/%	最大含水量/%	平均含水量/%	变幅离差系数 C_v/%
杨梅林	10	31.57	32.76	32.08	1.29
	20	33.40	35.14	33.88	1.63
	40	36.42	37.68	36.79	1.93
	60	33.60	38.20	35.53	3.37
	80	37.21	39.50	30.46	1.40
农田	10	30.04	30.95	30.46	1.21
	20	30.00	30.55	30.20	0.77
	40	20.64	22.36	21.00	3.02
	60	30.58	32.25	30.88	2.83
	80	34.54	36.58	35.59	1.38
坡耕地	10	24.00	26.01	25.19	2.51
	20	32.08	35.27	33.76	3.01
	40	29.90	35.28	32.04	6.18
	60	25.47	30.01	26.90	4.92
	80	32.72	35.43	34.06	3.42
竹林	10	33.08	37.44	35.20	4.24
	20	23.99	30.26	28.34	8.30
	40	20.96	34.03	28.36	16.78
	60	15.17	24.90	19.19	24.06
	80	18.13	18.79	18.24	1.10

（二）暴雨强度对土壤水分的影响

此降雨事件发生在 2016 年 10 月 7 日~8 日，降雨量为 92 mm，降雨历时为 37 h，降雨强度为 2.49 mm/h。4 种土地利用类型的土壤水分对暴雨的响应曲线如图 4-20 所示。分析发现：在暴雨发生前，前期降雨量较小，降雨强度小，4 种土地利用类型在 10cm 和 20cm 处土壤水分均发生了微弱响应（图 4-20），其中杨梅林的响应最明显。

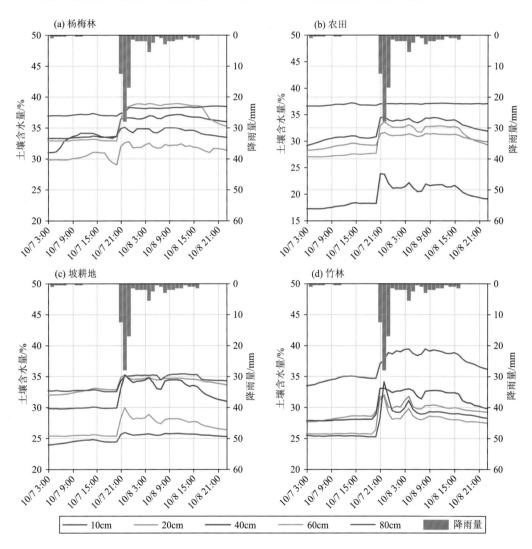

图 4-20　4 种土地利用类型土壤水分对暴雨的响应曲线

在暴雨发生时，不同土地利用类型的土壤水分响应曲线变化态势不同。表层（10 cm、20 cm）土壤水分受降雨补给影响明显，曲线呈缓慢上升趋势，但部分深层土壤（40 cm、60 cm 和 80 cm）土壤水分曲线增长有明显的陡涨过程，主要受降雨强度影响。在不同土地利用类型中，杨梅林各层土壤水分均对暴雨响应，但 20 cm 深度处土壤水分增长幅度大于 10 cm 深度处的增幅[图 4-20（a）]。农田 80 cm 深度处土壤水分变化较小，是因为在降雨前此处土壤水分已经接近田间持水量，因此当有降雨产生时，土壤水分无明显变化[图 4-20（b）]。坡耕地各层均对降雨发生了响应，40 cm 和 60 cm 深度处土壤水分增幅明显[图 4-20（c）]。竹林 10 cm 深度处土壤水分变化明显，土壤水分远高于其他土层，是因为竹林表层土质疏松（容重为 1.09 g/cm^3，孔隙度为 54.5%），根系发达，根量较多，促进了根系吸水过程（廖凯华和吕立刚，2018），更利于降雨的入渗。此外，从图中可明显看出，当降雨强度达最大时，各土地利用类型的土壤水分也基本达到最大，在降雨持续的过程中，土壤水分基本保持不变。当降雨强度停止后，各层土壤水分均逐渐下降[图 4-20（b）、（d）]。

对暴雨过程中土壤水分的变化特征进行统计分析，结果如表 4-8 所示。总体上暴雨过程中土壤水分增长幅度大于大雨过程中土壤水分增幅，主要表现在暴雨强度下 4 种土地利用类型的水分变幅 C_v 值较大雨强度下 C_v 值大。对杨梅林，其 60 cm 深度处土壤水分增加最为明显，变化幅度为 18.36%，80 cm 深度处土壤水分增加最为微弱，变化幅度为 4.30%。农田 40 cm 深度处土壤水分增加了 6.58%，增幅为 38.06%，80 cm 处土壤水分增加量最小，仅为 0.58%，增幅为 1.58%。坡耕地不同深度土壤水分总体增加量在2.01%~5.38%之间，80 cm 深度处增幅最小，但其增幅远大于同等深度下农田土壤水分增幅。竹林土壤水分变化幅度总体上较其他土地利用类型大，80 cm 深度处增幅最为明显，增加量为 16.89%，增幅为 66.08%。

表 4-8　暴雨过程中土壤水分变化情况

土地利用类型	土层深度/cm	初始含水量/%	最大含水量/%	平均含水量/%	离差系数 C_v/%
杨梅林	10	31.07	35.13	33.95	3.00
	20	29.87	32.81	31.26	3.21
	40	33.33	37.18	35.38	4.49
	60	32.90	38.94	36.03	7.43
	80	36.94	38.53	37.77	1.66
农田	10	29.18	34.70	32.36	5.37
	20	28.33	31.67	30.22	3.56
	40	17.29	23.87	19.82	9.56
	60	27.11	33.68	30.19	8.35
	80	36.65	37.23	36.98	0.45
坡耕地	10	24.00	26.01	25.19	2.51
	20	32.08	35.27	33.76	3.01
	40	29.90	35.28	32.04	6.18
	60	25.47	30.01	26.90	4.92
	80	32.72	35.43	34.06	3.42
竹林	10	33.54	41.73	37.10	6.19
	20	27.75	35.79	29.61	5.42
	40	27.90	33.11	30.45	6.99
	60	25.82	31.84	27.43	5.72
	80	25.56	42.45	28.18	11.42

（三）大暴雨强度对土壤水分的影响

选取的大暴雨事件在 2016 年 9 月 14 日～16 日这一时间段，总降雨量达 218 mm，降雨持续时间为 37 h，降雨强度为 5.89 mm/h。4 种土地利用类型的土壤水分对大暴雨的响应曲线如图 4-21 所示。在大暴雨发生前期（9 月 14 日 10 时～9 月 15 日 10 时），降雨强度较小，杨梅林除 80 cm 深度处外，其他各深度均对降雨发生响应；农田各层均对降雨发生响应，且响应程度明显；坡耕地 40 cm、60 cm 和 80 cm 深度土壤水分基本未对降雨发生响应，仅 10 cm 和 20 cm 深度土壤水分对降雨发生明显响应；竹林 10 cm 和 20 cm 深度处土壤水分增加明显，40 cm 深度处土壤水分小幅增加，60 cm 和 80 cm 深度处土壤水分基本未发生变化。

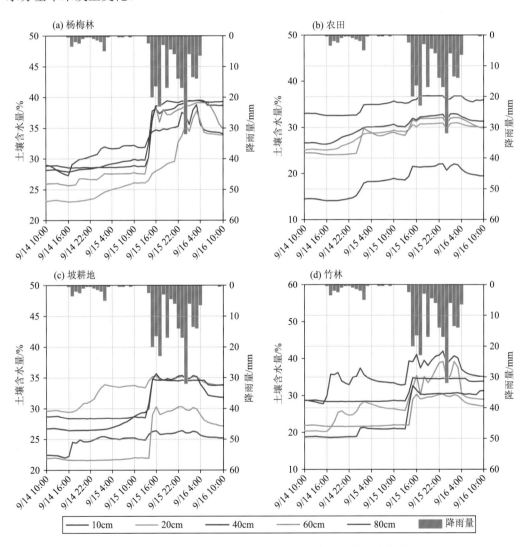

图 4-21　4 种土地利用类型土壤水分对大暴雨的响应曲线

受降雨量和降雨强度限制，在大暴雨发生前期，各土地利用类型下的土壤水分均未达到土壤最大含水量，即田间持水量。在大暴雨发生后（9月15日10时），各土地利用类型土壤水分发生明显增长。杨梅林、竹林以及坡耕地的40 cm、60 cm和80 cm深度处土壤水分均发生了明显的陡涨现象[图4-21（a）、（c）、（d）]，在高强度降雨持续时，土壤水分达到田间持水量后保持稳定。对杨梅林和竹林，由于植被丰富，根系发达，表层土壤水分（10 cm、20 cm）受根系吸水影响较为明显[图4-21（a）、（d）]，因此在高强度降雨发生时，土壤水分的变化较同类型土地利用类型下其余土层的变化更为明显。

在降雨结束后，无外界补给时，不同土地利用类型土壤水分随时间下降过程不同。杨梅林80 cm深度处与坡耕地各层土壤水分在下降过程中先出现一个平台期，随后土壤水分逐渐减少。坡耕地深层土壤水分下降较慢，是因为上部土壤水分在降雨停止后开始消退，但下部土壤水分在消退的同时受到上部土壤水分下渗的补给（刘相超等，2006）。竹林的各层土壤水分在降雨停止后会迅速下降，主要原因是竹林孔隙度高，结构性强，根系发达，利于雨水迅速下渗，因此当外界降雨减少或停止时，相比杨梅林和坡耕地，竹林土壤水分会迅速回落。

对大暴雨过程中土壤水分的变化特征进行统计分析，结果如表4-9所示。分析可知：在降雨发生前，各土地利用类型的初始含水量偏小，低于各土层的平均含水量。这是由

表 4-9　大暴雨过程中土壤水分变化情况

土地利用类型	土层深度/cm	初始含水量/%	最大含水量/%	平均含水量/%	离差系数 C_v/%
杨梅林	10	29.01	38.81	32.53	8.79
	20	23.14	37.80	27.75	16.80
	40	28.18	39.53	32.89	14.91
	60	25.93	39.15	31.38	17.52
	80	28.86	39.48	32.96	15.65
农田	10	26.69	32.94	30.10	7.16
	20	25.15	30.99	28.60	7.43
	40	14.54	22.06	18.25	15.65
	60	24.45	32.10	28.43	10.93
	80	33.03	36.83	34.87	4.54
坡耕地	10	22.47	26.41	24.98	4.86
	20	29.65	35.35	33.05	6.07
	40	26.75	35.65	30.05	12.00
	60	21.93	30.31	24.74	14.90
	80	28.71	34.76	30.94	9.43
竹林	10	28.78	42.07	35.27	10.62
	20	20.42	39.19	28.33	19.00
	40	18.83	32.66	24.43	22.31
	60	14.97	32.90	21.45	37.43
	80	17.48	39.58	24.08	34.79

于在此次降水前，该地区处于持久干旱状态，温度高，土壤蒸发量大。杨梅林和竹林在此次降雨事件中，土壤最大含水量远高于平均含水量，表明在这一过程中，土壤水分波动程度更大。竹林 60 cm 和 80 cm 深度处土壤水分 C_v 值较大，均超过了 30%，表明在这一过程中，竹林深层土壤水分受降雨影响更大。对于杨梅林、农田和坡耕地，土壤水分变化最为明显的土层深度分别是 60 cm、40 cm 和 60 cm，C_v 值在 15%左右。总体上，大暴雨强度下，4 种土地利用类型土壤水分对降雨的响应程度大小关系有：竹林>杨梅林>农田>坡耕地。

在不同降雨强度下，各土地利用类型土壤水分对降雨发生不同程度的响应。从大雨强度到大暴雨强度，各土地利用类型土壤水分的 C_v 值变化逐渐增大，表明土壤水分的波动程度更大，这与不同降雨强度下土壤水分对降雨的响应曲线变化一致。在大暴雨强度下，不同深度土壤水分均对降雨发生明显响应，但大雨强度下杨梅林、农田和竹林的深层土壤水分（80 cm）对降雨的响应极为微弱，表明降雨强度和降雨量直接影响到土壤水分的增加量和土壤水分的入渗深度。

（四）不同土地利用/覆被下土壤水分变化

为揭示不同土地利用/覆被下土壤含水量对降雨的平均响应程度和时间，采用互相关分析方法对画龙溪流域和鄞江实验区 5 min 实验观测资料进行分析，如图 4-22，结果表明，对于林地和坡地站点来说（HL01、HL04 和 HL07），互相关系数在达到最大值后，还能保持一定水平，说明前一时间降雨对后续土壤含水量影响也较大；而对于耕地、城

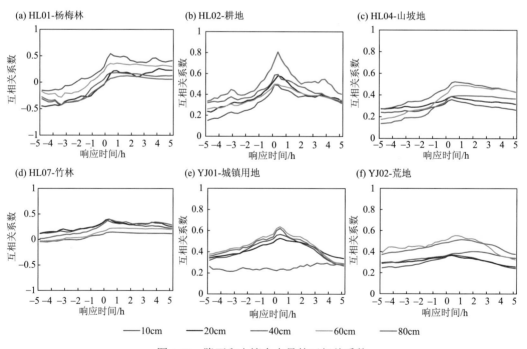

图 4-22　降雨和土壤含水量的互相关系数

镇用地和荒地来说（HL02、YJ01 和 YJ02），互相关系数在达到最大值之后下降较快，说明该地类下土壤含水量下降幅度较快。对于各地类下各层土壤含水量平均响应时间，表层土壤（10 cm）滞后时间为 0～0.25 h，20 cm 土壤层响应时间为 0.25～0.75 h，40 cm 土壤层滞后时间为 0.5～0.75 h；而深层（60 cm 和 80 cm）土壤含水量由于受到优势流的影响，响应较为复杂，变动范围较大。

　　根据不同区域降雨-土壤水关系，可以发现土壤水对降雨存在不同程度的响应。但土壤水的变化不仅受降雨的影响，还受土壤自身属性、土层结构等因素的影响，表现为林地退水过程较慢，而城镇用地和耕地退水过程较快，土壤含水量很快恢复到降雨前期水平。平原集水区各层土壤水分对降雨响应时间不一致，山区土壤水分对降雨响应时间上具有一致性，对于各地类下各层土壤含水量平均响应时间，10 cm、20 cm 和 40 cm 土壤层滞后时间分别为 0～0.25 h、0.25～0.75 h 和 0.5～0.75 h，而深层（60 cm 和 80 cm）土壤含水量由于受到优势流的影响，响应较为复杂，响应时间变动范围较大。平原集水区 10 cm 处对降雨响应最为强烈，山区流域则为 20 cm 处。

第四节　极端天气事件下水文响应特征

　　降雨强度和下垫面类型对土壤含水率动态响应影响较大。相对于林地等土地利用类型，暴雨条件下城镇用地和荒地等土壤水快速涨落，可能影响洪水过程的变化。长三角地区易受台风暴雨影响，且历史极端洪水灾害多是由台风登陆引起，如 2015 年 9 月"杜鹃"和 2016 年 9 月"莫兰蒂"事件，造成了较大的生命财产损失。其中 2016 年第 14 号超强台风"莫兰蒂"（2016 年 9 月 13 日～16 日），降雨量约 250 mm（降雨等级上属于"大暴雨"级别），造成了 28 人死亡、49 人受伤和 18 人失踪。为此，以该典型台风事件为例，借助较高分辨率的实验观测资料，对比分析画龙溪和鄞江两个实验流域水文响应特征，从而探讨典型暴雨事件下的水文响应规律。

一、实验流域同场次洪水特征

　　城镇化可能通过改变下垫面土地利用类型，使得土壤动态响应过程发生改变，从而改变了降雨的产汇流过程。根据 2015～2019 年汛期两个实验流域同场次降雨径流观测数据（共 41 个场次），开展不同土地利用类型和不同城镇化水平下的水文对比分析，通过场次洪水过程中洪峰滞时（降雨中心—洪水位峰值相隔时间）、洪水位涨幅（洪峰水位与雨前水位相差幅度）和单位雨量水位涨幅（洪水位涨幅与降雨量比值）等指标分析两个实验流域的洪水响应差异（图 4-23）。

　　从洪峰滞时来看[图 4-23（a）]，画龙溪实验流域洪峰滞时多在 0.3～1.3 h，而鄞江实验流域洪峰滞时多在 3.5～8.4 h。流域的洪峰滞时主要受到流域大小和地形等因素的影响，鄞江流域面积相对较大，洪峰滞时总体相对较大。对于水位涨幅[图 4-23（b）]，画龙溪流域水位涨幅主要在 0.18～0.4 m，鄞江流域水位涨幅主要为 0.31～0.74 m。由于流域水位涨幅还受到降雨强度的影响，因此计算了洪水位的单位雨量水位涨幅，减少两个区域降雨差异的影响，结果显示画龙溪流域单位雨量水位涨幅主要为 0.33～0.63 mm/mm，而鄞江流域单位雨量水位涨幅主要为 0.73～1.47 mm/mm[图 4-23（c）]。画龙溪流域集水面积小，植被多为天然林地和耕地，而鄞江流域集水面积相对较大，且不透水面积比例相对较高，导致水位涨幅和单位雨量水位涨幅相对较大。

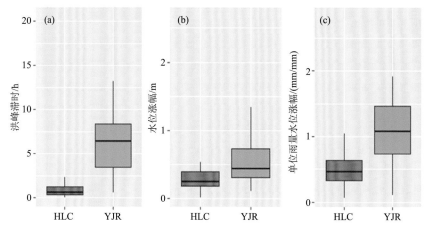

图 4-23　画龙溪（HLC）和鄞江（YJR）流域洪峰滞时、水位涨幅和单位雨量水位涨幅

　　通过对长三角东南沿海两个不同城镇化水平实验流域（画龙溪和鄞江实验流域）观测结果的对比分析发现，城镇化程度高的鄞江流域的水位涨幅和单位雨量水文涨幅均高于天然植被的画龙溪实验流域。从不同土地利用下的土壤墒情观测结果来看，城镇用地土壤水消退过程较快，而林地由于植被作用土壤含水率在降雨后还能维持较高水平。不同土地利用下土壤物理参数结果表明，城镇用地和荒地土壤存在严重压实退化现象，土壤容重和比重较大，孔隙度较低，土壤最大有效含水量明显减少（杨金玲等，2006）；同时，植被减少也使得土壤蓄水能力减弱。可见城镇化发展带来的下垫面变化会改变土壤水运移过程，从而影响水文循环过程。城镇化区域不透水面扩张，改变土壤水动态响应规律，导致降雨下渗减少，径流系数增加，从而导致洪峰水位（流量）上升。

二、典型暴雨事件下土壤水动态响应规律

　　图 4-24 显示了"莫兰蒂"事件下不同土地利用/覆被下土壤含水率动态响应过程，不同下垫面类型下土壤含水率响应过程存在显著差异。从土壤水起涨过程来说，林地（杨梅林和竹林）、山坡地和荒地土壤含水率对于降雨过程响应速度表现为 10 cm>20 cm>40 cm；而在 60 cm 和 80 cm 处，土壤含水率在降雨达到一定强度后，存在剧增现象。对于耕地和城镇用地，各层土壤含水率响应时间较为一致，且深层土壤含水率随着降雨波动较为明显，这可能是由大孔隙流影响所致。而对于土壤水消退过程来说，城镇用地和耕地退水过程较快，土壤含水率很快恢复到降雨前期水平；由于植被具有较好的涵养水源的作用，林地土壤含水率还能维持较高水平。

　　土壤含水率变化受到降雨过程直接影响，但表现出一定的滞后性。以前的研究由于资料限制，多是基于日尺度资料分析土壤含水率对降雨的滞后响应时间，时间尺度相对较粗糙（柴雯等，2008）。基于水文实验观测的高分辨率资料，采用互相关分析方法揭示

不同土地利用类型下土壤含水率对降雨的平均滞后响应时间（Cai and Ofterdinger, 2016），结果如表 4-10 所示。结果显示，表层土壤（10 cm）滞后响应时间为 0～0.25 h，20 cm 土壤层响应时间为 0.25～0.75 h，40 cm 土壤层滞后响应时间为 0.5～0.75 h；而深层（60 cm 和 80 cm）土壤含水率变动范围较大。主要由于实验流域多为林地和耕地，根系多，土壤大孔隙分布较多，产生优势流，增加水分下渗速率，从而导致深层土壤含水率响应时间变动范围较大（李谦等，2014；刘宏伟等，2009）。

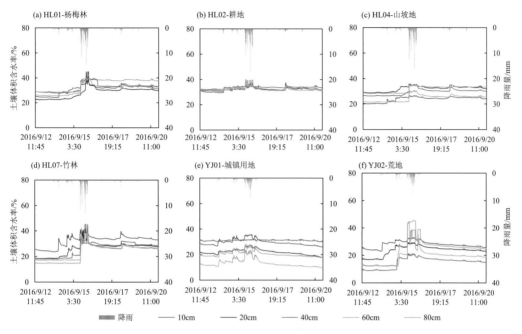

图 4-24　典型台风暴雨场次下不同土地利用下土壤体积含水率变化

表 4-10　各站点土壤含水率对降雨的滞后响应时间　　　　（单位：h）

站点	土壤层				
	10 cm	20 cm	40 cm	60 cm	80 cm
HL01	0.25	0.75	0.75	0.75	1.5
HL02	0	0.25	0.25	0.25	0.25
HL04	0.25	0.25	0.5	1	1
HL07	0	0.25	0.5	1	0.25
YJ01	0	0.25	0.5	0.25	0.25
YJ02	0.25	0.25	0.75	0.5	1

三、典型暴雨事件下洪水响应规律

以"莫兰蒂"台风事件为例，画龙溪和鄞江两个实验流域的暴雨洪水响应特征对比如图 4-25 所示。画龙溪和鄞江两个实验流域洪水过程线与降雨过程较为一致。画龙溪流域洪水过程线总体呈现较为平缓的单峰形，洪峰流量为 4.64 m³/s，洪峰出现时间为2016/9/16 3:00；而鄞江流域流域洪水过程线随降雨则呈现尖瘦的多峰形状，洪峰流量为138.16 m³/s，洪峰出现时间为 2016/9/15 23:00。从径流系数来看，该台风暴雨场次下画龙溪流域径流系数为 0.17，而鄞江流域径流系数为 0.24。

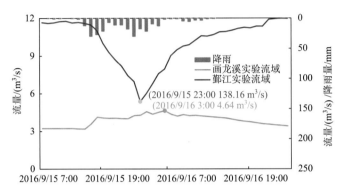

图 4-25　台风暴雨场次下画龙溪和鄞江实验流域暴雨洪水对比分析

　　一般来说，流域面积越大，洪峰滞时相对越长，但对于具体洪水场次而言，地形、城镇化和降雨过程都对洪峰滞时有一定影响。鄞江流域相对画龙溪流域面积较大，但该场次台风降雨下洪峰却早 4 h 左右，可能受到了流域地形和不透水面的影响。鄞江流域受人类活动影响较大，不透水面比率相对自然植被的画龙溪流域较高。通过不同土地利用/覆被下土壤含水率响应规律可知，暴雨影响下城镇用地土壤含水量增加和消退过程较快，而植被覆盖率较高的土地利用类型具有较好的蓄水保墒能力，使得尽管面积较大但不透水面比率较高的鄞江流域洪峰出现时间较早，且洪峰形状较为尖瘦，径流系数较大。

　　综合来看，城镇化影响下土地利用/覆被类型转化（如从植被覆盖率较大的林地、草地等向植被覆盖率较低的城镇用地转变），改变了土壤含水率动态响应规律，影响了产汇流过程，从而改变了流域暴雨洪水响应。

第五章　城市化地区水文变化特征与降雨径流过程模拟

随着城市化进程不断加快，下垫面特征发生了剧烈变化，加之大量水利工程建设，使得区域降雨径流过程发生明显变化，探讨城市化地区水文变化特征与降雨径流关系演变成了当前水文科学领域研究的热点。目前相关学者已开展许多有益的尝试，丰富了人们对于水文变化规律的认识。但由于城市化地区的影响因素错综复杂，相关研究开展的背景不一，尚未形成统一的城市化地区洪水响应规律的认识，同时综合分析各影响因素对城市化地区水文响应的相对影响仍有待研究。相关研究在城市水文响应规律及影响因素的定量分析及陆气耦合模拟研究等方面亟待进一步深入。

水文模拟是研究城市水文效应的主要技术手段，在揭示城市化区域降雨径流过程、探讨暴雨洪水变化规律及其驱动因素中发挥着重要作用。城市化过程中不透水面增加、河流水系衰减、流域圩垸防洪能力不断增强等因素明显改变了区域降雨径流过程，将严重危及城市水安全与可持续发展。开展城市化等新形势下水文过程模拟，揭示区域暴雨洪水变化机制，对区域防洪减灾具有重要意义。基于建立的水文实验区，通过构建长期水文过程模型、暴雨洪水模型和平原区水动力学模型等，模拟城市化下典型区域的降雨径流过程。并设置不同情景探讨了下垫面土地利用和水系变化以及水利工程调度对区域产汇流机制的影响，探讨变化条件下水文变化规律及其机理。

第一节　城市化地区水文演变特征

平原水网区地势低平，河道水位是反映区域复杂水文情势的关键信息，其变化对洪旱灾害防御有重要影响。近几十年来，长三角太湖平原地区的人类活动不断加剧，圩区防洪规模迅速扩大，洪水期间水量外排，势必引起外河水位上涨和降雨-水位关系变化。

图 5-1 为江苏太湖地区年最高水位的年际变化趋势，可以看出近几十年江苏太湖地区年最高水位表现出明显的波动上升趋势，尤其是白芍山、无锡、常熟、平望、瓜泾口和湘城等站增长趋势明显（$p<0.01$）。从各站最高水位的变化可以看出，1968 年和 1978 年极值水位达到近 60 多年来的最低水平，尤其是 1978 年，河道水位为历年最低，部分站点年均水位低于 3.0 m，发生了严重的农业干旱。20 世纪 90 年代为典型的丰水期，1991 年、1993 年和 1999 年全区各站雨量一致偏高，这几年降水偏多是引发流域洪涝灾害的主要原因。值得注意的是，2000 年以来，降雨量相对平缓，基本属于平水期阶段，但水位依然保持较高的水平，这表明除了降雨因素影响外，可能还有其他因素引起河道水位的变化，因此有必要更进一步深入分析。

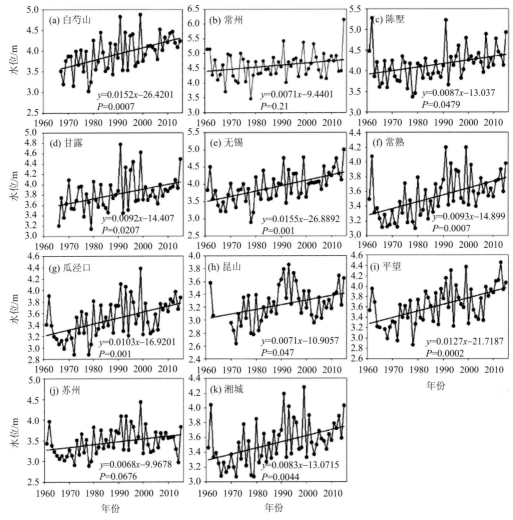

图 5-1　太湖腹部地区最高水位的年际变化特征

一、洪水水位趋势特征

广义可加模型（generalized additive models in location, scale and shape, GAMLSS）是由 Rigby 和 Stasinopoulos 提出的一种（半）参数回归模型。该模型可考虑多种解释变量，采用线性、非线性、参数或非参数手段来拟合响应变量和解释变量间的关系。目前，国内外水文学者已开始将其应用于非一致水文统计分析，即建立概率分布中相关参数与其他解释变量（如时间、降雨）之间的函数关系，再借助已建好的极值分布函数和解释变量变化，来刻画变化环境下水文极值事件的分布特征。20 世纪 80 年代末以来，武澄锡虞地区城镇化引起的人类活动不断加剧，尤其是圩垸防洪建设的增强，导致水文序列产生的环境发生变化，基于一致性假设的方法已不能很好地描述该地区的水文变化。

本书采用基于 Gamma 分布的广义可加模型，该分布是一种连续概率函数，保障了区间始终为正值，实际应用时灵活性较高。假设变量 Q_i 为预测值，在本书中 Q_i 代表洪

水水位指标的时间序列。因变量 q_i 相互独立且服从同一分布函数 $f_{Q_i}(q_i|\theta_i)$，$\theta_i=(\theta_1,\theta_2,\cdots,$
$\theta_p)$，p 是由分布参数（位置、尺度）组成的向量。

$$f_{Q_i}(q_i \mid \mu_i,\sigma_i) = \frac{1}{\left(\sigma_i^2 \mu_i\right)^{\frac{1}{\sigma_i^2}}} \frac{q_i^{\frac{1}{\sigma_i^2}-1}\exp\left(-\frac{q_i}{\sigma_i^2 \mu_i}\right)}{\Gamma\left(\frac{1}{\sigma_i^2}\right)} \tag{5-1}$$

该地区洪水水位变异受到自然因素（降雨、潮位）与人类活动因素的共同作用，因此将二者都作为参数的解释变量。位置参数 μ_i 和尺度参数 σ_i 随时间 i 变化，线性函数可表示为

$$\mu_i = \ln\left(\alpha_{0i} + \alpha_{ri}x_r + \alpha_{ti}x_t + \alpha_{hi}x_r x_h\right) \tag{5-2}$$

$$\sigma_i = \ln\left(\beta_{0i} + \beta_{ri}x_r + \beta_{ti}x_t + \beta_{hi}x_r x_h\right) \tag{5-3}$$

式中，x_r、x_t、x_h 分别代表降雨、潮位和人类活动；α、β 为系数；Q_i 的均值和方差估计值分别为 μ_i 和 $\mu_i^2 \sigma_i^2$。考虑到该地区的人类活动因素多是在降雨期间对洪水水位产生影响，因此通过相互作用项（$x_r x_h$）来量化人类活动因素对水位的影响程度。为防止模型过度拟合，采用 AIC（Akaike information criterion）和 SBC（Schwarz Bayes criterion）准则判断模型的拟合效果，AIC 和 SBC 值越小表明拟合效果越好。

为了进一步对序列趋势进行量化，还采用了 Mann-Kendall（MK）方法进行趋势检验，该方法最早用于检验样本序列的趋势特征。近些年，为了减小序列自相关的影响，预置白（pre-whitening，Storch，1995）、自由趋势预置白（trend free pre-whitening，Yue et al.，2002）等修正方法相继被提出并被广泛应用，这两种方法主要是在进行 MK 检验前，利用序列一阶自相关系数（lag-1）对原始数据消噪，另一种基于有效样本数（effective sample size，Bayley and Hammersley，1946）的修正方法也得到广泛应用，它是基于任意阶显著的自相关系数来对样本方差进行修正。本章将采用基于有效样本数（ESS）修正的 Mann-Kendall 方法（简称 MMK）进行序列的趋势分析。

基于 4 个典型水文站，提取 5 个洪水水位指标：年最大 1 日水位（Max 1-day）、年最大 3 日水位（Max 3-day）、年最大 7 日水位（Max 7-day）、超门限峰值（POT）、年最大 1 日水位发生时间（Max1D），开展趋势性分析。以无锡站为例来看（图 5-2），Max 1-day、Max 3-day 和 Max 7-day 三个指标变化过程基本一致，表现为波动上升趋势，最高值和最低值分别出现在 1991 和 1978 年，这主要是受当年降雨量的影响；而 2000 年之后，水位的年际波动较之前明显降低。从局部加权回归散点平滑法（locally weighted scatterplot smoothing，LOWESS）得到的序列来看，3 个水位指标自 20 世纪 60 年代末以来，呈连续波动上升趋势，直至在 20 世纪 90 年代初出现波峰，2000 年以来也基本呈波动上升。图 5-2（d）为无锡站的 POT 变化过程，受抽样规则限制，每个 POT 值与年份并非一一对应，但与前 3 个指标相比，其波动上升趋势更加明显。由图 5-2（e）可知，1954~2014 年最大 1 日水位（Max1D）出现时间表现出较强的年代际变化，在 20 世纪 90 年代发生日期明显偏晚，约为 8 月至 9 月，也就是台风雨期，而 2000~2010 年之间发生日期偏早，主要集中在 6 月中旬，也就是梅雨期。2010 年以后，Max1D 的发生日期又开始表现为偏晚现象，如 2013 年 4 个站的 Max1D 均发生在 9 月中旬。

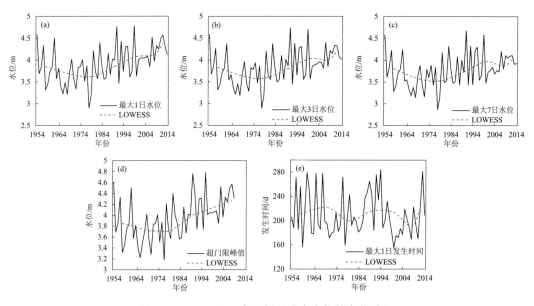

图 5-2　1954～2014 年无锡站洪水水位的变化过程

（a）Max 1-day；（b）Max 3-day；（c）Max 7-day；（d）POT；（e）Max1D

　　为排除序列自相关性的影响，在 MK 趋势检验之前，需对各洪水水位序列的自相关系数进行分析，图 5-3 为无锡站洪水水位序列前 10 阶自相关系数。总体来看，多数序列的自相关系数为正，Max 1-day 的 3、6、8 阶的序列自相关系数均超过 0.05 的显著性检验，类似的情况在其他站也均有体现。Yue 等（2002） 指出正的序列自相关系数会在一定程度上增强 MK 趋势，因此本书中采用 MMK 方法对洪水水位序列进行趋势检测。

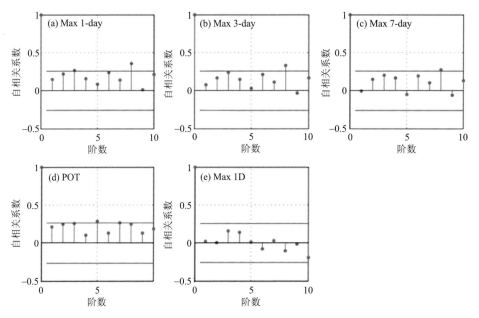

图 5-3　无锡站各洪水水位序列自相关系数

图 5-4 为 4 个水文站的洪水水位序列 MMK 检验结果,从图中可以看出,1954～2014年各指标基本表现为上升趋势。对于 Max 1-day 序列而言,除常州站外,其他 3 站均呈显著上升趋势,且无锡站和陈墅站上升趋势超过 0.01 的显著性。Max 3-day 和 Max 7-day序列,无锡站和陈墅站的上升趋势也达到 0.01 的显著性,常州站和青旸站表现为不显著上升趋势,这也验证了前文对 LOWESS 线性趋势的分析结果。对 POT 序列而言,各站均表现为显著上升趋势,且有 3 个站显著性达 0.01。对比各站 Max 1-day 和 POT 序列可知,除常州站外,其他 3 站的趋势值基本一致。而 POT 序列是按照一定阈值规则进行抽样的,选取的洪水样本较 Max 1-day 更具代表性,更能够反映极端洪水特点。对 Max 1D 序列而言,分别有两个站表现为上升和下降趋势,且趋势均不显著,这也与上述 LOWESS趋势分析结果是一致的,表明 Max 1-day 的发生日期主要受自然气候变化影响,没有表现出明显趋势特征。

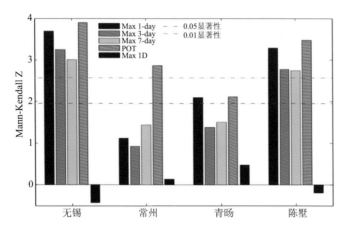

图 5-4 1954～2014 年武澄锡虞地区各水文站洪水水位 MMK 检验结果

在洪水水位空间变化上,太湖腹部平原水网区最高水位从东南向西北方向递增,特征水位的极值中心均位于区域西北地区,即常州与无锡市域部分。由前述分析可知,该地区降水量较多,极端降水发生频率与强度较其他地区大。

选取常州站 1960～2015 年年最大 24 h 降雨与对应洪峰水位、白芍山站 1968～2015 年年最大 24 h 降雨与对应洪峰水位,借助箱线图统计不同年代年最大 24 h 降雨与对应洪峰水位的变化规律,结果如图 5-5 所示。可以看出,1960～2015 年间,年最大 24 h 降雨整体上呈现先增后降的变化趋势,但洪峰水位在不同地区则表现出不同的变化趋势。

常州站年最大 24 h 降雨与同场次洪峰水位变化趋势基本一致,整体上表现为先增后降的变化趋势;在 1960～1990 年间,常州站年最大 24 h 降雨与同场次洪峰水位均呈不断增加的趋势,到 20 世纪 90 年代,年最大 24 h 降雨与对应的洪峰水位均达到最大值;90 年代太湖流域极值水位居高不下,该时期太湖流域极端降雨事件频发;自 2000 年开始二者均呈现下降趋势,2000 年以来太湖流域降雨有所减少,水位也有相应降低。

　　白芍山站年最大 24 h 降雨表现为先增后降的变化趋势，而其对应的洪峰水位整体上则呈上升趋势；自 2000 年以来，降雨有所下降，而洪峰水位均值则呈上升趋势，表现出"小（中）雨高水位"现象，这主要受水利工程建设的影响，城区防洪大包围使得圩外地区水位明显上升。

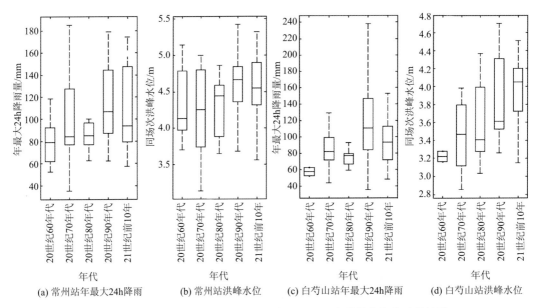

图 5-5　常州站和白芍站年最大 24h 降雨与同场次洪峰水位分时段统计

二、洪水水位变化的影响因素

　　从武澄锡虞地区情况来看，洪水水位变化主要受到自然因素和人类活动的影响。自然因素主要表现在降雨的变化，尤其是极端降雨事件，在一定程度上直接影响洪水特征。与此同时，诸多研究表明，近年来不断加剧的人类活动也在影响洪水水位方面作用明显（高俊峰和闻余华，2002；尹义星等，2011），尤其是圩垸防洪因素已逐渐成为引发水文变异的重要因素（林荷娟等，2014）。因此，本节主要从自然因素和圩垸防洪两方面分析洪水水位演变的驱动机制。

（一）自然因素的影响

　　根据各洪水水位指标出现时间，提取了相应的暴雨指标（最大 1、3、7 日降雨）。如图 5-6 所示，20 世纪 80 年代以前，降雨和水位序列的变化过程基本同步，而 20 世纪 80 年代末之后，二者变化过程出现差异，进入 2000 年以来，降雨量相对平缓，但洪水水位依然较高。将暴雨指标进行分段统计，均值表现为弱增加，这说明两个阶段的降雨量未发生明显变化。三个暴雨指标的 MMK 值分别为 0.84、0.62 和 0.55，其上升趋势远小于对应的洪水水位指标。

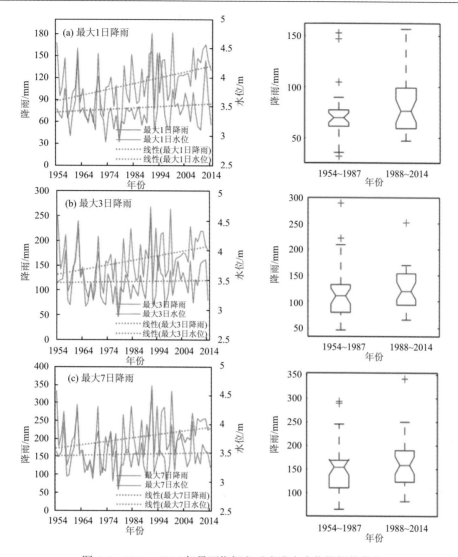

图 5-6　1954～2014 年暴雨指标和对应洪水水位指标的变化

（二）人类活动（圩垸防洪）因素

目前，已有研究多是从下垫面（土地利用、河流水系）影响角度对洪水水位变异进行定性分析（李恒鹏等，2007；尹义星等，2011），鲜有结合区域圩垸防洪能力变化对其进行定量揭示（林荷娟等，2014）。相比来看，虽然土地利用与河流水系变化对水文过程存在一定影响，但其在影响洪水方面，作用强度远没有圩垸防洪那么直接和明显（王同生，2006）。

随着城镇化的快速发展，大量圩垸工程相继修建，圩垸防洪能力大幅提升，这在很大程度上加剧了水位变异。从区域防洪实践来看，暴雨期间，圩垸保护区域多通过泵站抽排的方式来缓解圩内的潜在洪水危害，该措施有效保护了圩内的安全，但大量圩垾无序外排引起外河水位上涨，尤其对骨干行洪河道的水位有显著影响（朱玲等，2017）。图 5-7 为武澄锡虞区各年代的圩垾工程，大量圩垾防洪工程的建设始于 20 世纪 90 年代之后，其中 2000 年以来防洪工程建设力度明显加强；与此同时，20 世纪 90 年代初以来，全区抽排水量也出现大幅度增加，这与该地区洪水水位发生明显变化的时期是基本相一致的。

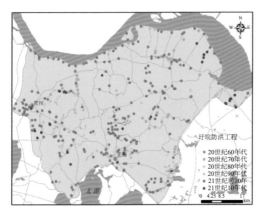 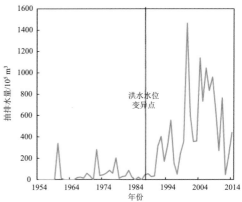

图 5-7　1954～2014 年武澄锡虞区圩垾防洪工程建设和抽排水量

　　一般来看，一次完整的洪水过程可大致分为河道底水位条件、洪水涨水及退水过程。为深入揭示武澄锡虞地区洪水水位发生变异的原因，分别对河道底水位（起涨水位）与洪水水位涨率（R_{wl}）进行分析。图 5-8 对不同年代的河道底水位进行了统计，可以看出，各站底水位均表现出先降低后增加的趋势，20 世纪 60 年代之后基本表现为持续上升趋势，陈墅站的增加趋势最明显，且 21 世纪各站的底水位较之前更加集中，这一特点与武澄锡虞区洪水水位变化过程基本一致。而河道底水位的抬升主要与区域圩垾防洪能力不断增强有关，大量圩垾通过闸门、泵站等人工调节方式预降垾内水位，使外河河道底水位明显上涨。此外，为满足城市河道生态用水的需求，近些年河道底水位也不断被"人为抬升"。

　　洪水水位涨率（R_{wl}）代表单位降雨下的水位涨幅情况，反映地区对洪水调节能力的大小。从图 5-9 来看，各站洪水水位涨率变化有所差异，无锡站总体表现为增加趋势，尤其是 20 世纪 80 年代以来，洪水水位涨率的均值上升明显，这表明暴雨期间无锡站所处的河道水位上涨速度加快；常州站呈现波动变化，但没有一致上升或下降趋势；青旸站和陈墅站的洪水水位涨率稍有下降，变化幅度有所降低，但青旸站异常值明显增多。从各站所处位置来看，无锡站位于最主要的行洪河道（京杭运河）上，除本地区产流外，大量圩垾的涝水通过泵站排出并快速汇集到该河道，加之城市地区不透水面较多且河道调蓄能力相对较弱，引起洪水水位涨率上升。青旸站（锡澄运河）和陈墅站（陈墅塘）位于次一级行洪河道上，暴雨期间外来客水压力相对小，且两个水文站地处郊区地带，河网调蓄能力相对较强，使其洪水水位涨率稍有下降。

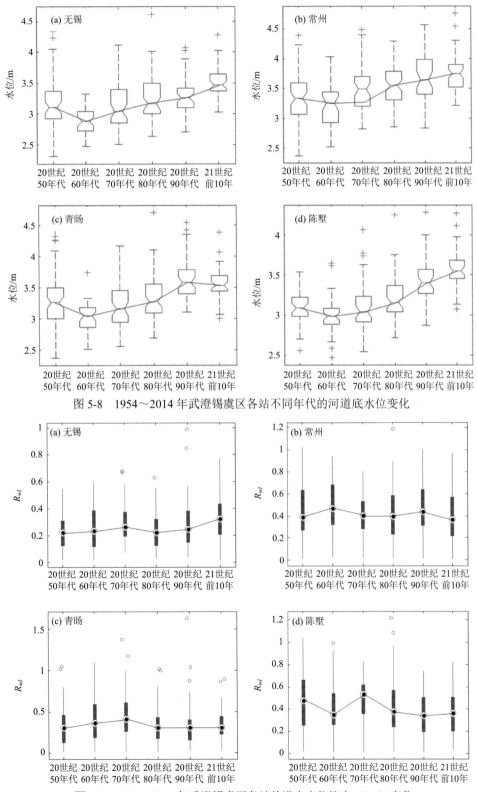

图 5-8　1954～2014 年武澄锡虞区各站不同年代的河道底水位变化

图 5-9　1954～2014 年武澄锡虞区各站的洪水水位涨率（R_{wl}）变化

　　总的来看，各站河道底水位在 20 世纪 80 年代中后期有明显上升趋势，这主要受到武澄锡虞区圩垸防洪能力不断增强的影响。各站洪水水位在 80 年代中后期出现变异，与河道底水位发生变化的时期基本一致。由此来看，武澄锡虞区洪水水位变异与圩垸防洪能力增强及其引起的河道底水位抬升有关。

三、圩垸防洪对洪水水文的影响

　　结合自然因素和人类活动因素对长序列洪水水位进行统计分析，以揭示圩垸防洪对长期水文过程（降雨-水位关系）的影响。根据广义可加模型，首先构建相关解释变量（影响因素），以 Max 1-day 为例，选取水位发生当月的最大 1 日降雨和潮位均值作为主要自然影响因素，选取武澄锡虞区圩垸防洪变化作为主要人类活动，采用主要工程的实际抽排资料代表圩垸防洪因素，数据来源于地方部门的水利普查汇编。为检验所选变量的合理性，对 Max 1-day 与各解释变量序列进行相关分析（表 5-1）。总体来看，三个解释变量与 Max 1-day 均存在正相关关系。各站 Max 1-day 与降雨（潮位）的相关系数均通过 0.01 显著性检验；无锡和常州站的 Max 1-day 与圩垸防洪序列也呈显著相关（p-value<0.05）。

表 5-1　1954～2014 年 Max 1-day 序列与解释变量的 Spearman 相关分析

站点	降雨因素		潮位因素		圩垸防洪因素	
	R	p-value	R	p-value	R	p-value
无锡	0.71	<0.01	0.59	<0.01	0.45	<0.01
常州	0.68	<0.01	0.58	<0.01	0.32	<0.05
青旸	0.66	<0.01	0.58	<0.01	0.21	0.11
陈墅	0.64	<0.01	0.35	<0.01	0.15	0.25

　　为对比分析不同解释变量组合对洪水水位统计模拟的影响，设计了两种统计模型：①解释变量为降雨和潮位（Model 1）；②解释变量为降雨、潮位和圩垸防洪（Model 2），通过 AIC 和 SBC 准则来判别最优统计模型。由表 5-2 可知，对比 Model 1 和 Model 2，后者的 AIC 和 SBC 均有所降低，其中无锡站和常州站的 AIC 和 SBC 均明显下降，而青旸站和陈墅站仅 AIC 有一定下降。

表 5-2　基于广义可加模型的 Max 1-day 模拟评价结果

		无锡	常州	青旸	陈墅
Model 1	AIC	16.16	14.64	16.83	23.02
	SBC	24.6	23.08	25.27	31.19
Model 2	AIC	8.4	12.28	15.86	21.74
	SBC	2.16	16.83	26.42	31.95

从长序列 Max 1-day 序列的统计模拟来看，Model 1 中[图 5-10（a）]，仅考虑自然因素（降雨、潮位）作为解释变量进行参数估计，水位的 50%分位数与实测值变化过程吻合较好，但 75%和 95%对应区域明显较宽，尤其在 20 世纪 90 年代之后对 Max 1-day 的模拟较差。相比来看，Model 2 加入了区域圩垸防洪作为解释变量，5%～95%的分位数区间明显变窄，20 世纪 90 年代和 21 世纪前 10 年的 Max 1-day 变化也得到较好模拟[图 5-10（b）]，这表明 Model 2 的解释变量能更好地捕捉洪水水位的长序列变化过程。

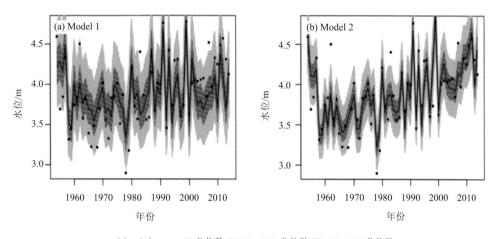

图 5-10　基于两种广义可加模型拟合的 Max 1-day 序列过程（无锡站）

基于上文的 Model 2，采用边缘效应法对圩垸防洪因素在降雨-水位关系中的影响作用进行定量计算。首先根据圩垸工程建设时间，将序列分为几个典型阶段；然后通过不同年份间圩垸防洪变化下的水位差异百分比来反映其对水位的边缘影响效应（降雨-水位关系变化程度），水位差异百分比值越大，表明圩垸防洪因素对降雨-水位关系的影响越强。边缘影响效应（ΔD）的计算式如下：

$$\Delta D = \frac{\left[\alpha_r + \alpha_t + \alpha_h x_h (2014)\right] - \left[\alpha_r + \alpha_t + \alpha_h x_h (t)\right]}{\alpha_r + \alpha_t + \alpha_h x_h (t)} \left(t = 1954, 1988\right) \qquad (5\text{-}4)$$

式中，α_r、α_t 分别代表降雨（x_r）、潮位（x_t）的系数，α_h 为相互作用项（$x_r x_h$）的系数，x_h 代表圩垸防洪因素。由于武澄锡虞区洪水水位在 20 世纪 80 年代末至 90 年代初发生明显变化，且圩垸工程大规模建设也始于该时期，因此以 1987 为时间节点，将整个时间段划为 1954～1987 年、1988～2014 年和 1954～2014 年，来分析圩垸防洪变化对降雨-水位关系的影响程度。

图 5-11 为 Model 2 中洪水水位序列均值（μ）的系数变化。对于截距（α_0）而言，均超过 0.05 显著性，且各站均表现为 Max 1-day 对应的截距最大，Max 7-day 最小。解释变量的系数（α_r、α_t、α_h）均为正值，表明三个因素与洪水水位呈现正相关关系。其中，无锡和陈墅降雨系数（α_r）表现为 Max 1-day 最大，常州和青旸降雨系数（α_r）表现为

Max 3-day 最大，而对应的潮位系数（α_t）则表现为 Max 7-day 最大，这说明二者在影响洪水水位方面存在差异，降雨对洪水水位的影响是直接的、快速的，而潮位对水位的影响则是持续的、缓慢的。α_h 呈现出与降雨类似的顺序，仅无锡和常州站通过了 0.05 显著性，表明这些城市地区的水位变化受圩垸防洪影响尤其明显。

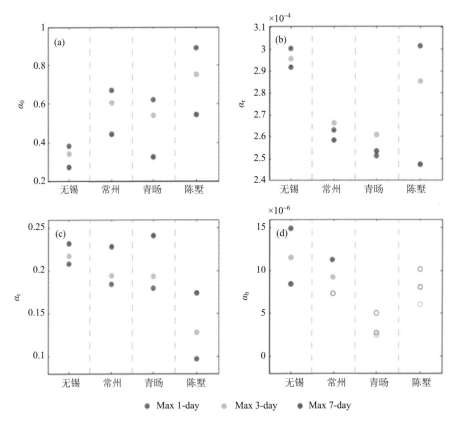

图 5-11 基于 Model 2 条件下洪水水位指标的参数依赖

实心点代表显著（$p>0.05$），空心点代表不显著

不同时间阶段圩垸防洪因素对降雨-水位关系的影响程度如图 5-12 所示。从整个阶段（1954～2014 年）来看，圩垸防洪对无锡和常州站的洪水水位均表现为增加效应，即圩垸防洪能力的增强促进了洪水水位的抬升。其中对 Max 1-day 影响最大，无锡站达到 23.5%，常州站为 17%；对比水位突变前、后，1987 年以前的圩垸防洪能力较小，其对降雨-水位关系的影响相对较弱，均不到 3%；而后一阶段（1988～2014 年）的降雨-水位关系在很大程度上受到了圩垸防洪影响，对两站 Max 1-day 的影响程度分别为 19.8%和 15.3%，已接近整个阶段（1954～2014 年），表明该地区降雨-水位关系的变化主要发生在大量圩垸防洪工程修建之后，这与已有研究的结论也是相一致的（林荷娟等，2014）。

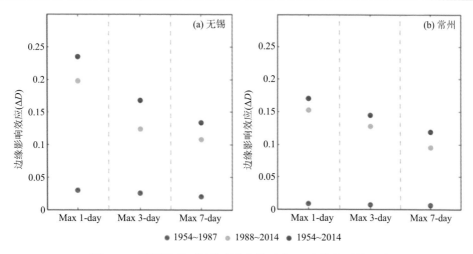

图 5-12　不同阶段下圩垸防洪变化对降雨-水位关系的影响

第二节　城市化地区降雨径流过程模拟

　　水文模型在模拟洪水过程、揭示洪涝变化规律及驱动因素方面中发挥着重要作用。目前这方面分析应用较多的是美国的 SWAT 模型和 HEC 模型，并已取得了较好的模拟效果。而对城镇化小区水文计算，目前广泛采用城市暴雨洪水模拟模型来进行。20 世纪 40 年代，国外就开始了这方面的研究，早期工作主要由政府部门（如美国环境保护署）来主导，60 年代后城市雨洪模型开发有了较大进展。国外开发研制了多种城市雨洪模型，如 SWMM、InforWorks、ILLUDAS、MIKE 系列等，目前已在世界各地得到广泛应用。我国对城市雨洪模型的研制工作开始于 20 世纪 80 年代，经过几十年的发展，也取得了大量研究成果，如城市雨水径流模型（周玉文和赵洪宾，1997）、平原城市水文过程模拟模型（徐向阳，1998）、太湖流域模型（程文辉等，2006）等。与国外城市雨洪模型相比，国内研制的模型功能相对单一，多用于水量模拟，而国外较为成熟的商业软件（如 MIKE）在水量、水质和低影响开发研究中都有较强的适用性。此外，国内的模型多注重核心程序开发，对模型前处理与后处理模块的优化重视不足，今后这方面工作还有待加强，从而进一步提高国产雨洪模型的推广应用。

　　由于长三角区域地形复杂，太湖湖西区及长三角南翼多为山区丘陵地区，而太湖腹部多为平原水网地区，故难以针对整个长三角地区构建统一的水文过程模拟模型。在山丘区，选择目前较为成熟的分布式水文模型，如 HEC 模型、SWAT 模型等。而在太湖腹部平原地区，地势平坦，难以通过地形数据直接构建传统水文模型，需要构建对断面及边界资料要求较为严格的水文水力学耦合模型，如 MIKE 系列模型等。

一、城市化下水文模型构建及精度评价

（一）基于 SWAT 模型的长期水文过程模拟

近年来分布式水文模型已成为研究水文效应的有力工具。SWAT 模型是应用较广、综合性较强的分布式水文模型之一，目前在我国湿润区、半湿润区及半干旱区的长期水文过程模拟中有着广泛的应用，并取得了较好的效果。基于长系列降雨径流资料，结合不同时期土地利用数据，通过构建 SWAT 模型，对典型实验区开展径流模拟分析，在年、月的时间尺度上以及全流域和子流域的空间尺度上，定量分析以城镇化为主要特征的土地利用变化对径流等水文要素的长期影响，为区域水循环模拟和水土资源合理配置提供科学依据。

SWAT 模型可以模拟流域内多种不同的水循环物理过程。为了减小流域下垫面和气候因素时空变异对该模型的影响，SWAT 模型通常将流域细分成一定数目的子流域，然后在每个子流域内再划分为水文响应单元（hydrologic response unit, HRU），每一个 HRU 内的水平衡是基于降水、地表径流、蒸散、壤中流、渗透、地下水回流和河道运移损失来计算的。每个 HRU 都单独计算径流量，然后通过汇流演算得到流域的总径流量。SWAT 模型对水文过程的模拟可分为两大部分：水循环的陆面部分（产流和坡面汇流）和水循环的水面部分（河道汇流）。陆面部分控制着每个流域内主河道的水、沙、营养物质和化学物质等的输入量，水面部分决定水、沙等物质从河网向流域出口的输移过程。水文循环的具体环节包括降水、下渗、蒸散发、地表径流、土壤水、地下水和河道汇流等过程。

在流域水分循环中，蒸散发作为重要的水分输出途径，是决定流域水文效应的关键因素。SWAT 模型提供了 Penman-Monteith、Priestley-Taylor 和 Hargreaves 等 3 种计算潜在蒸散发能力的方法，另外还可以采用实测资料或已计算好的逐日潜在蒸散发资料。SWAT 模型提供两种方法计算地表径流，即 SCS 模型方法和 Green-Ampt 入渗方法。采用 Green-Ampt 法时，需要有小于天的短时段降雨数据，根据入渗峰面处的吸力和有效导水率来计算入渗量，不能入渗的水分则成为地表径流，对输入的降雨数据要求较高。在 SCS 曲线法中，曲线数随土壤水分呈现非线性变化。当土壤含水量趋于凋萎点时，曲线数不断下降，而当土壤趋于饱和时，曲线数接近 100。

为探讨城市化下流域水文过程对土地利用变化的响应，以长三角西苕溪流域为典型，构建了 SWAT 水文模型（图 5-13）。结合模型敏感性分析结果，确定了较为敏感的 8 个参数进行率定，包括径流曲线系数（CN2）、土壤有效含水量（SOL_AWC）、土壤蒸发补偿系数（ESCO）、地表径流滞后系数（SURLAG）等。为了使模型能模拟土地利用变化下的径流过程，选用差异分裂样本的验证方法，模型运行时选择对应时期的土地利用数据作为输入，选取流域出口横塘村水文站流量数据进行验证。从模拟结果可以看出（表 5-3），率定期和验证期的决定系数（R^2）和纳什效率系数（NS）均大于 0.85，相对误差（PBIAS）绝对值在 1980～1988 年和 2006～2012 年期间小于 10，1999～2005 年期间小于 15；径流过程模拟值与实测值拟合程度较好。因而，该模型可用于土地利用变化与径流响应关系分析。

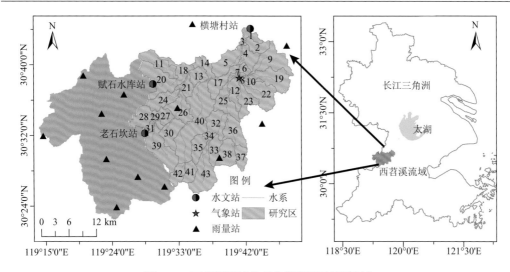

图 5-13　西苕溪流域地理位置图及子流域划分

表 5-3　横塘村水文站月径流率定、验证结果

	土地利用年份	气象数据	R^2	NS	PBIAS
率定期	1985 年	1980～1988 年	0.882	0.878	−4.404
验证期	2002 年	1999～2005 年	0.923	0.912	−14.334
验证期	2008 年	2006～2012 年	0.887	0.888	−9.786

（二）基于 HEC-HMS 模型的暴雨洪水模拟

为探讨城镇化背景下区域产汇流特征变化，以中田舍河小流域和双桥浜实验区为例，构建 HEC-HMS 模型，模拟暴雨洪水过程。HEC-HMS 模型是由美国陆军工程团水文工程中心开发的分布式水文模型。模型主要应用在地表及地下水文学、河道水力学、泥沙运移学、水库系统风险分析、水资源运行控制等领域。HEC-HMS 模型主要包括流域模型、气象模型和控制模型 3 部分。各模块主要计算过程和方法如下。

降雨损失计算：当使用子流域单元概念性描述地表渗透、表面径流和表面过程时，实际的渗透是通过子流域的损失方法来计算的。HEC-HMS 中包含初损常速率法、指数损失法、格林-安普特损失法等 11 种损失计算方法。

直接径流计算：当用子流域概念性描述渗透、表面径流和表面过程的相互作用时，实际的地表径流用子流域单元内包含的转换方法来计算，HEC-HMS 包含了 Clark 单位线、Snyder 单位线、SCS 单位线等 7 种不同的转换方法。采用 SCS 单位线法计算直接径流，该模型的核心是一个无量纲单峰的单位线。该无量纲单位线将任意时间 t 的单位线流量 U_t 表示为一个系数乘以单位线峰值流量 U_p 和单位线峰值时间的分数 T_p。

基流计算：当子流域单元概念性表示为相互作用的渗透、表面径流和地下径流过程时，实际的地下部分的计算就通过包含该子流域在内的基流法进行，HEC-HMS 包含线性水库法、非线性 Boussinesq 法、消退基流法 3 种基流计算方法。

河道汇流：当用一个河段概念性表示一段河流时，可通过河段内的演进方法进行实际的计算，HEC-HMS 程序提供动波演进法（kinematic wave routing）、时间滞后演进法（lag routing）、马斯京根法（Muskingum routing）等 6 种不同的演进方法。

降雨模块：HEC-HMS 中包含了权重因子法、暴雨频率法、SCS 暴雨法等 7 种降雨计算方法。采用权重因子法（gaga weight）进行降雨计算，采用泰森多边形法建立各雨量同各子流域匹配关系，计算出各雨量站在子流域内权重关系，输入降雨数据进而能够计算出流域平均降雨量。

蒸散发模块：HEC-HMS 提供了格网 Priestley-Taylor 法、月平均法和 Priestley-Taylor 法 3 种蒸散发计算方法。所选暴雨事件历时较短且强度较大，蒸散发相较其他降雨损失来说较小，故在计算时可不考虑流域蒸散发影响。

为了使模拟结果与实测过程充分接近，需要进行模型参数优化及模型验证，以保证所建立的水文模型能充分反映区域水文物理过程。常用的参数率定方法有人工试错法及目标函数法，人工试错法比较耗时费力但通过人工不断调试能够保证参数的物理意义，目标函数法通过设定目标函数对模拟结果进行优化，该方法率定效率较高，但有时可能忽略部分参数的物理意义。采用人工试错法与目标函数法相结合进行模型参数优化，即首先设定目标函数进行自动率定，然后进行人工调整保证参数的物理意义。从图 5-14 和表 5-4 中可以看出，中田舍河小流域 HEC-HMS 模型率定和验证期模拟值与实测值吻合度较好，且 NS 均大于 0.9，洪峰和洪量相对误差在 10%以内。模型总体表现良好，可以用来模拟中田舍河小流域的暴雨洪水过程。

表 5-4　中田舍河小流域 HEC-HMS 模型率定验证结果

	暴雨洪水场次	洪峰			洪量			峰现时间			NS
		观测值/（m³/s）	模拟值/（m³/s）	相对误差/%	观测值/mm	模拟值/mm	相对误差/%	观测值	模拟值	峰现时差/h	
率定期	20150515	41.7	41.73	0.07	72.46	77.84	7.72	2015/5/15 13:00	2015/5/15 13:00	0	0.90
	20150615	18.7	20.29	8.50	68.38	64.65	−5.45	2015/6/16 16:00	2015/6/16 17:00	−1	0.92
	20160620	44.5	43.85	−1.46	56.12	61.45	9.50	2016/6/20 18:00	2016/6/20 19:00	−1	0.96
验证期	20160627	52.9	52.31	−1.12	105.5	103.23	−2.15	2016/6/28 14:00	2016/6/28 15:00	−1	0.98
	20160701	76.4	72.51	−5.09	290.05	280.09	3.43	2016/7/2 18:00	2016/7/2 18:00	0	0.95
	20160914	13.6	13.26	2.50	53.1	51.96	−2.15	2016/9/16 11:00	2016/9/16 11:00	0	0.98

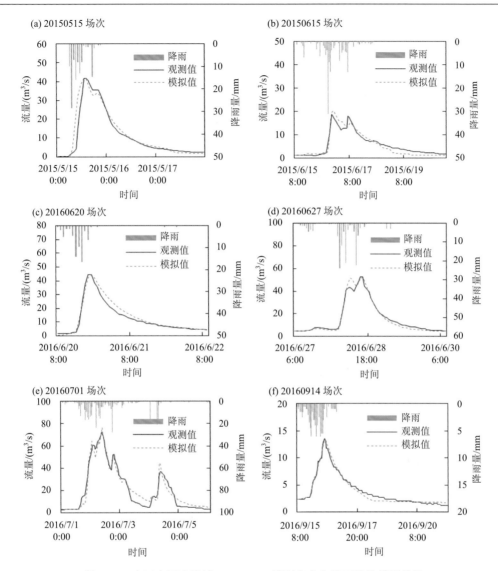

图 5-14　中田舍河小流域 HEC-HMS 模型率定和验证场次模拟结果

从模拟结果可以看出（表 5-5），HEC-HMS 模型在双桥浜区域中模拟效果较好，在率定期的 NS、R^2 和 PBIAS 分别为 0.80、0.83、0.092，峰值误差和洪量误差基本上控制在 10% 以内，峰现时差不超过 1.5 h；验证期的 NS、R^2、PBIAS 分别为 0.86、0.89、0.162，峰值误差和洪量误差基本上控制在 10% 以内，峰现时差不超过 0.5 h。模型模拟洪水过程与实测洪水过程较为吻合。

总体看来，所构建的暴雨洪水模型模拟精度较好，能够较好反映中田舍河小流域和双桥浜集水区的降雨径流过程，可以进一步开展不同情景下的模拟分析。

表 5-5 双桥浜集水区率定验证结果

阶段	降雨场次	洪峰流量			洪量			峰现时差/h	NS	R^2	PBIAS
		实测/（m³/s）	模拟/（m³/s）	相对误差/%	实测/mm	模拟/mm	相对误差/%				
模拟阶段	20150602	6.6	6.6	0.00	76.99	70.76	8.09	0	0.73	0.75	−0.079
	20150625	6.4	6.3	1.56	230.25	188.67	18.06	1.5	0.77	0.84	−0.181
	20160701	2.6	2.6	0.00	33.56	32.35	3.61	1.5	0.87	0.88	−0.019
	20161007	8	7.8	2.50	55.01	49.81	9.45	0	0.83	0.85	−0.088
	绝对平均			1.02			9.80	0.8	0.80	0.83	0.092
验证阶段	20150615	6.8	7.1	4.41	117.69	120.89	2.72	0.5	0.85	0.82	0.051
	20150810	5.5	5	9.09	59.28	65.85	11.08	0	0.92	0.92	0.104
	20160628	5.5	5	9.09	40.77	37.08	9.05	0	0.80	0.92	−0.330
	绝对平均			7.53			7.62	0.2	0.86	0.89	0.162

（三）MIKE 系列水文水力学耦合模拟

NAM（nedbør afstrømnings model）是 MIKE 软件中用于模拟降雨径流过程的集总式水文模型，最早由丹麦理工大学的 Nielsen and Hansen（1973）提出，被广泛应用始于 20世纪 70 年代。经过多年的实践应用与修正，NAM 模型已在世界不同气象水文条件的流域中得到应用（吴天蛟等，2014；熊鸿斌等，2017）。近几年，也有不少学者开始将 NAM模型应用于太湖流域水文模型研究中，并取得了较好的模拟效果（焦创等，2015）。NAM模型主要通过连续计算 4 个不同且互相影响的储水层含水量（积雪储水层、地表储水层、土壤植被根区储水层、地下储水层）来模拟产汇流过程。该模型可单独进行产汇流过程模拟，也可将产生的径流通过旁侧入流进入 MIKE11 河网的指定河段中。通过这一途径，可以在同一模型框架内处理多个产流区与复杂河网的模拟。同时，NAM 模型还可添加农业灌溉、地下水抽取等过程的模拟。

MIKE11 是一维水力学模型，其计算核心是水动力模块（HD），可用来模拟河道水流、水环境和泥沙输送等过程，由丹麦水利研究所（Danish hydraulic institute, DHI）开发（DHI, 2012）。目前，该模型已在我国很多地区得到成功应用（吴天蛟等，2014；冯利忠等，2016）。对于河网纵横和水工建筑物大量分布的平原河网地区，MIKE11 模型具有很强的建模优势，不仅在水系概化时能够充分考虑调蓄水面的影响，还能将大量水闸、泵站和堤防进行适当概化，且能够非常灵活地模拟各种防洪调度方案。此外，近些年MIKE11 模型已被广泛应用于太湖流域城市暴雨洪水模拟研究中，这些研究也为模型的建立和参数率定提供了借鉴和参考（焦创等，2015；钟桂辉等，2017）。

MIKE11 水力学模型是在质量和动量守恒基础上建立的，以水位和流量为研究对象，基于显式数值格式与隐式数值格式方法求解一维圣维南方程。MIKE11 数值离散模式常采用 Abott 六点隐式差分格式离散圣维南方程组，交替计算水位和流量的计算点，河道上横断面（节点）按照水位-流量-水位的顺序交替布置。然后，在每个时间步长内，利用隐式格式的有限分法交替计算流量 Q 和断面平均水深 h。

$$\frac{\partial Q}{\partial x} + \frac{\partial A}{\partial t} = q \tag{5-5}$$

$$\frac{\partial Q}{\partial t} + \frac{\partial \left(\alpha \dfrac{Q^2}{A} \right)}{\partial x} + gA\frac{\partial h}{\partial x} + \frac{gQ|Q|}{C^2 AR} = 0 \tag{5-6}$$

式中，A 为过水断面（m^2）；Q 为流量（m^3/s）；t 为时间（s）；x 为距离（m）；h 为断面平均水深（m）；C 为谢才系数（$m^{1/2}/s$）；g 为重力加速度（m^2/s）；q 为侧向流入流量（m^3/s）；R 为水力半径（m）；α 为横断面不均匀流速分布的动量系数。

二维漫流模型：MIKE21 是 DHI 研发的二维水力学模型，可以模拟河流、湖泊、河口、海湾地区的水流、波浪、泥沙等环境场。目前，已在我国得到广泛应用，如长江口综合整治工程、南水北调工程等（郭凤清等，2013；麻蓉等，2017）。MIKE21 模型采用有限差分法进行数值计，采用 ADI 逐行法（alternating direction implicit）对质量及动量方程进行离散，每个方向及每个单独网格线产生的方程矩阵用追赶法（double sweep）求解（DHI，2012）。当河道水位高出河岸高程时，将采用二维水力学模型对洪水漫流过程进行模拟。

MIKE21 模型适合洪泛区的洪水数值模拟，能较全面地模拟计算区域内水流运动过程。水流连续性方程和水流沿 x, y 方向的动量方程公式如下：

$$\frac{\partial \xi}{\partial t} + \frac{\partial p}{\partial x} + \frac{\partial q}{\partial y} = \frac{\partial d}{\partial t} \tag{5-7}$$

$$\frac{\partial p}{\partial t} + \frac{\partial}{\partial x}\left(\frac{p^2}{h} \right) + \frac{\partial}{\partial y}\left(\frac{pq}{h} \right) + gh\frac{\partial \xi}{\partial x} + \frac{gp\sqrt{p^2 + q^2}}{C^2 h^2} - \Omega_q - fVV_x = 0 \tag{5-8}$$

$$\frac{\partial q}{\partial t} + \frac{\partial}{\partial y}\left(\frac{q^2}{h} \right) + \frac{\partial}{\partial x}\left(\frac{pq}{h} \right) + gh\frac{\partial \xi}{\partial y} + \frac{gp\sqrt{p^2 + q^2}}{C^2 h^2} - \Omega_p - fVV_y = 0 \tag{5-9}$$

式中，x, y 为空间坐标（m）；d 为水深（m）；ξ 为水位（m）；h 为 d 和 ξ 之和（m）；t 为时间（s）；p 和 q (x, y, t) 分别为 x, y 方向的单宽流量 [$m^3/$（$s \cdot m$）]；$p=uh$，$q=vh$，u, v 分别为 x, y 方向平均水流流速；C 为阻力系数（$m^{1/2}/s$）；f 为风摩擦因素；g 为重力加速度（m/s^2）；V, V_x, V_y 分别为风速以及 x, y 方向的风速分量（m/s）；Ω_q 和 Ω_p 为柯氏力系数。

1. 复杂河网区水文水力学耦合模型构建

基于河网概化、产流小区划分以及边界条件设定等过程，构建复杂河网区水文水力学耦合模型。对于 NAM 水文模型，主要有 9 个参数需要率定。从已有文献来看（季益柱等，2013），地表最大储水量、土壤层/根区最大储水量、地表径流系数和地表径流计算的时间常数属于敏感性参数，对模拟结果影响较大，而坡面流阈值、壤中流时间常数、壤中流阈值和基流时间常数等参数对模拟结果影响不明显。水力学模型需率定的主要参数为河床糙率系数。为了提高水文水力学耦合模型精度，采用单独率定的方式分别对水文模型（NAM）和水力学模型（MIKE11）进行参数率定（图 5-15）。首先利用无降雨期间的实测水文资料来率定 MIKE11 水力学模型中的河道糙率系数；当水力学模型参数率定好之后，再将 NAM 模型耦合进来，选取降雨期间的水文资料来率定水文模型的主要参数；最后再选取典型场次暴雨洪水过程来对耦合模型精度进行验证。

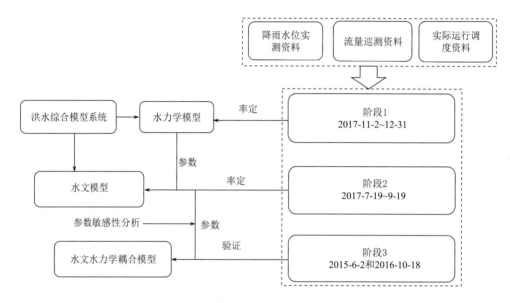

图 5-15 模型率定与验证过程示意图

2. 常州防洪大包围暴雨洪水过程模拟

在洪泛平原区域，一维河道模型（MIKE11）和二维漫流模型（MIKE21）可借助 MIKE Flood 模块连接起来，形成动态耦合的模型系统，该耦合手段目前已在国内外得到广泛应用（衣秀勇，2014；Li et al., 2018）。MIKE Flood 模块中，一维模型和二维模型主要有三种耦合方式：①标准连接，即把一个或多个 MIKE21 网格单元和 MIKE11 河道始端或末端相连接；②结构物连接，即把 MIKE11 结构物中的水流项添加到 MIKE21 动量方程中；③侧向连接，是指 MIKE21 中的网格以旁侧的方式与 MIKE11 的部分或者整个河道相连，水流以侧向堰流的形式从 MIKE11 河道流向 MIKE21 洪泛区，其把 MIKE11 河道中的计算水位点和 MIKE21 单元相连，进行水量动量交换。

选取 2017 年 11 月 2 日至 12 月 31 日的实测水文过程资料率定河网糙率系数，这期间常州地区雨量稀少，可认为水力学模型模拟结果不受降雨径流影响。考虑到模型计算的稳定性与计算效率，模拟的时间步长反复计算后确定为 1 min。参考了太湖流域已有的相关研究（蔡金傍等，2010；焦创等，2015），并结合河道的实际调查情况，对河道糙率进行了初设值，然后再选取典型站点的实测水位过程进行率定，最终河道糙率值范围为 0.020～0.045。分别选取运北大包围内外的 4 个水位控制站进行参数率定，常州（三）站位于新京杭运河，三堡街和戚墅堰站位于老京杭运河。三堡街站是运北大包围内的主要预警水位站，其余 3 站分布在大包围外部河道。图 5-16 为各典型站点的水位率定结果，由率定结果可知，模型的计算水位与实测水位吻合较好，各站点的 R^2 和 NS 均在 0.95 以上，水位平均相对误差小于 1％。

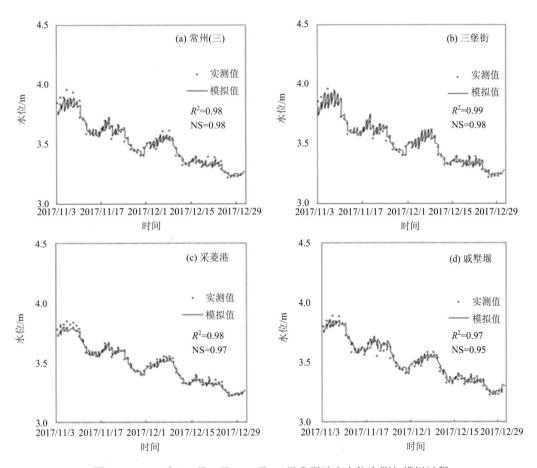

图 5-16　2017 年 11 月 2 日～12 月 31 日典型站点水位实测与模拟过程

将已率定好的水力学模型 MIKE11 与 NAM 模型进行耦合，进行水文参数的率定。初步率定时，NAM 模型一般采用默认参数，再根据模拟结果与实测水文资料进行比较，反复调整，获得最优参数。由于缺少流量数据，无法直接采用流量来进行参数率定。因此，首先根据区域实际情况，并结合鄞东南平原河网地区已开展的降雨径流模拟工作初步确定参数；在率定过程中，将影响较小的参数经过最初调试后先固定下来，然后再反复对 U_{max}、L_{max} 等重要参数进行调试，以典型水位站实测水位与模拟水位的拟合误差最小为目标；经反复调试，最终获得一套较为准确的水文模型参数。此外，为提高 NAM 模型参数率定精度，选取了多场次水文过程数据（2017 年 7 月 19 日～9 月 9 日）进行参数率定，各典型水位站点的率定结果见表 5-6 和图 5-17。结果表明，各典型水位站点的模拟水位与实测过程基本吻合，除戚墅堰站外，其余各站的 R^2 和 NS 均在 0.90 以上，峰值水位误差范围为–1.55%～1.22%，峰现时间误差在 1 小时内。总的来看，构建的水文水力学模型能够较好地模拟常州水网地区的产汇流和河道水位过程。

表 5-6　MIKE11 模型率定期模拟结果评价

指标	常州（三）	三堡街	采菱港	戚墅堰
决定系数/R^2	0.956	0.963	0.957	0.886
观测峰值/m	4.47	4.50	4.30	4.35
模拟峰值/m	4.44	4.43	4.35	4.38
峰值误差/%	−0.67	−1.55	1.12	0.74
观测峰值时间	2017/8/9 12:00	2017/8/9 12:00	2017/8/9 13:00	2017/8/9 12:00
模拟峰值时间	2017/8/9 12:00	2017/8/9 13:00	2017/8/9 14:00	2017/8/9 13:00
峰时误差/h	0	1	1	1
NS	0.942	0.925	0.943	0.880

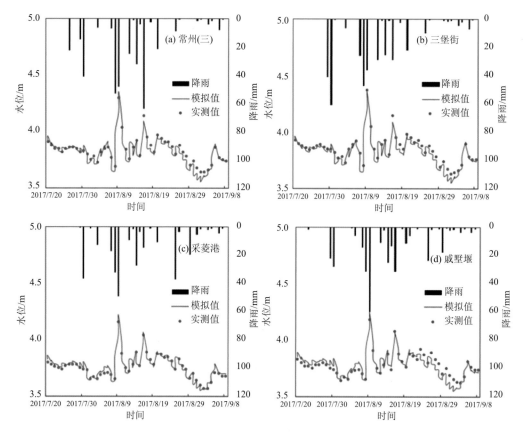

图 5-17　2017 年 7 月 19 日～9 月 9 日典型站点水位实测与模拟过程

通常采用一场或多场实测暴雨洪水资料进行模型的验证，来检验模型模拟精度是否符合要求。选用 20150601 和 20161018 两次暴雨洪水过程，模拟计算方案中的初始条件、边界条件、大包围防洪工程调度运行等均采用实际资料，而模型参数采用上述率定成果，验证站点选用与模型率定相同站点的水位过程。从洪水验证过程来看（表 5-7 和图 5-18），各典型水位站的计算水位与实测水位涨落趋势基本一致，过程拟合较好，常州（三）和三堡街站的峰值误差均小于 1%，且模拟的峰现时间与实测水位过程同步。与此同时，20161018 场次洪水过程的验证结果精度较好（图 5-19、表 5-8），表明该模型可以精确重现常州水网地区的暴雨洪水过程。

表 5-7　MIKE11 模型 2015 年 6 月 1～6 月 9 日验证期模拟结果评价

指标	常州（三）	三堡街	采菱港
决定系数/R^2	0.990	0.990	0.980
观测峰值/m	4.96	4.96	4.63
模拟峰值/m	4.93	4.93	4.68
峰值误差/%	−0.65	−0.59	1.01
观测峰值时间	2015/6/3 9:00	2015/6/3 9:00	2015/6/3 7:00
模拟峰值时间	2015/6/3 9:00	2015/6/3 9:00	2015/6/3 10:00
峰时误差/h	0	0	3
NS	0.970	0.990	0.940

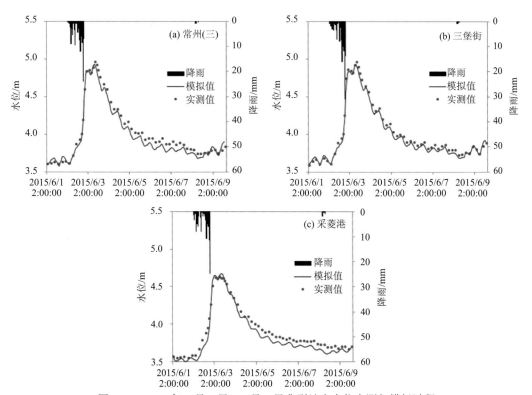

图 5-18　2015 年 6 月 1 日～6 月 9 日典型站点水位实测与模拟过程

表 5-8 MIKE11 模型 2016 年 10 月 18 日～10 月 26 日验证期模拟结果评价

指标	常州（三）	三堡街	采菱港	戚墅堰
决定系数/R^2	0.98	0.97	0.97	0.977
观测峰值/m	4.6	4.61	4.45	4.49
模拟峰值/m	4.61	4.6	4.46	4.49
峰值误差/%	0.15	−0.24	0.29	0.1
观测峰值时间	2016/10/23 1:00	2016/10/23 0:00	2016/10/23 2:00	2016/10/23 0:00
模拟峰值时间	2016/10/23 1:00	2016/10/23 1:00	2016/10/23 2:00	2016/10/23 0:00
峰时误差/h	0	−1	0	0
NS	0.94	0.95	0.95	0.96

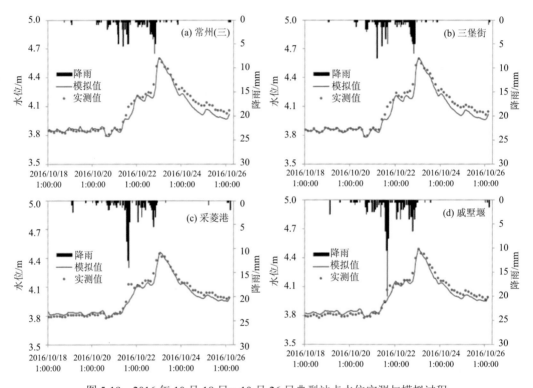

图 5-19 2016 年 10 月 18 日～10 月 26 日典型站点水位实测与模拟过程

为了模拟分析城市圩垸防洪影响下的暴雨洪水变化过程，本书中以运北大包围为例，基于收集的暴雨洪水过程、河网水系信息、河道断面、城市圩垸防洪（运北大包围）的水工建筑物及其运行调度等相关资料，借助 MIKE 11 和 NAM 模型，将运北大包围涉及的防洪工程（闸门和泵站）及其实际运行调度资料等进行了合理概化，实现了圩垸防洪工程及其运行规则的优化设置，采用逐步单独率定法对模型参数进行校准，构建了适用于该地区暴雨洪水模拟分析的水文水力学耦合模型，为平原河网地区洪涝模拟提供了技术支撑。

基于多个场次的暴雨洪水实测资料，分别对水文模型（NAM）和水力学模型（MIKE11）进行参数率定和验证，有效保障了耦合模型的模拟精度。其中，率定期各典型水位站的 R^2 和 NS 基本在 0.90 以上，峰值水位误差小于 2.0%；验证期模拟误差基本小于 1.0%，这表明建立的耦合模型可用于该地区暴雨洪水模拟分析。在此基础上，利用 MIKE Flood 平台，通过侧向连接，将一维模型与二维漫流模型进行耦合，构建了适用于平原水网区的洪涝淹没模拟模型。

3. 苏州防洪大包围暴雨洪水过程模拟

苏州市地形较为平坦，很难基于现有精度的 DEM 数据进行产汇流区的划分（图 5-20）。此外，各河段的实际集水区边界随降水时空分布特征和人类活动不断变化。因此，采用"欧氏距离"法，即二维空间二点间的直线距离最近原则，划分各河段集水区，使得汇流路径长度即为雨水到概化河道的最短距离。同时，根据局部地形和水工设施分布情况，对部分集水区边界进行适当调整。最终，将研究区划分为 351 个产水单元。

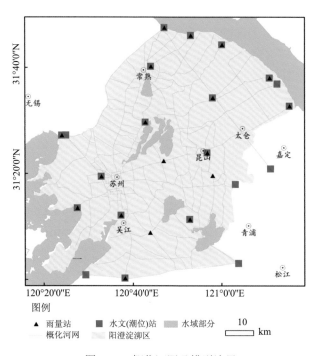

图 5-20　概化河网及模型边界

为更加准确地计算阳澄淀泖区各产水单元的降水和径流，收集了研究区降雨、蒸发、水位和潮位等资料。模型边界文件分为上边界和下边界条件。其中，模型边界主要有望亭、胥口、太浦闸、泖甸、赵屯、浏河闸、杨林闸、七浦闸、白茆闸、浒浦闸及望虞闸等。由于研究区流量资料匮乏，因此均以水位过程作为边界条件输入。

　　参数文件用于描述河道的初始水位、河道糙率等参数。初始水位可以自动从与边界条件相协调的一个稳态剖面开始计算，也可以通过"热启动"从上一次模拟中获得初始条件，也可人为设定。本书中将起始水位的平均值设为模型初始水位。河道糙率是需要根据模拟结果与实际过程对比进行调整的主要参数。一般来说，河道糙率越小，流速越大。根据研究区特征，并借鉴相似流域河道糙率取值范围，率定后的河道糙率系数总体为 0.02～0.04。

　　受平原区实测产汇流条件的限制，太湖流域阳澄淀泖地区暂无实测产流数据。因此，采用水量平衡法对区域产流进行率定。一般来说，阳澄淀泖区降水在扣除蒸发和下渗等损失和部分储蓄于河湖网络中以外，则主要通过河网汇流和泵站抽排，最终进入外江。根据模型计算，1987 年阳澄淀泖区面平均净雨量为 675.2 mm，地表产流量为 32.31 亿 m³；根据阳澄淀泖区水面率和降雨径流模拟时段初始与结束时的区域平均水位差，计算得到区域河湖总蓄变量为 6.03 亿 m³；根据水文站的逐日平均流量，计算获得通过京杭大运河和吴淞江等河流汇入阳澄淀泖区的水量约为 38.64 亿 m³；阳澄淀泖区长江沿岸防洪口门是区域外排的重要途径之一，各口门实测外排流量为 31.4 亿 m³；阳澄淀泖区汇入上海区域的河网无实测流量，通过模型计算得到该区域外排流量为 35.02 亿 m³。总体看来，阳澄淀泖区 1987 年产流量为 33.31 亿 m³，进水量为 38.64 亿 m³，外排水量和河湖蓄水量为 70.90 亿 m³。区域水量收入支出差值为 2.75 亿 m³，为产流结果的 2.29%，这表明产流模型模拟结果较为可信。模拟结果评价指标有相关系数（R）、洪峰相对误差（PE）和 NS 等。

　　1987 年阳澄淀泖区汛期平均降水量达 963.95 mm，较常年偏多 40% 左右。从 1987 年水位过程率定结果发现（图 5-21、表 5-9），各站点水位模拟值与实测值的涨落趋势基本一致，洪水过程拟合较好。各代表站点的 R 和 NS 均在 0.97 和 0.92 以上（图 5-21）。从暴雨场次看，1987 年 7 月 18 日～8 月 16 日、8 月 17 日～9 月 3 日和 9 月 10 日～30 日间阳澄淀泖区平均降水量分别为 227.7 mm、134.8 mm 和 85.8 mm。第一次降水过程的中心位于阳澄淀泖区北部，浒浦闸次雨量最大，超过 300 mm；第二次降水过程的中心同样位于北部，其中，常熟降雨总量超过 260 mm；第三次降水过程中心则位于研究区的南部，枫桥次雨量最大，为 125 mm。因此，选择 1987 年 7 月 18 日～8 月 16 日、8 月 17 日～9 月 3 日和 9 月 10 日～30 日间三场暴雨洪水过程实测资料，基于常熟、陈墓、昆山、枫桥、湘城和直塘 6 站进行洪水过程率定。从洪水率定过程看，各站水位模拟值与实测值的涨落趋势基本一致，整个洪水过程拟合较好。模拟结果显示以上站点三个时期的实测和模拟水位过程相关系数 R 均在 0.90 以上，NS 均超过 0.86。各站点多场次模拟洪水峰值误差较小。在 1987 年 9 月 10 日～30 日间，除常熟站和湘城站模拟峰值误差达 0.10 m 以上外，其余均在 0.03 m 以内。此外，除常熟站外，其他站点实测与模拟洪峰发生时间均相同。

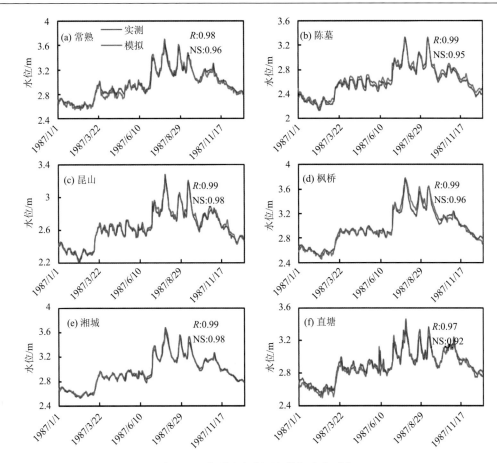

图 5-21 典型站点实测与模拟水位过程

表 5-9 模型率定期结果评价

率定期	验证参数	常熟	陈墓	昆山	枫桥	湘城	直塘
1987 年 7 月 18 日～8 月 16 日	相关系数 R	0.97	0.98	0.98	0.98	0.97	0.94
	NS	0.92	0.92	0.95	0.91	0.92	0.92
	观测峰值/m	3.70	3.33	3.28	3.75	3.68	3.39
	模拟峰值/m	3.70	3.30	3.25	3.73	3.64	3.35
	峰值误差/m	0	0.03	0.3	0.2	0.4	0.4
	观测峰值时间	7/29	7/29～30	7/29	7/29	7/29	7/30
	模拟峰值时间	7/29	7/29	7/29	7/29	7/29	7/30
	峰时误差/d	0	0	0	0	0	0
1987 年 8 月 17 日～9 月 3 日	相关系数 R	0.97	0.99	0.99	0.97	0.97	0.91
	NS	0.9	0.91	0.97	0.89	0.92	0.86
	观测峰值/m	3.59	3.08	3.06	3.56	3.56	3.33
	模拟峰值/m	3.61	3.09	3.05	3.59	3.50	3.29

续表

率定期	验证参数	常熟	陈墓	昆山	枫桥	湘城	直塘
1987年8月17日~9月3日	峰值误差/m	−0.02	−0.1	0.01	−0.03	0.06	0.04
	观测峰值时间	8/26	8/26	8/26	8/26~27	8/26	8/27
	模拟峰值时间	8/25	8/26	8/26	8/26	8/26	8/27
	峰时误差/d	1	0	0	0	0	0
1987年9月10日~30日	相关系数 R	0.98	0.99	0.98	0.99	0.99	0.93
	NS	0.95	0.96	0.95	0.97	0.91	0.90
	观测峰值/m	3.48	3.31	3.19	3.63	3.53	3.36
	模拟峰值/m	3.45	3.33	3.21	3.60	3.43	3.36
	峰值误差/m	0.3	−0.02	−0.02	0.03	0.10	0
	观测峰值时间	9/13	9/13	9/12~13	9/13~14	9/13~14	9/13
	模拟峰值时间	9/13	9/13	9/12	9/14	9/13	9/13
	峰时误差/d	0	0	0	0	0	0

利用1986年6月20日~8月4日洪水过程对模型进行验证。从验证结果看，1986年6月20日~8月4日各站点水位模拟过程与实际观测过程拟合程度较好，各站点模拟与实测洪水过程相关系数均在0.95以上（图5-22、表5-10）。除昆山站外，各站点NS均在0.84以上。其中，陈墓站和湘城站达0.90以上。同时，各站点模拟洪峰水位与实测值误差均在0.02 m以内。从峰时误差看，除枫桥站外，均为0天。对于枫桥站，1986年7月12日和7月18日有2次洪峰过境，且两次洪峰水位较为接近，由于模拟过程有一定误差，导致洪峰水位出现时间相差较多，但总体模拟过程较好。总而言之，所构建的水文水力学耦合模型能够较好地模拟出阳澄淀泖区水文过程，模拟精度较高，可以为进一步探讨人类活动对区域水文过程的影响提供基础。

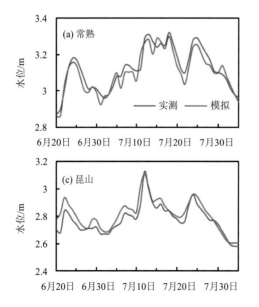
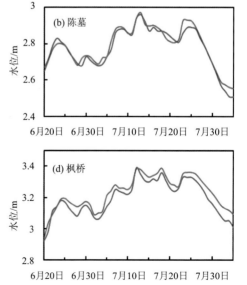

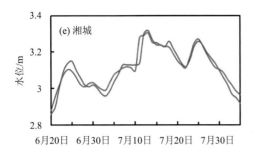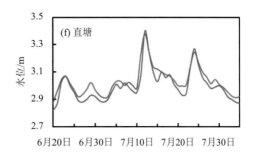

图 5-22　典型站点验证期实测与模拟水位过程

表 5-10　模型验证期结果评价

验证参数	常熟	陈墓	昆山	枫桥	湘城	直塘
相关系数 R	0.96	0.98	0.95	0.98	0.96	0.96
NS	0.89	0.95	0.78	0.87	0.91	0.84
观测峰值/m	3.32	2.96	3.13	3.39	3.32	3.40
模拟峰值/m	3.30	2.97	3.11	3.39	3.31	3.38
峰值误差/m	0.02	0.01	0.02	0	0.01	0.02
观测峰值时间	7/18	7/13	7/12	7/12	7/13	7/12
模拟峰值时间	7/18	7/13	7/12	7/18	7/13	7/12
峰时误差/d	0	0	0	−6	0	0

近几十年来，太湖流域多次发生全流域大规模洪水，特别是 1991 年、1999 年、2015 年和 2016 年。其中，1991 年、2015 年和 2016 年暴雨中心均主要集中在太湖流域湖西区和武澄锡虞区，1999 年暴雨中心则主要出现在浙西、杭嘉湖、淀泖区等南部区域；此外，1999 年的最大 1 日至 90 日极值暴雨量均位居前列，且造成的太湖水位涨幅更大。因此，本书选取 1999 年为典型年，通过对 1960～2014 年阳澄淀泖区年降雨量频率分析，确定不同重现期下的年降雨量，以 1999 年实测时段雨量过程进行降水时程分配，分别模拟分析土地利用类型变化和区域防洪工程建设等人类活动对阳澄淀泖区水文过程的影响程度。同时，通过对 1960～2014 年最大 15 日暴雨频率分析，确定不同频率下的暴雨量，模拟计算防洪工程调度对洪水过程和洪峰放大效应。在模拟计算过程中，边界条件与设计降水采用同频控制，即根据代表站点 1960～2014 年实测数据进行频率计算，获得对应重现期下水位值，利用同倍比放大法获得不同重现期的设计水位过程。

二、考虑陆气耦合过程的水文模拟

城市化对局地气候的改变远远超过了气候变化的幅度。第三章研究表明，长三角城市化影响着该区域的降雨分布，城区降雨量大于郊区，城郊差距虽在逐渐减少，却呈现阶段性、复杂性。由于降雨具有复杂的时空变异性，而观测站点空间分布有限，基于站点观测得出的结论具一定的不确定性，且无法排除气候变化的干扰。城市化通过改变下垫面，打破了原有的水热平衡，继而影响了降雨。基于此，借助中尺度气候模拟系统，同时考虑水量平衡和热量平衡，通过改变下垫面情景对区域进行气候模拟，来揭示城市化对降雨、径流的影响机制。使用 WRF（详见第三章介绍）模拟中耦合单一城市冠层模型 NOAH-SLUCM（single layer urban canopy model），来精确模拟城市地区显热潜热输送、地表热存储等水热能量变化过程。

（一）WRF 陆面模式

下垫面参数的准确表达，以及陆面模式方案的选择关系到模式的模拟能力及预报的准确性。WRF 中主要包含三种陆面模式（land surface model，LSM）：SLAB 方案、NOAH方案、RUC 方案。采用 NOAH 陆面模式与 WRF 耦合来实现陆气相互作用。WRF 为 NOAH模式提供近地表空气温度、湿度、风、气压、降雨以及长短波辐射，而 NOAH 为 WRF提供地表显热、潜热通量、地表温度，作为 WRF 底边界条件来反馈。

NOAH 陆面模式的前身为俄勒冈州立大学（Oregon State University，OSU）LSM，1990 年开始，美国国家环境预报中心（National Centers for Environmental Prediction，NCEP）的环境模拟中心 EMC（environmental modelling center）在众多科研机构的支持下（NOAA/OGP, GCIP/GAPP/GAPP），探寻适合和满足在 NCEP 业务天气和气候预报需求的新一代的陆面模式。早期 NCEP 对四个已有的 LSM[Bucket model、OSU LSM、SSiB model 和 SWB（the simple water balance model）]进行了对比，发现 OSU LSM 模拟结果最好，并对 OSU LSM 改进（Chen et al., 1996）。在此之前，OSU LSM 已有 10 年的开发历史，NCEP EMC 对其进行进一步改进，将其耦合到 Eta、PSU/MM5、WRF、中尺度模式中。2000 年，NCEP 将该改进后模式命名为 NOAH，即 N（NCEP），O（Oregon State University 大气系），A（air force），H（hydrologic research lab-NWS）。

NOAH 模式包含一个植被冠层和 4 个土壤层，各层土壤厚度从表层到底层分别是 10 cm、30 cm、60 cm、100 cm，总的土壤层厚度为 2 m。NOAH 可以预报土壤温度、湿度、植被冠层含水量、地表产流等信息。其初始温度、湿度场由大尺度场提供。另外还包含简单的积雪和海洋模式。与之相关的物理过程包括热力学过程、水文过程、Penman潜在蒸发计算、冠层阻力方案。

（二）WRF-Hydro 陆气耦合模型

WRF-Hydro 是对中尺度数值模拟 WRF 中陆面水文部分的补充，补充了 WRF 模式中陆面水文要素变化对大气的反馈。WRF-Hydro 不仅具有独立的水文建模体系结构，又具有水文模型与大气模式单、双向耦合的耦合框架。单、双向耦合情景下模型均需要强迫及静态输入数据，而强迫及静态输入数据的选择很大程度上取决于模型物理过程及组件的选择。在非耦合模式下，由中国区域高时空分辨率地表气象驱动数据集（china meteorological forcing dataset，CMFD）三小时气象强迫数据作为 WRF-Hydro的驱动数据，所需的气象强迫变量如表 5-11 所示。在耦合模式下，由 WRF 气候模式提供初始场。

表 5-11 **NOAH-MP 陆面模式中输入的气象强迫变量**

变量名	单位
地面向下短波辐射（incoming shortwave radiation）	W/m^2
地面向下长波辐射（incoming longwave radiation）	W/m^2
近地面空气比湿（specific humidity）	kg/kg
近地面气温（air temperature）	K
近地面气压（surface pressure）	Pa
近地面风速-U（near surface wind in the u-component）	m/s
近地面风速-V（near surface wind in the v-component）	m/s
地面降水率（liquid water precipitation rate）	mm/s

当前，NOAH 和 NOAH-MP 陆面模式与 WRF-Hydro（V 5.1.1）进行了耦合，NOAH-MP 模式不仅继承了 NOAH LSM 水热耦合过程应用广泛的优势，同时在植被冠层、辐射传输方案、径流及地下水过程等方面进行了改进。研究中使用 NOAH-MP 陆面模式计算能量的垂直通量（感热、潜热及净辐射）、水分的冠层截留、入渗、超渗及土壤温度、湿度等。在 NOAH -MP 模式中，土壤在垂直方向上分为 4 层，从上而下土壤层的厚度分别设置为 0.1 m、0.3 m、0.6 m 和 1.0 m。

WRF-Hydro 中主要的物理过程有：陆面模式、次表面径流、坡面流、地下径流、河网汇流等，各物理过程的计算方法详见 WRF-Hydro 技术描述文件（源自：https://ral.ucar.edu/sites/default/files/public/projects/wrf_hydro/technical-description-user-guide/wrf-hydro-v5.1.1-technical-description.pdf）。

（三）WRF-Hydro 模型构建及验证

本节构建了覆盖秦淮河流域及周边区域的 WRF-Hydro 模型，区域覆盖部分南京市区以及江宁、溧水和句容 3 地的部分区域，流域集水区面积约 2631 km²，其中南京市内 1838 km²，用于探讨城市复杂下垫面变化对洪水过程的影响研究。

所采用的 WRF-Hydro 模型版本为 V 5.1.1，其所需的地理网格文件由 WRF 前处理工具 WPS 中的 geogrid.exe 插值生成，WPS 水平方向为三层嵌套，网格水平距离分别为 9 km、3 km 和 1 km。D03 层区域用于 WRF-Hydro 模型的运行，WRF-Hydro 中陆面过程采用 1 km 水平分辨率网格，网格数为 217×214；汇流模型采用较细网格，水平分辨率为 250 m，网格数为 868×856。

使用由 WRF-Hydro 课题组研发的 GIS 预处理工具生成河网、开阔水体（如湖泊、水库及海洋等）及地下水基流汇水区域的网格数据。高程数据（digital elevation model, DEM）作为 GIS 预处理工具的主要输入数据，其准确性决定河网等网格数据的提取，研究中使用 30 m 高分辨率高程数据作为 GIS 预处理工具的输入数据，DEM 数据获取自 https://earthdata.nasa.gov。

通过模型敏感性参数率定和验证过程，调整模型参数，使得模拟洪水过程与实测过程充分接近。作为分布式水文模型，WRF-Hydro 模型具有相当繁杂的参数，其中多数参数并不对降雨-径流过程起关键性作用。通过已有研究对参数敏感性的分析发现，其中下渗率（refkdt）、地表持水深度（retdeprt）和深层有效产流系数（slope）与产流有关，地表糙率（ovroughrtfac）、曼宁糙率系数（MannN）、水桶模型指数（expon）和饱和土壤侧向导水率（lksatac）对流量过程线有影响（Ryu et al., 2017）。结合区域特性选取对总产流量和流量过程线较为敏感的参数进行率定，所选参数如表5-12所示。以位于秦淮河上游的前埠村水文站的小时径流观测资料作为模型的率定标准。

表 5-12   WRF-Hydro 模型主要率定参数及参数值

参数类别	率定参数	单位	参数值		
			最小值	最大值	最优值
土壤参数	饱和土壤含水量（smcmax）	—	0.8	1.2	0.8275
	阻力方程中土壤蒸发指数（rsurfexp）	—	1	6	5.8905
径流参数	下渗率（refkdt）	—	0.1	4	0.1078
	深层有效产流系数（slope）	—	0	1	0.8773
	饱和土壤侧向导水率（lksatac）	—	10	10000	9850.111
	地表截流深乘子（retdeprtfac）	—	0.1	20000	102.768
植被参数	冠层风参数（cwpvt）	1/m	0.5	2	0.9349
地下水参数	水桶模型指数（expon）	—	1	8	2.9059
河道参数	曼宁糙率系数（MannN）	$s/m^{1/3}$	0.1	10	1.3385

为选取模式最优参数，采用动态维度搜索（dynamic dimensions search，DDS）方法。该方法是由 Tolson 和 Shoemaker 于 2007 年提出的一种随机搜索启发式算法，该算法从待率定参数中随机、动态地选择若干参数进行率定以寻求新的候选解以此不断更新当前参数的适用值和最优解。因此，该算法具有快速收敛于最优解的优势。DDS 算法计算流程详见参考文献 Tolson and Shoemaker（2007）。本书基于 NCAR（national center for atmospheric research）开发的 WRF-Hydro 参数自动率定系统——PyWrfHydroCalib，采用 DDS 算法迭代 200 次计算各参数最优结果，选择 20150615 次洪水过程为率定事件，水文观测站为前埠村站，率定时段为 2015 年 6 月 15~22 日。据 Zhang 等（2020）研究表明，WRF-Hydro 模型 1.5~2 月作为预热期（spin-up）适合对洪水过程的模拟，故研究中将率定前 30~45 d 作为模拟的预热期，如表 5-13 所示。

表 5-13   WRF-Hydro 模型率定和验证阶段洪水事件

	洪水编号	洪峰流量/（m³/s）	预热时段	模拟时段
率定阶段	20150615	695	2015 年 5 月 1 日~6 月 15 日	2015 年 6 月 15 日~22 日
验证阶段	20120809	667	2012 年 7 月 1 日~8 月 9 日	2012 年 8 月 9 日~12 日
	20130706	497	2013 年 6 月 1 日~7 月 6 日	2013 年 7 月 6 日~10 日
	20160701	1200	2016 年 6 月 1 日~7 月 1 日	2016 年 7 月 1 日~13 日
	20170609	963	2017 年 5 月 1 日~6 月 9 日	2017 年 6 月 9 日~17 日

基于 NS 指标的目标函数（obj）、相关系数（CC）、均方根误差（RMSE）、标准差（Bias）、纳什效率系数（NS）以及 Kling-Gupta 系数（KGE）作为模型性能评价指标。RMSE 值随着迭代次数的增加，径流误差逐渐下降，而 CC、Bias、NS 和 KGE 变化与 RMSE 相反，随着迭代计算的进行其值逐渐上升，且趋于平稳，最佳迭代过程中其值分别为 0.98、–0.46 m³/s、0.97 和 0.98。从最佳迭代过程中 WRF-Hydro 模拟洪水过程的结果可以看出，WRF-Hydro 能够较好的模拟径流过程（图 5-23），对洪水的起涨过程和退水过程模拟较好，而洪峰略微偏低。

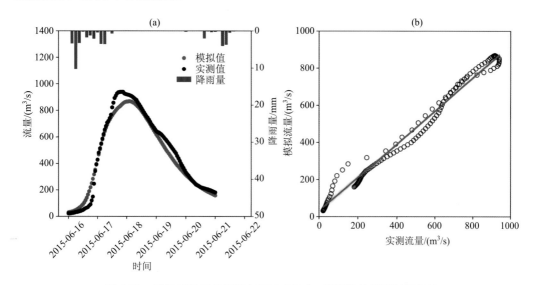

图 5-23　前埤村站流量实测与 WRF-Hydro 模型最佳率定过程对比

另外 4 次洪水事件作为验证，洪水信息详见表 5-14。如图 5-24 所示，WRF-Hydro 模型能够较好地再现单峰洪水过程，尤其对洪水起涨和退水过程模拟的较为准确，但对洪峰的估计略微偏低。WRF-Hydro 模拟的单峰洪水过程与观测径流量相关性较好（CC>0.9），均有较高的 NS（分别为 0.92、0.92 和 0.85），KGE 系数较 NS 整体偏低，分别为 0.75、0.89 和 0.82；然而，WRF-Hydro 对多洪峰过程的模拟效果相对较差。WRF-Hydro 明显低估了 20160701 次洪水过程（Bias=–29.41 m³/s），误差较大（RMSE=246.57 m³/s），NS 和 KGE 均为模型验证期最低值，分别为 0.37 和 0.69。

表 5-14　WRF-Hydro 模型验证期分析结果

洪水编号	CC	RMSE/（m³/s）	Bias/（m³/s）	NS	KGE
20120809	0.99	56.62	2.63	0.92	0.75
20130706	0.99	36.11	−9.57	0.92	0.89
20160701	0.91	246.57	−29.41	0.37	0.69
20170609	0.94	123.88	−15.89	0.85	0.82

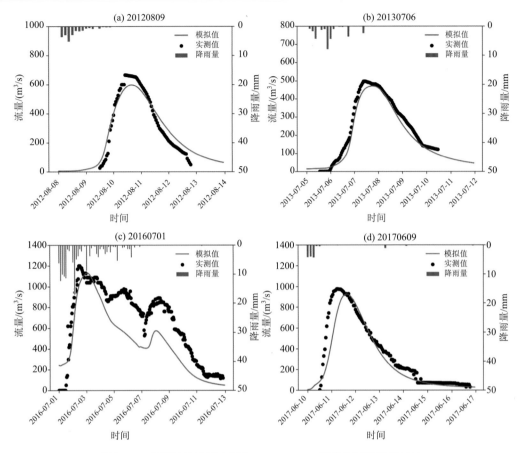

图 5-24　前埠村站流量实测与 WRF-Hydro 模型验证期结果对比

综合 WRF-Hydro 水文模型在率定期和验证期的表现，发现 WRF-Hydro 模型在率定和验证洪水过程中对单峰洪水过程的模拟误差较小，NS 和 KGE 系数较高，对洪水起涨过程和退水过程的模拟效果较好，能够较为准确地再现洪水的过程。在对洪峰洪量的估计上，WRF-Hydro 模型模拟结果偏低。然而，WRF-Hydro 对多洪峰过程模拟偏差较大，究其原因可能是驱动数据对小流域降雨的估计存在偏差，或者 WRF-Hydro 模型在参数率定时对土壤湿度、地下水水位、包气带厚度等的考虑不足，使得实际下渗率和土壤调蓄能力偏高，导致模拟过程偏低（孙明坤等，2020）。

第三节　城市化地区径流变化

城市扩张过程中，下垫面由自然状态变为不透水面，能量平衡和水分平衡同时被打破。上节我们得出城市下风向区域降雨增多，城市周边的区域降雨也受到一定程度的影响，降雨、蒸发过程的改变直接影响了地表的产流过程。同时，城市地表糙率减小、排水系统路径较短，使得汇流时间短，洪峰陡涨陡落。本节主要分析城镇化下垫面改变引起的降雨变化对产流过程的影响，包括径流和产流系数的变化以及不同城镇化程度流域的径流变化响应。

一、径流变化特征

为探讨城市化背景下流域下垫面变化对水文过程的影响，本研究设置了四组实验，来分析城市化下垫面变化（1990年、2000年、2010年三期下垫面）对降雨、径流的影响（详见第三章第三节，表3-4）。其中S2000和V2010分别为控制实验和验证实验，S1990、S2000、S2010用来分析城市化的影响。从控制实验模拟的径流来看，城市地区的径流明显高于非城市地区，夏季径流深在500 mm以上，其周边以水田为主的地区夏季累积径流深一般不超过200 mm（图5-25）。

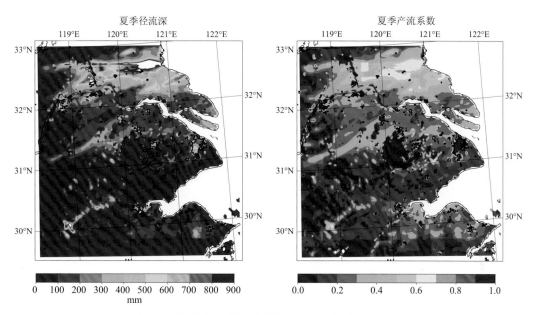

图5-25　控制实验模拟夏季径流深和产流系数空间分布

不同情景模拟结果如图5-26和图5-27所示，S2010~S1990模拟结果显示，径流增加量最大的区域在新增的城市用地上，增加量为240 mm。尽管第三章得出城市上风向的降雨在减少，但因其蒸散发减少幅度过大，导致其径流量也大幅增加。中心城区的径流变化不大，部分地区甚至在减少。随着城市扩张速度的加快，径流剧烈增加的区域也在大幅增加。S2000~S1990显示只有主城区周围少量地区径流深增加，城市地区平均增多236.55 mm；S2010~S2000，中心城区周围大量地区径流量大幅增加，但因城市面积也大幅增加，整个城市地区平均增多184.75 mm。此外，城市周边地区夏季径流也因城镇化受到影响，苏锡常和上海城市周边15 km的径流深也呈微弱增加，增加幅度少于60 mm，而上海城镇化对径流影响空间范围更大，影响半径达30 km。其他非城市地区径流的变化与其降雨变化相一致，可见长三角快速城镇化对气候和水文过程的影响不仅限于城市地区，而且影响着区域、流域的气候、水文过程，进而产生一系列环境效应。

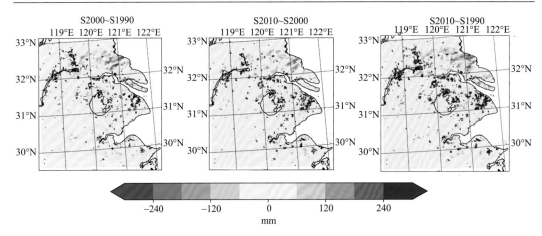

图 5-26　不同情景实验夏季径流之差的空间分布

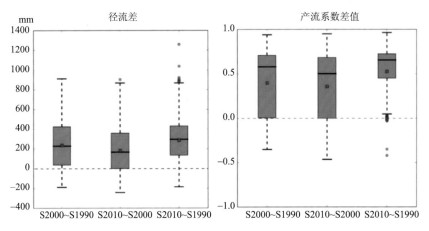

图 5-27　不同情景实验城市地区夏季径流深和产流系数之差箱线图

二、产流系数变化特征

　　不同地表特性以及降雨的差异，使得产流情况会有所不同。产流系数一定程度由下垫面特性（土壤和地表植被）决定。S2000 控制实验（图 5-25）得出，长三角城市地区产流系数大于 0.9，远远大于非城市地区。非城市地区大部分产流系数在 0.4 以下，而同一土地类型产流系数也存在差异，这一差异可能是由降雨和气温的差别引起的。

　　S2010～S1990 下垫面改变引起的产流系数的空间变化特征与径流变化相似，新增的城市用地产流系数变化最为剧烈，这些地区产流系数增加高达 0.6 以上，而中心城区产流系数变化不大。对于整个城市地区，S2000～S1990 产流系数平均增加 0.40，S2010～S2000 增加 0.36，S2010～S1990 产流系数平均增加 0.52。其他区域的产流系数变化不大，大都在 -0.1～0.1。

三、城市化下流域尺度径流响应

　　前文得出，夏季径流和产流系数变化幅度显著的地区为新增的城市用地。随着城市规模扩大，城市地区产流量增大，影响着流域的径流过程。本节选取长三角不同城镇化水平流域，即太湖腹部地区、秦淮河流域、黄浦江流域（浦东区和浦西区）、西苕溪流域，从流域的尺度来分析流域径流对城镇化的响应程度。

　　浙西西苕溪流域、南京秦淮河流域、太湖腹部地区和黄浦江流域分别为近自然状态以及低度、中度、高度城镇化流域。模拟结果得出（图 5-28），西苕溪流域，城市面积所占比例很小，S2010～S1990 下垫面改变对流域径流影响不大，流域径流深平均减少4.66 mm。而对于秦淮河流域，S2010～S1990，流域径流深平均增加 47.74 mm。苏锡常所在的太湖腹部地区，流域城镇化水平高于秦淮河地区。S2010～S1990 下垫面改变使得该流域径流深平均增加 58.3 mm，增幅最大的为城市新增用地。对于高度城镇化地区-黄浦江流域，S2010～S1990 下垫面变化导致流域径流深平均增加 93.2 mm，远高于其他流域。由上可知，高度城镇化流域径流变化最大，而近自然状态流域对城镇化进程最不敏感。

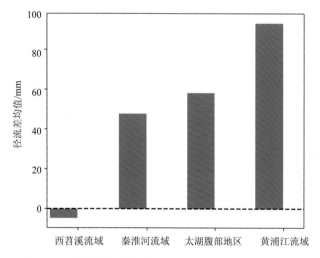

图 5-28　不同城镇化流域 S2010～S1990 径流差柱状图

　　对于太湖腹部地区和黄浦江流域，其河流径流变化除了与自身产流有关外，其上游的径流量不能忽略。湖西区的降雨-径流变化、太湖水位的高与低对这两个流域的防洪情势至关重要。此外，各大型水利工程的调度，如望虞河的北排长江、太浦河的东排、杭嘉湖的南排，使得太湖腹部地区河道径流变化受气候变化、城镇化、水利工程调度等影响。各因素交织在一起，河道径流变化极其复杂，由于资料限制，很难将下垫面变化因素体现在河道径流上。

　　同时，进一步通过率定好的 SWAT 模型，固定气象条件（1980～2012 年气象数据），改变土地利用数据，探讨西苕溪流域土地利用变化（1985 年、2002 年、2008 年）对径流的影响（图 5-29）。可以发现，随着土地利用情景的改变，径流深会增加。1985 年土地利用状况下全流域多年平均径流深为 422.76 mm，2002 年土地利用状况下全流域多年平均径流深为 435.87 mm，2008 年土地利用状况下多年平均径流深为 457.90 mm。1985～

2008 年土地利用状况下，流域多年平均径流增加 35.14 mm（增加 8.3%），可见流域土地利用类型的改变会导致流域水文过程的改变，城市不透水面的迅速扩张使得径流系数增大。

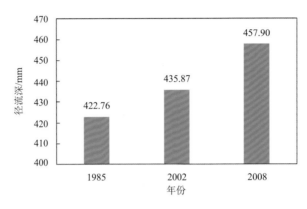

图 5-29 西苕溪流域 1985 年、2002 年和 2008 年土地利用条件下模拟年均径流深

针对流域土地利用变化所引起的径流空间变异问题，基于 SWAT 模型对西苕溪流域不同土地利用情景下月尺度径流过程开展了模拟分析，通过地理加权回归模型（geographically weighted regression，GWR）在空间上定量评估了土地利用/覆被变化对流域径流过程的影响（图 5-30）。结果表明：在空间分布上，径流变化存在一定的非平稳

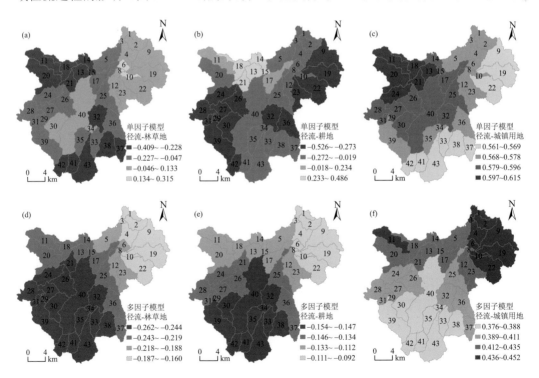

图 5-30 径流深-土地利用/覆被类型变率 GWR 模型局部回归系数分布图

性，该变化与流域内面积变化较大的土地利用类型有显著的相关性，主要表现为径流变化对城镇用地的空间响应关系为由上游到下游逐渐增强的趋势，而径流变化对林草地和耕地的响应关系表现为从流域上游到下游逐渐减弱的趋势。

四、径流变化归因分析

长三角地区伴随着城镇化进程的推进，以河流湖泊日益减少、建设用地面积大幅增加为代表的土地利用变化，给区域水文循环带来巨大的影响。同时区域内极端降水事件增多（周北平等，2016），由此导致流域洪涝灾害事件频发等一系列水安全问题，严重威胁人民生命财产安全，制约地区可持续发展。在该地区开展径流变化的归因分析与比较，有助于正确认识变化环境下的水文变化特征，把握在气候变化与人类活动影响下流域尺度的水循环变化规律，为制定区域洪涝防控政策提供依据。

水热耦合平衡方程可以有效分析径流变化归因。Budyko（1974）将流域降水、蒸发、径流有机结合起来，不仅可反映流域水量以及热量平衡，也可以此为基础分析流域内气候、下垫面变化与水文要素的相互作用，该公式后来被相关学者不断发展，并演化为多种形式，其中 Choudhury-Yang 公式（Choudhury，1999）的表达式如下：

$$E = \frac{PE_0}{\left(P^n + E_0^n\right)^{\frac{1}{n}}} \tag{5-10}$$

式中，P 代表流域年均降水量；E 代表流域年均实际蒸散发量；E_0 代表流域年均潜在蒸散发量；n 称作下垫面参数，反映流域下垫面的特征以及变化，流域下垫面特征包含土壤质地、地形地貌特征和植被等，根据流域长期年均的蒸散发($E=P–R$)、潜在蒸散发(E_0)、降水（P）和下垫面参数（n）可以通过式（5-11）反算得出。式中，流域长期年均潜在蒸散发量、长期年均降水量以及下垫面参数相互独立。

根据弹性系数的定义，流域年径流深 R 的变化可以用以下公式表示：

$$\frac{dR}{R} = \varepsilon_P \frac{dP}{P} + \varepsilon_{E_0} \frac{dE_0}{E_0} + \varepsilon_n \frac{dn}{n} \tag{5-11}$$

根据计算，令 $\varphi = E_0/P$，式中径流对降水的弹性系数（ε_P）、径流对潜在蒸散发的弹性系数（ε_{E_0}）以及径流对下垫面的弹性系数（ε_n）可以用以下公式表示（Xu et al.，2014）：

$$\varepsilon_P = \frac{1 - \left(\frac{\varphi^n}{1+\varphi^n}\right)^{\frac{1}{n+1}}}{1 - \left(\frac{\varphi^n}{1+\varphi^n}\right)^{\frac{1}{n}}} \tag{5-12}$$

$$\varepsilon_{E_0} = \frac{1}{1+\varphi^n} \times \frac{1}{1 - \left(\frac{1+\varphi^n}{\varphi^n}\right)^{\frac{1}{n}}} \tag{5-13}$$

$$\varepsilon_n = \frac{A-B}{\left[1+(p/E_0)^n\right]^{\frac{1}{n}}-1} \; , \quad A = \frac{P^n \ln(P) + E_0^n \ln E_0}{P^n + E_0^n} \; , \quad B = \frac{\ln(P^n + E_0^n)}{n} \qquad (5\text{-}14)$$

通过累积距平分析方法对流域径流加以分析,将 1986~2015 年划分为两个阶段,两个阶段内各自的年均径流深之差(ΔR)可表示流域径流变化情况。径流深的变化可分为受气候变化影响而改变的部分(ΔR_C)及受下垫面变化影响而改变的部分(ΔR_n),其中受降水变化影响而改变的部分(ΔR_P)和受潜在蒸散发变化影响所改变的部分(ΔR_{E_0})均属于由气候变化所导致的径流变化。

根据计算所得的 3 个弹性系数,可以分别计算出由以上 3 个因素引起的径流变化,公式如下:

$$\Delta R_x = \varepsilon_x \frac{R}{x} \Delta x \qquad (5\text{-}15)$$

式中,x 代表年均降水量(P)、年均潜在蒸散发量(E_0)以及下垫面参数(n);Δx 代表三者在前后两个时间阶段的差值。分别基于 P、E_0 和 E 在两个阶段的年均值,并通过公式(5-10)可以反算得到下垫面参数及变化值。

降水、潜在蒸散发以及下垫面变化对流域多年径流变化影响的贡献率由以下公式计算得出:

$$\eta_x = \frac{\Delta R_x}{\Delta R} \times 100\% \qquad (5\text{-}16)$$

为了对比城镇化发展水平不同带来的影响,以秦淮河流域和西苕溪流域为例进行对比。

在秦淮河流域,根据水热耦合平衡方程,对两个阶段的径流深、降水量、潜在蒸散发量以及下垫面参数进行分析,结果如表 5-15 所示。与 1986~2000 年相比,2001~2015 年期间秦淮河流域年均径流深增加 57.24%,变化显著;流域年均降水增加 3.84%,增加幅度较小,与径流变化方向相同;年均潜在蒸散发增加 6.33%,增加幅度同样较小;下垫面参数减小 51.57%,变化率较大,减少幅度明显。

表 5-15 秦淮河流域水文特征值及其变化率

时段	年均径流深 R/mm	年均降水量 P/mm	年均潜在蒸散发 E_0/mm	下垫面参数 n	径流相对变化率/%	降水相对变化率/%	潜在蒸散发相对变化率/%	下垫面参数相对变化率/%
1986~2015 年	437.96	1190.88	1004.95	1.89	—	—	—	—
1986~2000 年	340.51	1168.47	974.12	2.87	—	—	—	—
2001~2015 年	535.41	1213.29	1035.78	1.39	57.24	3.84	6.33	−51.57

从阶段 1(1986~2000 年)到阶段 2(2001~2015 年),秦淮河流域水热平衡状态变化可由图 5-31(a)表示。从阶段 1 到阶段 2,流域水热耦合平衡状态进行了较大幅度的移动,E_0/P 的值增大,E/P 的值减小。流域水热平衡状态的变化可反映流域径流由气候

变化与人类活动共同影响。由图可看出，流域平衡状态的改变可分解为一部分垂直下移以及在 Budyko 曲线上的向右滑动。垂直下移反映了由 n 值大的曲线移动到了 n 值小的曲线，且下移幅度较明显，说明流域下垫面变化剧烈，流域径流变化受到了人类活动的影响。在 Budyko 曲线上的向右滑动，且滑动距离较小，说明流域的径流变化同时受气候变化的影响。

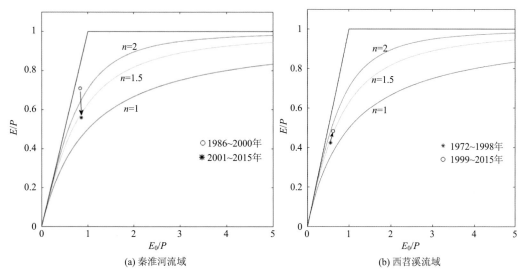

图 5-31　水热平衡状态变化

　　求出秦淮河流域径流的降水、潜在蒸散发、下垫面弹性系数，进而推求出三者对径流变化的贡献率，结果如表 5-16 所示。流域降水量每增长 1 个百分点，径流深将随之增长 0.70 个百分点；流域潜在蒸散发每增长 1 个百分点，径流深将随之减少 1.00 个百分点；下垫面参数 n 每增长 1 个百分点，径流深将随之减少 0.62 个百分点。由此可得，在 1986～2015 年间，秦淮河流域径流深对于潜在蒸散发量的变化最为敏感，潜在蒸散发变动对于径流的影响为负；径流深对于降水量的变化敏感性次之，且降水的变动对于径流产生同向的影响；径流深对于下垫面参数变化的敏感性最低，且与之变化方向相反。

　　1986～2015 年间，秦淮河流域降水、潜在蒸散发以及下垫面对于径流变化的贡献率分别为 5.96%、–13.74%、108.72%。秦淮河流域径流对降水以及潜在蒸散发的敏感性均较高，但二者在 2001 年前后两个阶段自身变化幅度不大，因此二者所代表的气候变化对径流变化的影响并不占主导地位。秦淮河流域下垫面参数的变化率最大，尽管径流对其敏感性最低，但其对径流变化的贡献率高达 108.72%，反映下垫面变化对于流域径流变化影响十分显著。总体看来，秦淮河流域人类活动对于径流变化的影响大于气候变化。流域降水、潜在蒸散发以及下垫面对径流变化的贡献率合计略大于 100%，由此可推断，除此三个主要影响因素，流域还存在其他因素对径流变化产生影响，但作用效果微弱，且对径流增大起反向作用。

表 5-16　秦淮河流域降水、潜在蒸散发、下垫面弹性系数及其对径流变化贡献率

变化要素	降水	潜在蒸散发	下垫面
弹性系数	0.70	−1.00	−0.62
径流变化贡献率/%	5.96	−13.74	108.72

在西苕溪流域，根据水热耦合平衡方程，两个时段的径流深、降水量、潜在蒸散发量以及下垫面参数结果如表 5-17 所示。与 1972～1998 年相比，1999～2015 年西苕溪流域年均径流深减少 11.76%，与前文分析结论一致；年均降水减少 1.43%，减少幅度较低，与径流变化方向相同；年均潜在蒸散发增加 8.17%，增加幅度相对较大，与径流变化方向相反；下垫面参数 n 增加 17.65%，变化率较大，增加幅度明显。

表 5-17　西苕溪流域水文特征值及其变化率

时段	年均径流深 R/mm	年均降水量 P/mm	年均潜在蒸散发 E_0/mm	下垫面参数 n	径流相对变化率/%	降水相对变化率/%	潜在蒸散发相对变化率/%	下垫面参数相对变化率/%
1972～2015 年	876.44	1584.04	916.17	1.45	—	—	—	—
1972～1998 年	918.14	1592.85	888.09	1.36	—	—	—	—
1999～2015 年	810.20	1570.05	960.62	1.60	−11.76	−1.43	8.17	17.65

从阶段 1 到阶段 2，西苕溪流域水热平衡状态变化可由图 5-31（b）表示。从阶段 1 到阶段 2，流域水热耦合平衡状态向右上方移动一定距离，E_0/P 的值和 E/P 的值均增大。流域水热平衡状态的变化可反映流域径流由气候变化与人类活动共同影响。由图可看出，流域平衡状态的改变可分解为一部分垂直上移以及在 Budyko 曲线上的向右滑动。垂直上移反映了由 n 值小的曲线移动到了 n 值大的曲线，说明流域径流变化受到了人类活动的影响。在 Budyko 曲线上的向右滑动，说明气候变化影响了流域的径流变化。

西苕溪流域径流对降水、潜在蒸散发、下垫面的弹性系数对径流变化的贡献率如表 5-18 所示。流域降水量每增长 1 个百分点，能带动径流深增长 0.87 个百分点；流域潜在蒸发每增长 1 个百分点，可导致径流深减少 0.56 个百分点；下垫面参数每增长 1 个百分点，可导致径流深减少 0.34 个百分点。由此可得，在 1972～2015 年间，西苕溪流域径流深对于降水量的变化最为敏感，且变动方向相同；径流深对于潜在蒸散发量的变化敏感性次之，且与之变动方向相反；径流深对于下垫面参数 n 变化的敏感性最低，且与之变化方向相反。

表 5-18　西苕溪流域降水、潜在蒸散发、下垫面弹性系数及其对径流变化贡献率

变化要素	降水	潜在蒸散发	下垫面
弹性系数	0.87	−0.56	−0.34
径流变化贡献率/%	10.14	35.72	47.20

1972～2015 年间，西苕溪流域降水、潜在蒸散发以及下垫面对于径流变化的贡献率分别为 10.14%、35.72%、47.20%。西苕溪流域径流对降水敏感性最高，但降水在该时段内变化率较低，变化幅度较小，因此对径流变化贡献率不高。流域径流对于潜在蒸散发的变化敏感性较高，且流域潜在蒸散发量较高，因此对径流变化的影响稍大。下垫面的变化率最大，尽管径流对其敏感性最低，但其对径流变化的贡献率最高。总体看来，人类活动对于西苕溪流域径流变化的影响略大于气候变化。三者对径流变化的贡献率合计小于 100%，由此可推断，除了降水、潜在蒸散发以及下垫面这三个主要影响因素，流域还存在其他因素对径流变化产生影响，但作用效果较小，且对流域径流减小起正向作用。

第四节　城市化对暴雨洪水的影响

基于率定验证好的水文水力学模型，通过设置相关情景，在长三角各典型实验流域，探讨了城镇化背景下土地利用、河网水系变化及水利工程调度对区域产汇流规律的影响，从而揭示区域洪涝变化机制。

一、下垫面土地利用变化对洪涝过程的影响

以常州中田舍河小流域、常州双桥浜集水区和常州运北大包围为例，通过 HEC-HMS、MIKE 系列等水文水力学模型，模拟该区域降雨-径流过程，探讨其产汇流及暴雨洪水过程变化规律。

变化环境下区域暴雨洪水过程响应：土地利用/覆被变化和降雨特征变化是影响流域洪水过程的重要因素。基于 HEC-HMS 暴雨洪水过程模型，以太湖流域典型流域为例，探讨了土地利用/覆被变化对流域洪水过程的影响。

中田舍河小流域：分别以林地向城镇、林地向旱地、旱地向城镇和水田向城镇转化为例，转化率分别为 10%、20%、30%、40% 和 50%，探讨不同重现期下不同土地利用类型之间转化引发的洪水响应。结果表明中田舍河小流域洪水（洪量）对土地利用变化响应为林地-城镇>林地-旱地>旱地-城镇>水田-城镇（图 5-32）。

双桥浜集水区：由于不同土地利用类型的下渗率和不透水率存在差异，对同一场降雨的洪水响应截然不同。由于区域内建筑用地比例已达到较高城镇化水平，达到流域总面积的 59.45%，其他用地如草地占 27.97%，裸地占 11.25%。探讨了城镇化用地进一步增多对区域内洪水过程的影响，分别模拟草地和裸地以及全非城镇用地以 10%、20%、30%、40%、50%比例分别转变为城镇用地时不同重现期暴雨洪水过程的变化。其中，100 年一遇、50 年一遇和 5 年一遇洪水变化情况如图 5-33 所示。

在草地和裸地分别向城镇化转化的过程中，洪水总量与洪峰均发生了不同程度的增加，且高量级（100 年和 50 年一遇）洪量的增加幅度较洪峰大，低量级（5 年一遇）洪峰增加幅度较洪量大。由于草地的不透水率较裸地低，故在不同量级洪水下，洪峰和洪量的变化均表现出草地向城镇用地的转化相较于裸地向城镇用地的转化对其影响更大。此外，不同转变方式下的洪水变化的差异性也随着转变率的增大而变大：当城镇用地以 10%水平增加时，草地和裸地减少所引起的 100 年重现期的洪水总量增加的差异为 0.86%，

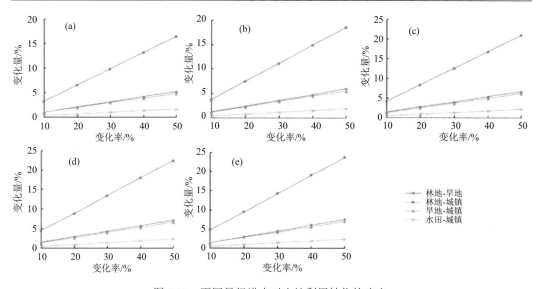

图 5-32 不同量级洪水对土地利用转化的响应

（a）5 年一遇，（b）10 年一遇，（c）25 年一遇，（d）50 年一遇，（e）100 年一遇

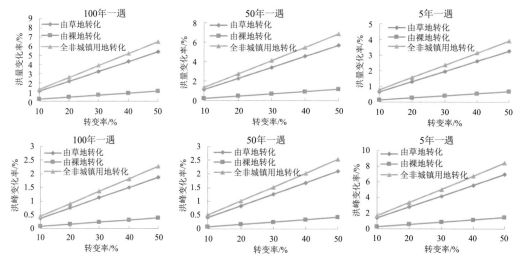

图 5-33 土地利用类型转变对典型重现期洪水的影响

当城镇用地以 50%水平增加时，草地和裸地减少所引起的洪水总量增加的差异为 4.29%；相对应的，洪水洪峰增加的差异从 0.30%转变为 1.49%。当城镇用地以 10%水平到 50%水平增加时，草地和裸地减少所引起的 50 年重现期的洪水总量增加的差异为 1.11%到 5.55%，相对应的，洪水洪峰增加的差异从 0.52%转变为 2.59%。两者土地利用类型的转变引起的 5 年一遇的洪水变化的差异较 100 年一遇洪水更明显。在同样土地利用变化下，低重现期较高重现期对洪水事件的响应程度更大，且低重现期洪水变化的速度随着城镇化水平的增大而增大。

常州运北大包围：表 5-19 为六种不同的设计情景，S1 和 S2 情景用来反映城镇化发展引起的土地利用变化（1991～2015 年）对暴雨洪水过程的影响；S1、S3、S4 情景用来反映河网水系变化对暴雨洪水的影响，考虑到不同等级水系在防洪中的作用，将河网划分为骨干河道和一般河道两种类型，骨干河道主要起行洪作用，而一般河道主要起水面调蓄作用，S1 为现状条件，S1 与 S3 对比来反映一般河道（Ⅱ、Ⅲ级）变化的洪水响应，S3 与 S4 对比来反映骨干河道（Ⅰ级）变化的洪水响应。S1、S5、S6 情景用来反映大包围圩垸防洪对洪水过程的影响；S1 与 S5 对比来反映仅关闭闸门对洪水过程的影响，S1 与 S6 对比反映闸门与泵站联合作业对洪水过程的影响。此外，为便于对比分析，选取了 4 个代表断面的水位过程，其中 3 个位于运北大包围外部，1 个位于运北大包围内部。

表 5-19　不同情景设计

| 情景 | 特征描述 | 大包围圩垸防洪 | | 河网水系 | | 土地利用 |
		闸门	泵站	骨干河道行洪	一般河道调蓄	
S1	21 世纪 10 年代现状条件	—	—	21 世纪 10 年代	21 世纪 10 年代	2015
S2	城市不透水面变化	—	—	21 世纪 10 年代	21 世纪 10 年代	1991
S3	调蓄水面变化	—	—	21 世纪 10 年代	20 世纪 80 年代	2015
S4	骨干河网连通变化	—	—	20 世纪 80 年代	20 世纪 80 年代	2015
S5	大包围关闸挡水	关闭	关闭	21 世纪 10 年代	21 世纪 10 年代	2015
S6	大包围向外排涝	关闭	开启	21 世纪 10 年代	21 世纪 10 年代	2015

选取"20150616"场次暴雨洪水作为典型事件进行分析。本次降雨集中于 6 月 15～17 日，面平均雨量 205 mm，降雨强度大且覆盖范围广，是常州地区罕见的大范围强降水过程。暴雨中心位于大运河沿线，最大点为采菱港站（274 mm）。受本次强降雨影响，大运河常州（三）站水位于 6 月 16 日 6 时（3.73 m）开始起涨，平均涨幅 0.07 m/h，最大涨幅 0.20 m/h，于当日 21:45 开始超警戒水位（4.30 m）、6 月 17 日 7:30 开始超 1991 年历史最高水位（5.52 m），于 6 月 17 日 9:35 达峰值水位（5.74 m）。三堡街站位于运北大包围内，是大运河常州市区代表水位站，该站于 6 月 16 日 6:00 开始起涨，最大涨率为 0.22 m/h，于当日 21:55 超警戒水位（4.30 m）。运北大包围各节点工程于 17 日 3:30 关闸，并于 4:15 开机排水。

随着城镇化进程加快，平原河网地区土地利用发生明显变化，最突出的特点是城镇用地不断扩大，导致不透水面比例增加。分析可知，常州水网地区城镇用地比例从 1991 年的 13% 增加到 2015 年的 35%，城市不透水面增加明显。

图 5-34 和表 5-20 为"20150616"场次降雨期间不同土地利用情景（1991 年和 2015 年）下的水位模拟过程及其特征指标。总体来看，土地利用变化对该地区暴雨洪水过程有一定影响。1991～2015 年，常州水网区土地利用变化导致了各站峰值水位均呈现增加趋势，但各站峰值水位增幅有所差异。三堡街站上升最多（0.04 m），其他 3 站的增幅为 0.02～0.03 m，采菱港站涨幅为最低。其中，三堡街站位于常州市区河段，城镇化引起的不透水面增加较快，而其他 3 站均位于城郊地区，不透水面增加相对较慢。由此可见，1991～2015 年土地利用变化导致各站峰值水位增幅表现出一定的空间差异，这可能与该地区城

镇化的空间特征有关。此外，受土地利用变化影响，各站模拟水位过程的峰现时间和高水位历时未表现出明显差异，仅常州（三）站峰现时间延后了 1 h。

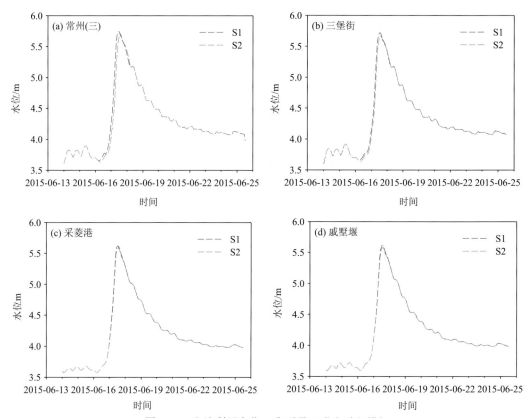

图 5-34　土地利用变化下典型暴雨洪水过程模拟

表 5-20　土地利用变化下峰值水位（时间）及高水位（>4.3m）历时

站名		S1	S2
常州（三）	峰值水位/m	5.74	5.71
	峰现时间	2015/6/17 13:00	2015/6/17 14:00
	高水位历时/h	96	95
三堡街	峰值水位/m	5.72	5.68
	峰现时间	2015/6/17 13:00	2015/6/17 13:00
	高水位历时/h	95	95
采菱港	峰值水位/m	5.62	5.6
	峰现时间	2015/6/17 13:00	2015/6/17 13:00
	高水位历时/h	75	75
戚墅堰	峰值水位/m	5.62	5.59
	峰现时间	2015/6/17 13:00	2015/6/17 13:00
	高水位历时/h	76	76

二、河流水系变化对洪涝过程的影响

从平原水网区来看，河流水系对区域洪水过程的影响主要体现在两个方面：骨干河网（Ⅰ级河道）的变化在一定程度上决定了区域的行洪能力，而一般河道（Ⅱ、Ⅲ级河道）具有较大的自由水面积，调蓄作用明显。20 世纪 80 年代～21 世纪 10 年代以来，武澄锡虞区骨干河道与一般河道均出现衰减现象。从常州水网区来看，一般河道从 20 世纪 80 年代的 1330.7 km 减少为 21 世纪 10 年代的 899.6 km，减少了 32.4%，引起区域的洪水调蓄能力下降；骨干水系的总量未发生明显变化，但河网结构发生一定变化，尤其是京杭运河常州市区段改线工程（新京杭运河段），使该地区水系结构得到优化。此外，武南河、武宜运河的拓浚工程也在缓解区域洪涝方面发挥了积极作用。

通过对比不同河网水系情景下的洪水模拟过程和各特征指标（图 5-35 和表 5-21），发现各站点 S1、S3 情景下的洪水过程线基本一致，未发生明显变化；而常州（三）和戚墅堰站的 S4 情景模拟洪水过程线较其他情景变化明显，常州（三）表现为退水偏慢，戚墅堰站为峰值水位偏低。对比 S1 和 S3 情景，各站的峰值水位均表现出一定程度下降（–0.03～–0.04 m），但下降幅度有限，其中采菱港和戚墅堰站的峰现时间均延后 1 h，高水位历时未发生明显变化，这表明保持一定的调蓄水面能够在一定程度上缓解洪水灾害。S3 与 S4 情景，反映了骨干河网变化的洪水响应，各站峰值水位变化有所差异，三堡街站峰值水位下降了 0.07 m，而其他 3 站均表现出不同程度上升（0.05～0.08 m），其中戚

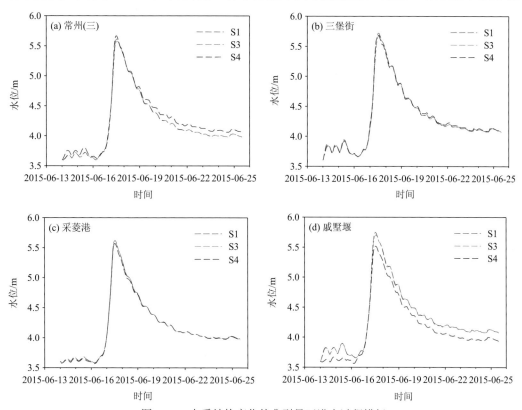

图 5-35　水系结构变化的典型暴雨洪水过程模拟

表 5-21　水系结构变化的模拟峰值水位（时间）及高水位 （>4.3m） 历时

站名		S1	S3	S4
常州（三）	峰值水位/m	5.74	5.71	5.65
	峰现时间	2015/6/17 13:00	2015/6/17 13:00	2015/6/17 12:00
	高水位历时/h	96	97	96
三堡街	峰值水位/m	5.72	5.68	5.75
	峰现时间	2015/6/17 13:00	2015/6/17 13:00	2015/6/17 12:00
	高水位历时/h	95	95	99
采菱港	峰值水位/m	5.62	5.58	5.55
	峰现时间	2015/6/17 13:00	2015/6/17 14:00	2015/6/17 12:00
	高水位历时/h	75	76	76
戚墅堰	峰值水位/m	5.62	5.58	5.5
	峰现时间	2015/6/17 13:00	2015/6/17 14:00	2015/6/17 13:00
	高水位历时/h	76	76	74

墅堰站增加最多。同时，多数站点的峰现时间出现提前现象。这主要与京杭运河改线工程建设有关，该河道的开通有效缓解了常州城区的防洪压力，将大量可能进入常州城区的客水南排和东移。而三堡街站位于常州城区，水位有所下降，其他 3 站均位于改线河道流经河段，因此水位有所上升。对比 S1 与 S4（20 世纪 80 年代～21 世纪 10 年代），骨干河网结构变化与调蓄水面减少都对该地区洪水过程有一定影响，近些年该地区多条骨干河道经历了拓浚，尤其是京杭运河改线工程，增强了区域水系连通与行洪能力，而一般河道的衰减也降低了河网蓄水能力，但从整个水系变化来看，其对区域洪水的影响表现出空间差异。位于城区的三堡街站的峰值水位下降了 0.03 m，高水位历时下降 4 小时，使城区内的洪水危险有所缓解；而其余 3 站控制区域的洪水风险增加，峰值水位均有明显上升（0.07～0.12 m），但高水位历时变化不大。

三、水利工程调度对洪涝过程的影响

运北大包围作为常州地区最大的城市圩垸防洪工程，在 2015 年和 2016 年发生的几场洪水中均发挥了明显作用，在有效保障了城区安全的同时也引发大包围外的部分区域发生更严重洪涝灾害。

三种情景（S1、S5、S6）均采用 21 世纪 10 年代的河网水系结构。从各站模拟洪水过程线来看，三堡街站的 S6 峰形发生明显变化，峰值水位大幅下降；其他情景下，各站洪水过程线未出现明显变化，尤其是大包围外的采菱港和戚墅堰站（图 5-36）。对比情景 S5 和 S1，当关闭大包围的所有闸门时，大包围内的三堡街站峰值水位下降了 0.11 m；而大包围外，仅常州（三）站的峰值水位也发生了较大变化，上升了 0.09 m，采菱港和戚墅堰站的峰值水位变化微弱，分别下降了 0.01 和 0.02 m；从峰现时间来看，三堡街站延后了 1 h，而大包围外各站没有变化；从高水位历时来看，三堡街站的变化最大，减少17 h，而常州（三）增加了 4 h，其余两个站没有明显变化。可以看出，关闭闸门能有效降低大包围内的河道洪水水位，延迟峰现时间，在一定程度上缓解了城区的洪水危险；而对大包围外的区域影响，则表现出一定的空间差异性，主要引起常州（三）站的洪水水位明显上涨，使大包围之外南部的洪水风险增大，而对其他两站所在区域的影响相对较弱。

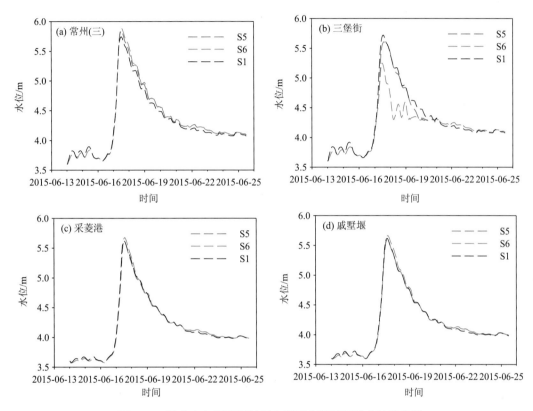

图 5-36 运北大包围不同运行方案下典型暴雨洪水过程模拟

对比情景 S6 和 S1，在大包围关闸和泵站排涝影响下，大包围内外的洪水过程变化更为明显（表 5-22）。三堡街站的峰值水位出现降幅为 0.47 m，高水位历时下降了 13 h，但峰现时间提前了 2 h，而受大包围运行影响，洪水过程线出现连续的小洪峰；大包围外，常州（三）站的水位增幅达 0.14 m，采菱港和戚墅堰站的峰值水位也有所上升（0.04～0.05 m）。与 S5 相比，S6 情景可更大幅度地缓解了大包围内的洪水风险，但也进一步加剧了大包围周边地区的洪水灾害，并将洪水危害传播到更远的区域。

表 5-22 运北大包围不同运行方案下峰值水位及高水位 （>4.3m） 历时

站名		S1	S5	S6
常州（三）	峰值水位/m	5.75	5.84	5.89
	峰现时间	2015/6/17 13:00	2015/6/17 13:00	2015/6/17 13:00
	高水位历时/h	96	100	100

续表

站名		S1	S5	S6
三堡街	峰值水位/m	5.72	5.61	5.25
	峰现时间	2015/6/17 13:00	2015/6/17 14:00	2015/6/17 11:00
	高水位历时/h	95	78	82
采菱港	峰值水位/m	5.62	5.61	5.67
	峰现时间	2015/6/17 13:00	2015/6/17 13:00	2015/6/17 13:00
	高水位历时/h	75	75	75
戚墅堰	峰值水位/m	5.62	5.6	5.66
	峰现时间	2015/6/17 13:00	2015/6/17 13:00	2015/6/17 14:00
	高水位历时/h	76	74	74

四、未来城市化发展对极端水文事件的影响

城市化背景下土地利用变化和气候变化是影响极端水文事件的主要因素。土地利用变化模型是深入了解 LUCC 成因、过程,预测未来发展变化趋势的重要手段,也是 LUCC 及全球变化研究的主要方法之一。发展土地利用模型,模拟将来不同情景下的土地利用变化格局,考察和评估土地利用系统变化的现实和潜在生态环境的影响和反馈过程,已经被众多的研究者认为是揭示土地利用系统与陆地生态系统之间相互作用机制,优化土地利用格局,降低未来土地利用过程潜在生态风险水平的有效途径之一。长期以来,各国科学家已成功开发出一系列的数学模型用于 LUCC 模拟,如 CA(元胞自动机)模型、SD(系统动力学)模型、GTR(generalized thunen-ricardian)模型以及 CLUE-S 模型等。本书中采用 CA-Markov 模型实现未来不同城市化情景下土地利用变化空间分布的模拟。

西苕溪流域是一个植被覆盖较好的流域,在未来城市化发展的背景下,土地利用还是以植被为主,但有一定下降趋势(从 2019 年的 76.9%下降到 21 世纪 50 年代的 75.7%,和 21 世纪 80 年代的 72.4%);同时,耕地有逐渐上升的趋势,耕地从 2019 年 10.6%,上升到 21 世纪 50 年代的 11.3%,21 世纪 80 年代继续上升到 13.5%。而城镇用地一直呈现持续扩张的态势,从 2019 年的 11.1%扩张到 21 世纪 50 年代的 11.6%,以及 21 世纪 80 年代的 12.6%(图 5-37)。

其次,基于率定验证好的 SWAT 模型,模拟预测未来城市化情景下(21 世纪 50 年代和 21 世纪 80 年代)流域极端径流事件的响应。持续的土地利用动态变化也对该流域极端径流产生了较大影响(图 5-38)。基于未来城市化土地利用情景,结合北京气候模型(BCC-CSM 1.1)、加拿大地球系统模型(CanESM2)和挪威地球系统模型(NorESM1-M)三个不同气候模式输出的统计降尺度结果,模拟预测不同阶段城市化对极端径流的影响。

对于 1985 年~21 世纪 50 年代土地利用变化来看,在 20 世纪 70 年代历史气候情景下,不同气候模式及集合平均中最大 1 日径流[图 5-38(a)]和最大 5 日径流[图 5-38(c)]总体呈现增加的趋势;而对于未来不同排放情景,不同模式下最大 1 日径流结果相差较大,表明了未来气候情景(RCP2.6、RCP4.5 和 RCP8.5)下结果的不确定性较大,而对于最大 5 日径流,基本呈现增加趋势。而对于 1985 年~21 世纪 80 年代土地利用变化导

致极端径流变化，无论对于最大1日径流[图5-38（b）]还是最大5日径流[图5-38（d）]，且不论在历史气候情景（20世纪70年代）还是未来不同排放情景，均存在显著增加，且增加量较1985年～21世纪50年代土地利用变化引起的极端径流变化较大。从具体数值来看，1985年～21世纪50年代土地利用变化导致最大1日径流变化差异较大，最大5日径流增加0～1 m³/s左右；1985年～21世纪80年代土地利用变化导致最大1日径流变化增加2 m³/s左右，最大5日径流增加2～3 m³/s。

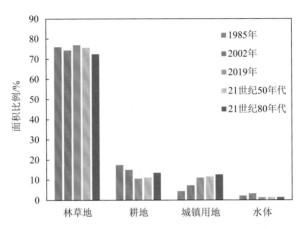

图5-37　西苕溪未来城市化情景下的土地利用变化

其中1985～2019年为实际土地利用条件，21世纪50年代和21世纪80年代为基于CA-Markov模型预测的未来土地利用情况

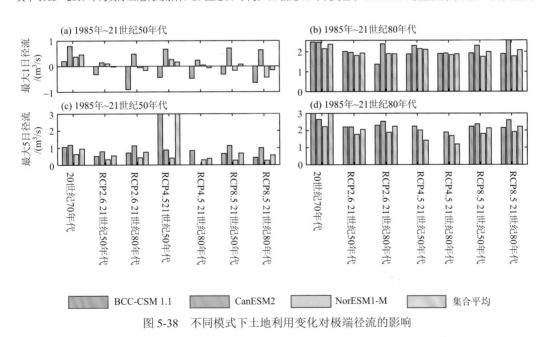

图5-38　不同模式下土地利用变化对极端径流的影响

　　上述结果表明，从不同气候模式和集合平均结果来看，未来不同气候排放模式和不同阶段的结果均较为类似，城市化发展使得流域最大1日和5日径流均呈现不同程度的增加趋势，且随着城市化的推进，城市化对极端径流的影响也将继续增大。

第六章　城市化与洪涝风险

洪涝已成为全球发生最为频繁、造成损失最为严重的自然灾害类型，截至目前，洪涝灾害所造成的损失已占全世界各类自然灾害总损失的50%以上。随着城市化规模扩大和人类活动加剧，流域极端暴雨洪涝事件频繁发生，给人民生活造成了巨大威胁，阻碍了经济的发展。

城市化的快速发展主要表现为人口与经济在空间上的快速高度集聚和建设用地在空间上的急剧扩张这一对矛盾体的相悖发展。建设用地的迅速扩张大幅度地提高了区域的不透水面率，导致洪涝危险性与日俱增。人口与经济则是洪涝灾害的主要承灾体，其高度的集聚导致快速城市化地区的洪涝易损性陡然增加，最终使得城市化地区的洪涝风险成为与城市化相伴相生却又难以避免的城市顽疾，成为城市化地区可持续发展的重要制约因子，极大地降低了城市化的质量。长三角地区是极端暴雨洪水易发地，过去30年来城市化导致下垫面发生了剧烈的变化，相关研究表明该地区极端降雨有增加的趋势，且其与城市化的关系密切（Lu et al., 2019）。

第一节　城市化下暴雨洪水频率变化

一、暴雨洪水频率变化趋势

城市化高速发展的背景下，复杂的人类活动使平原水网地区下垫面状况发生了巨大变化，使得水文序列的一致性假设受到质疑。为此，本书中将对洪水系列的非一致性进行处理分析，以寻求适应非一致性极值系列的频率方法。目前对于非一致性水文频率分析已有较多研究（梁忠民等，2011）。主要有两种途径：一种是基于还原/还现途径，另一种是基于非一致性极致系列直接进行水文频率分析途径。国内目前较多采用还原/还现途径用于非一致性水文频率分析。此种方法假设水文序列在变异点之前是未受人类活动影响的天然状态，变异点之后是受干扰后的状态。还现途径即是把变异点前的水文序列修正到变异点之后，还原途径则与之相反。研究认为还现途径相较于还原途径更为精确（王丹青等，2019）。因此，本节选择还现方法来处理水文序列一致性的问题，主要针对突变前后年最高水位进行修正。

（一）还现分析

常用还现方法有多种，本书采用变异点前后系列与同一参数分析法，其原理为首先需要确定水文序列的突变点位置 τ，依据突变点将水文系列分为 x_1，x_2，x_3，$\cdots$，x_τ 和 $x_{\tau+1}$，$x_{\tau+2}$，$x_{\tau+3}$，$\cdots$，x_n。假设突变点前后同场次水位涨幅与其累积降雨的相关关系分别

为 $X_a = f_a(P)$ 和 $X_b = f_b(P)$（其中水位涨幅是指一场降雨从开始降雨的起始水位到降雨结束最高水位的差值，累积降雨则是一场降雨的累积降雨量），则累积降雨在突变前与突变后所产生的水位涨幅差值为 $\Delta X = f_a(P) - f_b(P)$，以此差值作为水位修正值，即可实现水位向某一时期的修正。若突变前的回归线在突变后上方，则做负修正；若突变前的回归线在突变后下方，则做正修正。

首先对水文序列数据进行突变点诊断。在城市化不断发展的背景下，苏锡常地区水文系列一致性假设受到质疑。时间序列产生突变是水文系列产生非一致性的重要指标之一。由于检查时间序列是否产生突变的方法众多，各有其优势，且诊断结果会存在差异，因此在进行突变点诊断时，采用多种方法对一个时间序列进行突变点检验，保证检测结果的科学性。Mann-Kendall 突变检验法、Pettitt 检验法和 Buishand 检验法 3 种方法均能确定突变点的具体位置，但也存在区别。若其中两种方法检测的突变点在同一位置，则确定该点为这一时间序列的突变点，否则为无效突变点。

选取年最高水位作为突变点检验的诊断指标，采用 Mann-Kendall（MK）趋势性检验法、Pettitt 检验法和 Buishand 检验法 3 种方法对所选站点的年最高水位进行检测，检测结果如表 6-1 所示。从表中可知，所选站点均同时有两个或两个以上的方法检测点相同，突变点主要集中在 20 世纪 80 年代。因此，这些站点的时间序列均存在突变点，水文序列具有非一致性特征。太湖流域平原水网区为我国城镇化水平较高的地区，20 世纪80 年代经济开始快速发展，随之兴建了大量的水利工程设施，这些因素可能是该区域在这一时段水位发生突变的主要原因，且突变年份与现有研究结果基本一致。因此，其突变点是合理的（尹义星等，2011）。

表 6-1 苏锡常地区 11 个站点年最高水位三种方法突变点检验结果表

站点	MK 趋势性检验法	Pettitt 检验法	Buishand 检验法
常州	1988	1986	1988
陈墅	1990	1990	1990
无锡	1988	1986	1988
青旸	1990	1990	1990
瓜泾口	1982	1982	1982
湘城	1986	1986	1986
苏州	2000	1982	2000
昆山二站	1988	1988	1988
白芍山	1988	1988	1988
平望	1988	1988	1988
甘露	1986	1986	1986

选用常州、无锡、苏州、陈墅等 11 个站点的年最高水位进行还现，以保持该站点极值水位系列的一致性。根据以上突变点诊断结果，并结合该区域实际水文条件变化特征，以突变点为界点，将各站点极值水位划分为两个序列，如常州站极值洪水位序列划分为

1960~1987 年与 1988~2016 年两个序列,无锡站洪水位划分为 1960~1987 年与 1988~
2016 年两个序列等,采用变异点前后系列与同一参数分析法将变异点前极值水位还现至
变异后阶段。

借助超定量抽样法选取场次暴雨洪水的累积降雨量与水位涨幅作为回归样本,数据
选取 5~10 月汛期时段,选取样本 110 个。突变前后样本的回归线相关系数均大于显著
水平 $P=0.01$ 时所要求的最小值,水位涨幅和累积雨量相关性显著。依据回归线方程对洪
峰水位进行还现,由于篇幅原因,仅选择部分站点修正结果进行展示,结果如图 6-1 所
示。其中无锡站、湘城站、瓜泾口站、青旸站以及昆山站在经历较大暴雨时,年最高水
位做正修正,即修正后的年最高水位高于修正前年最高水位。且从图中可知,累积降雨
量越大,修正值就越大,修正后的最高水位较修正前越高,主要是由于突变后的现状条

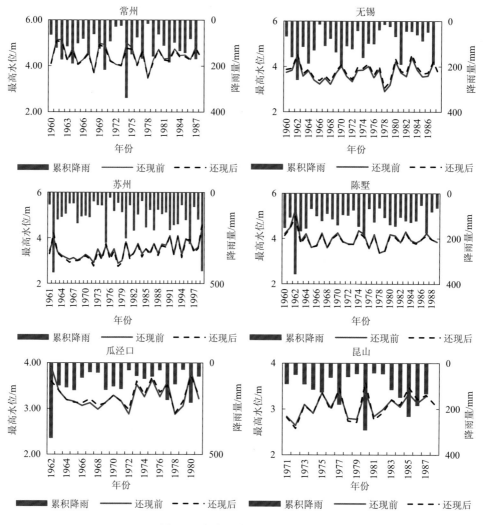

图 6-1　代表站点水位修正结果

件下，城镇化水平较高，下垫面硬化程度高，能加快产汇流的速度。其余站点大部分做负修正，即修正后的最高水位低于修正前最高水位，这可能是水利工程等设施的建设与调节引起的。

（二）暴雨洪水重现期变化分析

1. 重现期计算

选取苏锡常地区代表站点 20 世纪 60 年代（70 年代）至 21 世纪 10 年代常州、无锡、苏州、白芍山、陈墅、瓜泾口、湘城、昆山、青旸、甘露、平望 11 个站点年最大 1 日降雨与年最高水位作为计算数据，其中这些站点的年最高水位已做了修正，保持了水位序列的一致性。

计算以上站点这些年来极值降雨与水位经验频率，再运用皮尔逊Ⅲ型（P-Ⅲ）曲线进行拟合，得出以上站点最高洪水水位与最大 1 日降雨的频率。参考研究区建议采用的 C_s/C_v 值，运用目视最优法获得最优适线，水文频率拟合度均高于 0.95，拟合效果很好。

2. 重现期变化分析

为获取该区域各站点不同年代重现期变化规律，基于 1960～2016 年（1970～2015 年）等年份该地区代表站点暴雨洪水频率结果，参考相关研究（Huang et al., 2008），借助克里金插值，采用等值线图的形式，构建了水位（降雨）、年份和重现期之间的关系，如图 6-2 所示，其中，X 轴为重现期，Y 轴为年份，图中曲线代表水位（降雨），三者的交叉点即为该时期不同重现期水平下产生的洪水位（降雨量），并依此绘制不同时期降雨与洪峰水位重现期的逐年变化趋势图。具体方法为：选取典型量级 5 年、10 年、50 年一遇重现期，根据暴雨洪水位重现期插值结果，分别读取 5 年、10 年、50 年一遇重现期对应的降雨、水位值，从而获取不同量级暴雨洪水重现期在不同年代的变化趋势图，本节选取部分站点进行展示，如图 6-2 所示。

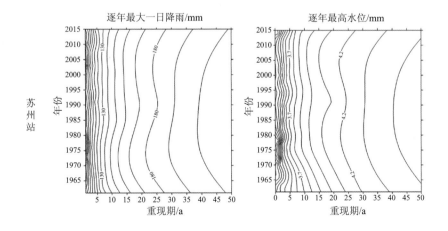

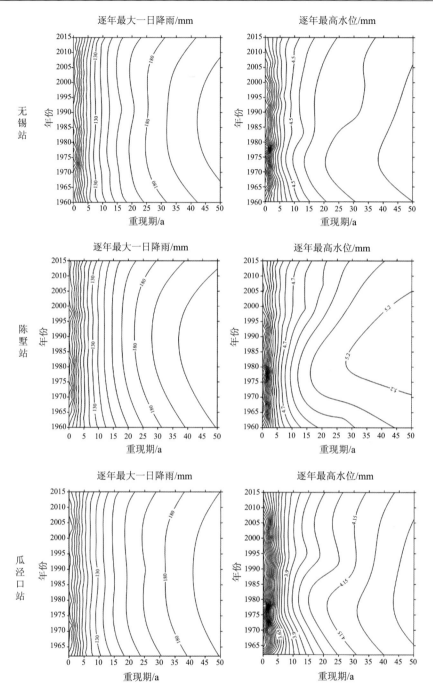

图6-2　太湖平原区代表水位站（雨量站）洪峰水位（极端降雨）-重现期-时间关系图

　　由图6-3可以发现：研究区各个站点20世纪60年代～21世纪10年代不同量级重现期降雨均呈现上升趋势，极端降水频率有所增加。水位各典型量级重现期变化存在明显差异：研究区各站点小量级洪水重现期（5年、10年一遇）对应水位值均呈现波动上升趋势，洪水频率增大；较大量级洪水重现期（50年一遇）在城郊站点间则表现出明显

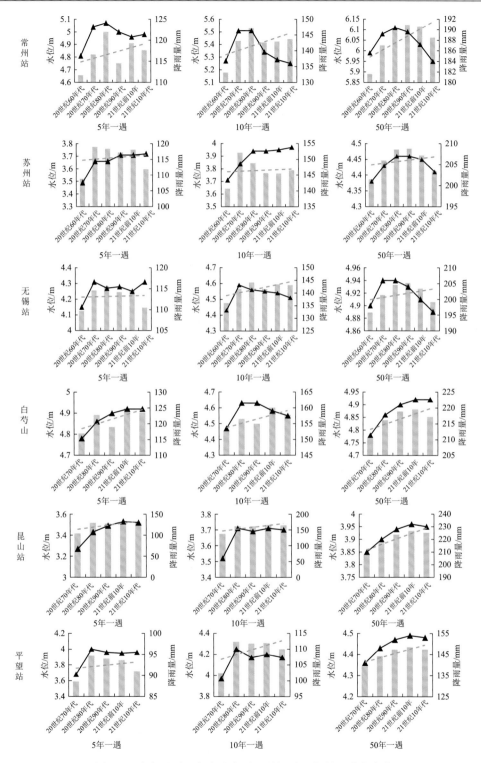

图 6-3　太湖平原区代表站点不同量级重现期暴雨洪水变化

的差异。50 年重现期下，城区站点（常州、苏州站）水位呈现 20 世纪 60～90 年代上升，20 世纪 90 年代～21 世纪 10 年代下降的趋势。以常州站为例，50 年一遇洪水水位 20 世纪 60 年代为 6.0 m，到 20 世纪 80 年代有 10 cm 的上升，洪水频率相较于 20 世纪 60 年代增大了 36%，自此开始下降，至 21 世纪 10 年代降至 5.9 m，洪水频率相较于 20 世纪 60 年代则降低了 12%。而郊区站点水位在研究时段内整体上呈现波动上升的趋势，以平望站为例，50 年一遇洪水水位 20 世纪 70 年代～21 世纪 10 年代间上涨了 10 cm，洪水频率有 28% 的增大幅度。

区域内极端降水频率均呈现上升趋势，其对应的小量级洪水重现期水位也呈上升趋势，尤其在 20 世纪 80 年代以后，大部分站点水位上升幅度更大。表明造成其水位上涨的原因除降雨之外，还包括下垫面土地利用变化、河流水系衰减等人类活动因素。降雨量的多少主要受大尺度大气环流控制，较大量级极端降水在过去五十多年间呈现增加趋势，极端降水频率有所增大，而重现期洪峰水位变化特征在 20 世纪 90 年代以后城郊站点之间存在明显不同。同等量级（50 年一遇）重现期下，白芍山站、平望站与昆山站等郊区站点洪峰水位自 20 世纪 90 年代上升幅度较之前更大，同等量级重现期下，极端降水与极值水位变化趋势存在不一致。我国自改革开放伊始，经济开始快速发展，该区土地利用类型主要为水田向城镇用地的转变，使得下垫面不透水率不断增加，加快该区域产汇流过程。此外，研究区内诸如水系数量、河网密度、水面率等指标有所衰减，水系结构趋于主干化，不透水面面积的增加及水系衰减导致区域洪水位增加，从而增加该区域的洪水风险（王跃峰等，2016）。

在降水较为极端（50 年一遇）情况下，位于中心城区的常州站、无锡站与苏州站洪水水位自 20 世纪 90 年代开始呈现大幅度下降趋势，洪水频率有所下降。虽然中心城区城镇化程度更高，但随着经济的快速发展，人们的防洪意识及手段也随之进步。自 20 世纪 90 年代开始兴建大量的防洪工程，中心城区人口与经济财富最为密集，洪涝灾害会对其造成更大的经济财产损失，为保护中心城区不受洪水威胁，闸泵等水利工程建设更为密集，可有效降低中心城区内河道水位。如苏州、无锡、常州分别建设有苏州大包围、运东大包围与运北大包围，汛期可有效地降低圩区内水位。相应地，圩外地区承受来自圩内与暴雨的共同压力，水位有一定上升（王丹青，2020）。

二、暴雨、洪水多维联合分布特征

极端气象水文事件空间遭遇特征的识别，对气候变化和快速城市化背景下的区域暴雨洪水灾害预警预报具有重要的指导作用。采用 Copula 函数，以太湖平原及不同水利分区为例，探讨极端降雨和极值水位的空间遭遇特征，对深入认识极端气象水文事件的变化特征并据此制定水资源管理、水生态保护和防洪减灾对策具有重要的理论和实际意义。

（一）研究方法

1. 极值指标的选取

抽样方法是除参数估计和线型选择外，水文频率分析的核心理论和关键技术之一。

本节使用水文学中常用的年最大值法（annual maximum, AM）抽取太湖平原区及各分区 1960~2016 年汛期的极端降雨和极值水位序列，分析极端降雨和极值水位的空间遭遇特征。此外，为了揭示各水利分区的城市化发展，对区内极端降雨和极值水位空间遭遇的影响差异，选择城市代表站和郊区代表站，使用 AM 法获取站点尺度的极端降雨和极值水位序列。

基于 20 世纪 80 年代和 2018 年的土地利用演变特点，选取位于城镇建设用地快速扩张的常州站、无锡站、苏州站和嘉兴站作为城市化地区的代表站点。在综合考虑城镇用地扩张程度和站点距离的基础上，选择陈墅站、青旸站、湘城站和乌镇站作为城市化缓慢发展的乡镇代表站点，各站点的空间分布及城镇建设用地的空间分布格局如图 6-4 所示。

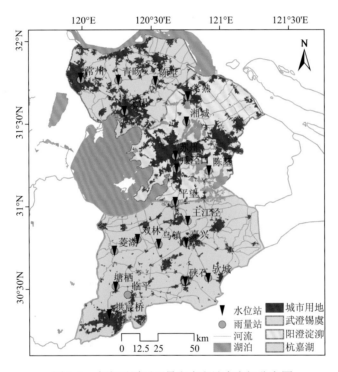

图 6-4 太湖平原区雨量和水文站点空间分布图

2. 单变量极值统计分析

极值分布函数是表达水文气象资料理论概率统计规律的数学模型，其可对经验频率曲线进行外延或内插，以获取不同重现期的水文设计值或不同量级水文事件的重现期（刘俊等，2018）。由于不同极值分布函数的外延结果存在较大差异，因此对不同的水文气象变量遴选最优的分布函数，是水文频率分析的一项重要前期工作。

本节将水文统计分析中常用的皮尔逊Ⅲ型分布（P-Ⅲ）、广义极值分布（GEV）、广义帕累托（GPD）、威布尔分布（WBL）、耿贝尔分布（GBL）和对数正态分布（LOGN）共 6 种极值分布类型作为太湖平原极端降雨和极值水位的备选分布类型。各分布的概率密度函数如表 6-2 所示。需要指出的是，优选的最优边缘分布仅用于二维联合分布的拟合，三维联合分布的边缘分布统一使用 P-III 分布。

表 6-2　单变量要素的备选概率分布函类型

分布类型	概率密度函数	参数说明
LOGN	$f(x)=\dfrac{1}{\sqrt{2\pi\sigma^2}}\dfrac{1}{x}\exp\left(-\dfrac{(\lg x-\mu)^2}{2\sigma^2}\right)$	$x>0,\mu>0,\sigma>0$
GBL	$f(x)=\dfrac{1}{\sigma}\exp\left\{-\left(\dfrac{x-\mu}{\sigma}\right)-\exp\left(-\dfrac{x-\mu}{\sigma}\right)\right\}$	$-\infty<x<+\infty,$ $-\infty<\mu<+\infty,\sigma>0$
WBL	$f(x)=\dfrac{\sigma x^{\sigma-1}}{\mu^{\sigma}}\exp\left\{-\left(\dfrac{x}{\mu}\right)^{\sigma}\right\}$	$x>0,\mu>0,\sigma>0$
GEV	$f(x)=\dfrac{1}{\alpha}\left[1-k\left(\dfrac{x-\zeta}{\alpha}\right)\right]^{1/k-1}\exp\left\{-\left[1-\dfrac{k(x-\zeta)}{\alpha}\right]^{\frac{1}{k}}\right\}$	$k\neq 0$
GPD	$f(x)=\dfrac{1}{\alpha}\left[1-\dfrac{k}{\alpha}(x-\zeta)\right]^{1/k-1}$	$x\geqslant\zeta,k\neq 0$
P-III	$f(x)=\dfrac{\beta^{\alpha}}{\Gamma(\alpha)}(x-\alpha_0)^{(\alpha-1)}\exp(-\beta(x-\alpha_0))$	$x>a_0,\alpha>0,\beta>0$

精确估计边缘分布的参数并寻找最优的边缘分布，是通过 Copula 函数合理描述变量间相关性结构的先决条件。适线法、矩法、概率权重矩、线性矩法、权函数法和极大似然法等是常用的极值分布函数参数估计方法（宋晓猛等，2018）。其中，具有良好无偏性的线性矩法是常用的参数估计方法之一，该方法是概率权重矩的线性组合，其对样本极大值和极小值的敏感性较低，故在中小样本容量的条件下可获得比极大似然法更为稳健的参数估计值（梅超等，2017）。

设随机变量 $X(X_1, X_2, \cdots, X_N)$ 的样本容量为 N，将 X 升序排列，即 $X_{1,N}<X_{2,N}<\cdots<X_{N,N}$，其前 4 阶样本线性矩定义为

$$l_1=b_0 \tag{6-1}$$

$$l_2=2b_1-b_0 \tag{6-2}$$

$$l_3=6b_2-6b_1+b_0 \tag{6-3}$$

$$l_4=20b_3-30b_2+12b_1-b_0 \tag{6-4}$$

式中，b_0、b_1、b_2 和 b_3 为样本的概率权重矩，表达式如下：

$$b_0=\frac{1}{n}\sum_{j=1}^{n}x_{j,n} \tag{6-5}$$

$$b_1=\frac{1}{n}\sum_{j=2}^{n}\frac{j-1}{n-1}x_{j,n} \tag{6-6}$$

$$b_2=\frac{1}{n}\sum_{j=3}^{n}\frac{(j-1)(j-2)}{(n-1)(n-2)}x_{j,n} \tag{6-7}$$

$$b_3 = \frac{1}{n}\sum_{j=4}^{n}\frac{(j-1)(j-2)(j-3)}{(n-1)(n-2)(n-3)}x_{j,n} \tag{6-8}$$

在求出样本前 4 阶线性矩的基础上，即可运用线性矩法计算样本的变差系数（t_1）、偏态系数（t_2）和峰度系数（t_3），表达式如下：

$$t_1 = \frac{l_2}{l_1} \tag{6-9}$$

$$t_2 = \frac{l_3}{l_2} \tag{6-10}$$

$$t_3 = \frac{l_4}{l_2} \tag{6-11}$$

拟合优度检验是测度随机变量理论分布与经验分布差异的统计手段，而非参数的 K-S 检验是常用的方法之一，其通过比较理论分布与经验分布的累积频数来量化二者的最大差异。在 0.05 的显著性水平下，评估经验分布与理论分布的拟合优度，如果多个分布类型均通过了显著性检验，则选择最大差异值最小的分布类型为最优分布。

3. 多维联合概率分布

采用多维联合概率分布方法分析暴雨、水位的关系及影响因素。首先是二维 Copula 分布类型，选择合适的 Copula 函数来表征变量间的相关性结构是探究联合分布特征的重要基础。使用水文领域常用的 Archimedean Copula 函数族的 Clayton、Frank、Gumbel 和 Ali-Mikhail-Haq（AMH）函数作为备选函数。有关 Copula 函数的定义、基本性质、构造方法和分类等请参见文献 Salvadori 和 De Michele（2004）。选用的二维 Copula 函数的基本信息如表 6-3 所示。

表 6-3　二维 Copula 函数的数学表达式

Copula 函数	生成函数 $\varphi(t)$	分布函数	τ 与 θ 的关系
Clayton	$\frac{1}{\theta}\left(t^{-\theta}-1\right)$	$C(u,v)=\left(u^{-\theta}+v^{-\theta}-1\right)^{-1/\theta}$	$\tau=\frac{\theta}{2+\theta}, \theta\in(0,\ \infty)$
Frank	$-\ln\frac{\mathrm{e}^{-\theta t}-1}{\mathrm{e}^{-\theta}-1}$	$-\frac{1}{\theta}\ln\left[1+\frac{\left(\mathrm{e}^{-\theta u}-1\right)\left(\mathrm{e}^{-\theta v}-1\right)}{\left(\mathrm{e}^{-\theta}-1\right)}\right]$	$\tau=1+\frac{4}{\theta}\left[\frac{1}{\theta}\int_0^\theta \frac{t}{\exp(t)-1}\mathrm{d}t-1\right], \theta\in R$
Gumbel	$(-\ln t)^\theta$	$\exp\left\{-\left[(-\ln u)^\theta+(\ln v)^\theta\right]\right\}$	$\tau=1-\frac{1}{\theta}, \theta\in[1,\infty)$
AMH	$\ln\frac{1-\theta(1-t)}{t}$	$uv/\left[1-\theta(1-u)(1-v)\right]$	$\left(1-\frac{2}{3\theta}\right)-\frac{2}{3}\left(1-\frac{1}{\theta}\right)^2\ln(1-\theta), \theta\in[-1,1)$

三维 Copula 分布类型则以 Archimedean Copula 函数族的 Clayton、Frank、Gumbel 三维 Copula 函数（谢华等，2012）作为备选函数，探讨不同水文分区极端降雨和极值水位的空间遭遇特征。不同三维 Copula 函数的基本信息如表 6-4 所示。

表 6-4　三维 Copula 函数的数学表达式

Copula 函数	生成函数 $\varphi(t)$	分布函数
Clayton	$t^{\theta}-1$	$C(u_1,u_2,u_3)=\left(u_1^{-\theta}+u_2^{-\theta}+u_3^{-\theta}-2\right)^{-1/\theta},\ \theta>0$
Frank	$-\ln\dfrac{e^{-\theta t}-1}{e^{-\theta}-1}$	$C(u_1,u_2,u_3)=-\dfrac{1}{\theta}\ln\left\{1+\dfrac{\left[\exp(-\theta u_1)-1\right]\left[\exp(-\theta u_2)-1\right]\left[\exp(-\theta u_3)-1\right]}{\left[\exp(-\theta)-1\right]^2}\right\},\ \theta\in(0,\infty)$
Gumbel	$(-\ln t)^{\theta}$	$C(u_1,u_2,u_3)=\exp\left\{-\left[\left[(-\ln u_1)^{\theta}+(-\ln u_2)^{\theta}+(-\ln u_3)^{\theta}\right]\right]^{1/\theta}\right\},\ \theta\in[1,\infty)$

需要对 Copula 函数参数估计及不确定性进行评估，受边缘分布类型、Copula 函数族、参数估计方法等因素的影响，基于 Copula 函数的多维联合分布不可避免地存在不确定性（Liu et al., 2020）。采用基于贝叶斯统计推断的马尔科夫蒙特卡罗法（MCMC），估算二维 Copula 函数的参数并评估其不确定性。该方法的设计思路如下：首先，采用蒙特卡罗法估算 Copula 函数的参数；然后，基于先验分布和似然函数的组合，采用 MCMC 法获取 Copula 参数的后验分布；最后，使用贝叶斯推断法评估参数的不确定性，以此来反映多维联合分布相关性结构的不确定性。

通过计算联合风险率、同现风险率、条件风险率及其重现期，定量揭示不同变量组合的遭遇风险。三变量联合风险率和同现风险率分别为

$$P\left(X>x\bigcup Y>y\bigcup Z>z\right)=1-C\left(u_1,u_2,u_3\right) \tag{6-12}$$

$$P\left(X>x\bigcap Y>y\bigcap Z>z\right)=1-u_1-u_2-u_3+C(u_1,u_2)+C(u_1,u_3)+C(u_2,u_3)-C(u_1,u_2,u_3) \tag{6-13}$$

三变量联合风险率和同现风险率的倒数即为联合重现期和同现重现期，当多要素中有一个以上超越临界值时所对应的重现期，称为联合重现期；当所有要素均超越临界值时所对应的重现期，称为同现重现期，其表达式如下：

在 $U_1=u_1$ 的条件下，$U_2\leqslant u_2$，$U_3\leqslant u_3$ 的条件概率为

$$\left(U_2\leqslant u_2,U_3\leqslant u_3\mid U_1=u_1\right)=\frac{\partial C\left(u_1,u_2,u_3\right)}{\partial u_1} \tag{6-14}$$

对应的条件重现期为

$$T\left(u_2,u_3\mid U_1=u_1\right)=\frac{1}{1-C\left(U_2\leqslant u_2,U_3\leqslant u_3\mid U_1=u_1\right)} \tag{6-15}$$

在 $U_1=u_1$，$U_2=u_2$ 的条件下，$U_3\leqslant u_3$ 的条件概率为

$$C\left(U_3\leqslant u_3\mid U_2=u_2,U_1=u_1\right)=\frac{\partial C\left(u_1,u_2,u_3\right)}{\partial u_1}\frac{\dfrac{\partial^2 C\left(u_1,u_2,u_3\right)}{\partial u_1\partial u_2}}{\dfrac{\partial^2 C\left(u_1,u_2\right)}{\partial u_1\partial u_2}} \tag{6-16}$$

对应的条件重现期为

$$T\left(u_3 \mid U_2 = u_2, U_1 = u_1\right) = \frac{1}{1 - C\left(U_3 \leqslant u_3 \mid U_2 = u_2, U_1 = u_1\right)} \qquad (6\text{-}17)$$

（二）最优 Copula 函数的确定

1. 边缘分布函数的确定

太湖平原、各水利分区和典型代表站点的极端降雨和极值水位序列最优边缘分布的拟合结果如表 6-5 所示。太湖平原区极端降雨和极值水位的最优边缘分布均为 LOGN 分布，各水利分区的最优边缘存在一定的差异，GEV 分布是武澄锡虞区和杭嘉湖区极端降雨序列的最优边缘分布，而 LOGN 分布是阳澄淀泖区极端降雨和武澄锡虞区极值水位的最优边缘分布，阳澄淀泖区和杭嘉湖区极值水位的最优边缘分布分别为 WBL 和 P-III。GEV 分布和 LOGN 分布可以较好地拟合多数代表站点的极端降雨和极值水位序列，仅有常州站和青旸站极值水位序列的最优分布为 P-III 分布。

不同边缘分布对太湖平原和各水利分区极端降雨和极值水位序列的拟合结果如图 6-5 和图 6-6 所示。除少数分布类型明显不适用于极值序列的拟合外，多数分布类型均能较好地拟合低频事件，不同分布类型拟合结果的差异主要体现在对尾部数据的拟合效果上，这也从侧面说明了边缘分布优选对开展多维联合分布的重要性。

表 6-5　极端降雨和极值水位的分布函数拟合优度检验

区域或站点	降雨序列		水位序列	
	最优分布	K-S	最优分布	K-S
太湖平原	LOGN	0.08	LOGN	0.04
武澄锡虞区	GEV	0.10	LOGN	0.06
阳澄淀泖区	LOGN	0.08	WBL	0.07
杭嘉湖区	GEV	0.05	P-III	0.05
常州	GEV	0.07	P-III	0.08
无锡	GEV	0.11	LOGN	0.05
苏州	GEV	0.05	GEV	0.04
嘉兴	GEV	0.08	LOGN	0.06
青旸	GEV	0.06	P-III	0.06
陈墅	LOGN	0.08	LOGN	0.09
湘城	GEV	0.08	WBL	0.05
乌镇	LOGN	0.04	LOGN	0.06

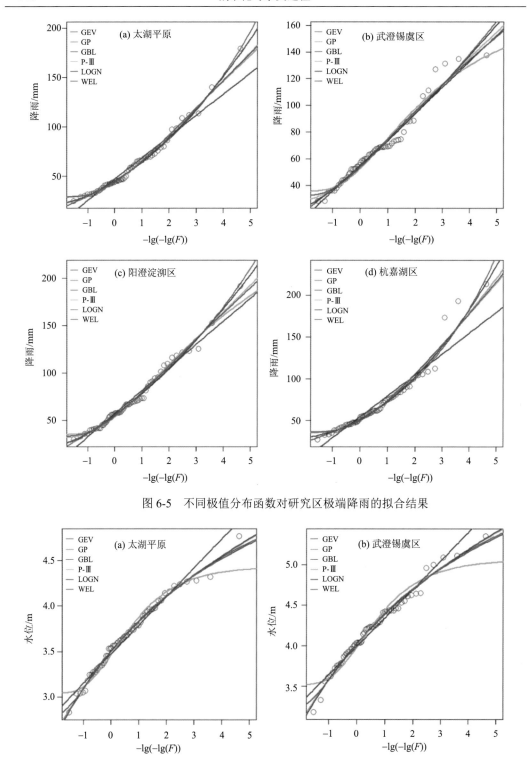

图 6-5 不同极值分布函数对研究区极端降雨的拟合结果

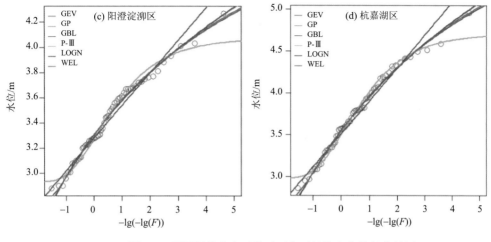

图 6-6　不同极值分布函数对研究区极值水位的拟合结果

2. Copula 分布函数的确定

以太湖平原与武澄锡虞区（T-W）、太湖平原与阳澄淀泖区（T-Y）、太湖平原与杭嘉湖区（T-H）、武澄锡虞区和阳澄淀泖区（W-Y）、武澄锡虞区和杭嘉湖区（W-H）、阳澄淀泖区和杭嘉湖区（Y-H）极端降雨遭遇为例，说明 Copula 函数的优选过程。不同遭遇条件下的极值水位最优 Copula 函数优选及三维 Copula 函数的优选过程不再赘述。如表6-6 所示，除太湖平原与武澄锡虞区极端降雨遭遇情景外，Frank Copula 函数是刻画太湖平原与其他分区以及各分区之间极端降雨遭遇的最优联合分布函数。

表 6-6　极端降雨不同遭遇条件下的最优 Copula 函数拟合结果

遭遇情景	Copula	NES	RMSE	AIC	BIC
T-W	Gumbel	0.99	0.19	−415.36	−413.32
T-Y	Frank	0.99	0.24	−389.22	−387.17
T-H	Frank	0.99	0.22	−399.04	−397.00
W-Y	Frank	0.99	0.15	−441.25	−439.21
W-H	Frank	0.99	0.18	−424.50	−422.45
Y-H	Frank	0.99	0.20	−414.37	−412.33

（三）极端降雨的空间遭遇风险

1. 太湖平原与水利分区的极端降雨遭遇特征

各水利分区遭遇太湖平原极端降雨的联合重现期均小于太湖平原的降雨重现期，而各水利分区遭遇太湖平原极端降雨的同现重现期均显著大于太湖平原的降雨重现期（表 6-7）。不同遭遇情景下的联合重现期与同现重现期随太湖平原降雨重现期的增加而增大，但同现重现期的增加幅度显著大于联合重现期。如在 100 年一遇的条件下，武澄锡虞区与阳澄淀泖区遭遇太湖平原极端降雨的联合重现期和同现重现概率分别 1.61%和 0.18%。空间上的连接性对同现重现期有较大影响，在不同重现期下，武澄锡虞区与阳澄淀泖区及阳澄淀泖区与杭嘉湖区遭遇太湖平原极端降雨的同现重现期均小于武澄锡虞区与杭嘉湖区遭遇太湖平原极端降雨的同现重现期，说明武澄锡虞区和杭嘉湖区同时遭遇太湖平原极端降雨的风险较小，相比之下阳澄淀泖区和杭嘉湖区遭遇太湖平原极端降雨的风险较大。

表 6-7　太湖平原与不同水利分区暴雨遭遇的重现期

太湖平原	武澄锡虞与阳澄淀泖		武澄锡虞与杭嘉湖		阳澄淀泖与杭嘉湖	
降雨重现期/a	同现重现期/a	联合重现期/a	同现重现期/a	联合重现期/a	同现重现期/a	联合重现期/a
5	19.41	4.04	28.68	4.04	16.55	4.24
10	42.42	7.75	69.95	8.01	38.06	8.59
20	91.15	15.23	157.13	15.79	84.49	18.14
50	251.13	35.40	415.37	35.66	228.55	48.95
100	547.68	62.03	842.88	60.63	476.47	98

在小于 50 年一遇的降雨条件下，太湖平原与各水利分区降雨遭遇的联合重现期差异较小。当重现期大于 50 年一遇时，阳澄淀泖区与杭嘉湖区遭遇太湖平原极端降雨的联合重现期均大于武澄锡虞区与阳澄淀泖区及武澄锡虞区与杭嘉湖区遭遇太湖平原极端降雨的联合重现期。

2. 水利分区与代表站点的极端降雨遭遇特征

基于武澄锡虞区、阳澄淀泖区、杭嘉湖区及城乡代表站点的极端降雨序列，分析不同水利分区与区内代表站点极端降雨的空间遭遇特征，结果如表 6-8 所示。在各水利分区发生不同重现期降雨的条件下，常州站与青旸站极端降雨遭遇的同现重现期均最小，说明其所在区域发生洪水的风险较大。在 50 年一遇以上的降雨条件下，无锡站与陈墅站及嘉兴站与王江泾站降雨遭遇的同现重现期大于苏州站与湘城站的同现重现期，且均以嘉兴站与王江泾站的同现重现期较大，表明该区域遭遇高量级暴雨的风险相对较小。同时，不同降雨重现期条件下，各遭遇组合的联合重现期差异较小。

表 6-8　水利分区与城市和乡镇代表站点极端降雨遭遇的重现期

水利分区	常州与青旸		无锡与陈墅		苏州与湘城		嘉兴与王江泾	
降雨重现期/a	同现重现期/a	联合重现期/a	同现重现期/a	联合重现期/a	同现重现期/a	联合重现期/a	同现重现期/a	联合重现期/a
5	15.02	4.12	22.3	4.35	18.34	3.67	17.47	4.26
10	29.94	7.48	48.3	8.33	37.55	6.66	39.44	8.36
20	59.15	13.65	96.5	15.43	74.61	12.34	85.26	16.89
50	146.73	29.08	214	31.96	178.91	27.39	217.28	42.97
100	300.09	49.25	363	51.98	343.92	48.32	420.21	85.71

3. 极端降雨与极值水位的空间遭遇

以不同水利分区的极端降雨序列与区内代表站点的极值水位序列为变量，基于三维联合分布，分析极端降雨与极值水位的空间遭遇特征，结果如表 6-9 所示。当降雨重现期小于 20 年一遇时，苏州站与湘城站极值水位遭遇的同现重现期均小于其他分区与代表站点极端降雨与极值水位遭遇的同现重现期，说明在低重现期时苏州站与湘城站洪水遭遇的风险较大。而当降雨重现期大于 20 年一遇时，无锡站与陈墅站极值水位遭遇的同现重现期小于其他组合的同现重现期，表明无锡站与陈墅站遭遇高等级洪水的风险较大。如在 100 年一遇的降雨条件下，嘉兴站与王江泾站洪水遭遇的同现概率为 0.18%，而无锡站与陈墅站的同现概率仅 0.74%。不同重现期降雨条件下，嘉兴站与王江泾站极值水位遭遇的同现重现期远大于其他组合的同现重现期，说明该区域发生极值水位遭遇的风险较小。

表 6-9　水利分区的极端降雨与城乡站点极值水位遭遇的重现期

水利分区	常州与青旸		无锡与陈墅		苏州与湘城		嘉兴与王江泾	
降雨重现期/a	同现重现期/a	联合重现期/a	同现重现期/a	联合重现期/a	同现重现期/a	联合重现期/a	同现重现期/a	联合重现期/a
5	17.06	4.12	9.71	4.85	7.89	4.94	72.51	2.52
10	34.80	7.55	18.40	8.79	15.46	9.401	85.64	4.26
20	68.10	13.99	34.36	16.01	32.06	18.97	136.51	7.65
50	156.02	30.66	75.72	34.23	89.71	50.12	292.59	17.35
100	283.35	53.03	134.90	58.11	202.64	105.36	542.24	32.60

4. 城市化对极端降雨和极值水位遭遇的影响

在综合考虑城市化程度的差异性以及极端降雨和极值水位相关性的基础上，以武澄锡虞区为例，分析不同重现期极端降雨条件下，城乡站点极端降雨与极值水位遭遇的差异，揭示城市化对极端降雨和极值水位遭遇的影响。在武澄锡虞区发生不同重现期极端降雨的条件下，区内以常州和无锡为代表的城市站点的联合重现期和同现重现期均小于以青旸和陈墅为代表的乡镇站点的重现期（表 6-10）。由于所选乡镇站点距相应的城市

表 6-10　武澄锡虞区极端降雨与城乡站点极端降雨的遭遇特征

武澄锡虞区	常州与无锡		青旸与陈墅	
降雨重现期/a	同现重现期/a	联合重现期/a	同现重现期/a	联合重现期/a
5	19.95	3.93	20.94	4.43
10	40.43	7.02	46.40	8.59
20	77.00	12.41	97.01	16.57
50	164.43	25.28	240.62	36.55
100	275.17	41.72	472.50	61.39

站点较近，且各站点的地形均以平原为主，因此，在同等的气候背景条件下，城市化进程可能通过改变局地气候对城市地区的降雨产生了影响，使城市地区遭遇极端降雨的风险高于乡镇地区。

　　在不同重现期的降雨条件下，武澄锡虞区城市站点极值水位遭遇的同现重现期均大于乡镇站点极值水位遭遇的同现重现期（表 6-11），说明乡镇地区发生极值水位遭遇的频次高于城市地区。常州站和无锡站均位于区域中心城市，人口和社会财富集聚，为降低洪涝灾害的损失，修建了数量庞大的防洪工程，防洪标准高于周边的乡镇地区，暴雨期间通过防洪工程的运行，将洪水抽排到区域主干河道，从而将洪涝风险转移至周边地区。这也是在城区更易遭遇极端降雨的背景下，极值水位的遭遇风险小于乡镇地区的主要原因之一。一定程度上说明了城市化背景下的高强度人类活动对区域暴雨洪水的演变特征造成了巨大影响。

表 6-11　武澄锡虞区城市与乡镇站点极值水位的遭遇特征

武澄锡虞区	常州与无锡		青旸与陈墅	
降雨重现期/a	同现重现期/a	联合重现期/a	同现重现期/a	联合重现期/a
5	19.47	3.96	14.71	4.28
10	40.30	7.20	29.11	7.81
20	79.30	13.22	55.55	14.37
50	180.96	28.67	123.85	31.18
100	325.05	49.43	221.74	53.46

第二节　洪涝风险动态模拟与评估

　　随着城市化进程的加快，城市圩垸防洪已逐渐成为平原水网地区影响洪水过程的最主要因素。随着圩垸建设不断加强，区域防洪排涝格局发生明显变化。面对如此大规模的圩垸防洪工程，倘若一味地借助运行调度来保障城市安全，势必会大幅增加城市外围的洪水压力，加剧其洪涝灾害。因此，如何评估与协调城市-区域-流域的洪涝风险成为当前太湖流域亟待解答的问题。

　　洪水风险影响因素错综复杂，常采用洪涝风险综合指标体系评价方法，该方法是从洪涝灾害危险性与受灾体易损性出发，分别考虑致灾因子、孕灾环境以及承灾体 3 个方面的洪涝风险的影响因子，构建一套评价指标体系，并采用层次分析法进行综合评价，该方法需要考虑指标完整性、重要性以及指标数据的有效性和可行性。

　　本书在该方法基础上，采用情景模拟法，选取常州市大包围作为长三角典型城市圩垸地区，基于不同情景下 MIKE Flood 水动力模型的模拟结果，重点分析平原河网地区大包围圩垸防洪在城市与区域间洪涝过程及风险变化中的作用，有利于缓解城市和区域洪涝矛盾，为区域防洪减灾提供参考。

一、洪涝风险分析方法

（一）洪涝风险评价指标体系

洪涝风险指标的选择是洪涝风险评价的一个关键步骤，因为不同的指标体系可能会极大地影响分析的结果，选定的指标体系应该是完整的，能够包含研究问题的主要方面，同时，还应该考虑到评价指标的数据有效性与可行性。参考目前已有的大量研究（Gao et al.，2007；Zou et al.，2013）和里下河腹部区与武澄锡虞区的洪涝灾害成因与特征（毛锐，2000；叶正伟等，2009），选择降水、地形、水系、土地利用、人口和 GDP 等 6 个指标作为洪涝风险评价的指标因子。大范围的持续性降水或局部强降水是大范围洪涝的主要致灾因子。高程与坡度是地形影响洪涝的两个方面，海拔低、坡度小的地方发生洪涝的概率更大、危害更严重。水系对洪涝的影响，一方面体现在不同等级的水系对洪涝风险的影响大小不同，另一方面体现在同一级别水系的洪涝危险随距离水系越近而越大。城市建设用地的迅速扩张使不透水面积显著增加，径流系数和洪峰流量明显增加，导致洪涝灾害加重。相同级别的洪涝发生在不同的地区，其危害的程度相差甚远，人口密集与经济发达的地区发生洪涝时的绝对损失远大于欠发达地区。

洪涝风险的各影响因子的量纲不同，数据的变化范围各异，与洪涝风险的相关性不同，对洪涝风险的影响性质与程度不尽一致。因此，为了不同维度的评价指标可以直接比较，首先需要对洪涝风险的评价指标进行标准化处理，即指标数据的无量纲化处理，将属性各异的评价指标标准化到同一个标准与范围内，本书中将各指标数据标准化到[0,1]之间。

$$y_i = \frac{x_i - x_{\min}}{x_{\max} - x_{\min}} \tag{6-18}$$

$$y_i = \frac{x_{\max} - x_i}{x_{\max} - x_{\min}} \tag{6-19}$$

式中，y_i 是指标的标准化结果；x_i 是指标的原始值；$x_{\min}$ 是指标中的最小值；$x_{\max}$ 是指标中的最大值。

指标权重表征了各指标对于洪涝风险的相对重要性，指标权重的合理性直接影响洪涝风险评估的准确性与科学性。参考已有的洪涝风险研究（Gao et al.，2007；李国芳等，2013），通过层次分析法确定了洪涝风险评价指标的权重值。

层次分析法体现了人们决策思维的基本特征，即分解、判断、综合。它主要是把复杂的问题分解成相对简单的各个组成因子，进而将影响因子按其支配关系进行分组，从而形成有序的递阶层次结构。作为一个简单的半定量化方法，层次分析法融合了定性分析与定量评估，在评估各指标的相对重要性时，不需要直接比较所有的指标，只需要进行两两比较。通过各因子之间的两两比较，确定诸因子之间的相对重要性，然后综合判断所有因子的相对重要性并最终确定其影响权重。

在前述的标准化结果与指标权重的基础上，基于 ArcGIS 9.3 平台的栅格计算器功能，洪涝风险的各影响因子根据公式（6-20）进行加权叠加，便可以得到洪涝风险的空间分布格局的评估模型。

$$R = \sum_{i=1}^{n} x_i y_i \tag{6-20}$$

式中，R 表示洪涝风险指数；x_i 是第 i 个指标的标准化结果；y_i 则是第 i 个指标的权重。

（二）基于洪涝损失的洪涝风险计算

洪涝风险分析是以自然地理特征、社会经济结构及分布情况为研究对象，对某一区域遭遇不同强度洪水事件可能造成的经济损失进行综合评价（盛绍学等，2010）。目前来看，对洪涝风险的理解仍存在分歧，而对它的表达也是多种多样：①洪涝的发生频率及其相应的水深分布；②洪涝损失的可能性及其期望值；③洪涝直接经济损失，或其占流域内资产的比例。相比之下，第二种理解隐含了洪涝发生概率及可能产生的后果，得到普遍认同（尹占娥等，2010）。因此，本书也将风险定义为一定概率下洪涝淹没造成的破坏或损失，其表达式为

$$R = P \times S \tag{6-21}$$

式中，R 为洪涝风险大小；P 为洪涝发生的频率；S 为洪涝损失。一般情况下，一次洪涝风险评估不足以代表该区域的洪水灾害风险水平。因此，需综合多种重现期的洪涝损失或风险值，建立概率-损失曲线，通过对概率-损失曲线进行积分获得年平均损失，由此计算的洪涝风险值更为合理。年平均损失计算公式为

$$EL = \int_0^1 f(P,S)\,dp \tag{6-22}$$

$$EL \approx \sum_{i=1}^{n} \frac{S_{i-1} + S_i}{2} \times (P_i - P_{i-1}) \tag{6-23}$$

式中，EL 为洪涝损失期望（洪涝风险值）；n 为频率离散总数。

（三）洪涝风险计算过程

本书洪涝风险的计算主要涉及洪水淹没深度及可能造成的经济损失。其中，淹没水深来自洪涝淹没模型，将模型计算网格作为洪水淹没要素的网格；就洪涝损失而言，主要考虑洪灾造成的直接经济损失（即财产损失），包括家庭财产、农业产值、工业资产、商业资产损失等社会经济指标。考虑到上述社会经济数据多以乡镇为单元统计，难以反映其在空间上的分布状况，因此在洪涝损失评估时需做空间展布处理，使之适合于洪涝风险计算。采用将社会经济数据展布到相应土地利用类型上的方式，来进行损失估算（王艳艳等，2013）。具体来看，以乡镇为统计单元，将农业人口、农村家庭财产分布在农村居民点上，农业产值分布在水田、旱地上，将城镇人口、城镇家庭财产、工商业资产分布在城镇建设用地上。同时，考虑到社会经济数据在乡镇内部的空间差异，对其进行分配时还结合了乡镇内人口的分布特征。

洪涝损失的评估采用淹没水深-损失率关系法，上述各类资产的损失率是在太湖洪涝灾害损失统计分析基础上（吴浩云，1999），结合研究区内《常州2015年洪水灾害调查

报告》进行修正而确定的（表6-12）。如图6-7所示，得到洪水淹没要素和社会经济数据空间分布之后，将二者进行叠加处理，便可获得洪涝灾害损失计算的网格。在洪涝风险分析时，认为网格内的淹没要素和社会经济指标是均匀分布的。社会经济数据主要源自《常州统计年鉴》和《武进统计年鉴》，与洪涝风险分析有关的栅格运算和统计分析均在ArcGIS平台中完成，同时还借助了VBA二次开发工具。

表6-12　不同淹没水深下各类资产的损失率　　　　（单位：%）

资产类型	淹没水深/m				
	<0.5	0.5~1.0	1.0~1.5	1.5~2.0	>2.0
家庭财产	2	5	8	12	16
农业	12	25	60	80	100
工业	2	6	9	13	17
商业	2	6	9	12	15
基础设施	3	7	12	17	22

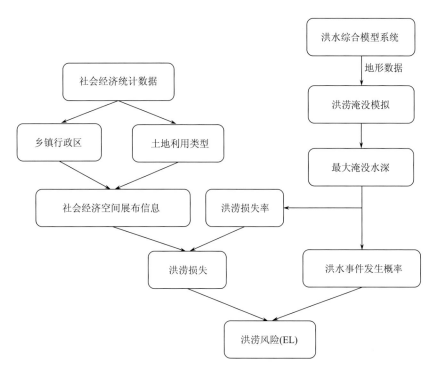

图6-7　洪涝风险的量化计算过程

二、典型地区洪涝过程

选取"20150626"典型场次暴雨洪水过程，对比分析大包围运行对区域洪涝过程的影响。本次降雨过程共持续了5天（6月25~29日），影响范围广、降雨强度大，区域面平均降雨达 383 mm，为 1951 年以来的最高值。受此次暴雨影响，常州地区灾情显著，戚墅堰区出现 80%面积的积水，最深处达到 2.0 m（周良法，2015）。全市首次启动防汛Ⅰ级应急响应，关闭了钟楼防洪控制工程，常州市城区主要圩垸防洪工程悉数启用，共计排涝量约 6120 万 m³，防洪大包围内受涝面积和受淹时间比往年大水年份明显减少，但同时也引起外河洪水水位快速上涨，常州（三）站最高上涨至历史最高（6.08 m），超警戒水位 1.78 m，引发防洪大包围外发生范围大且历时长的洪涝灾害，给人民财产造成了巨大损失，此次洪涝过程具有较强的典型意义。

本节将模型模拟与情景分析法相结合，通过设计不同土地利用、河网水系与大包围圩垸防洪运行的方式，逐步改变某一因子而固定其他因子，对比分析各情景下的模拟洪水过程线、峰值水位和高水位历时等指标，来综合评价不同情景的洪水过程变化，详见表 6-13 的情景设计。利用 MIKE Flood 平台将一维、二维进行耦合，通过侧向连接的形式来模拟河道与地面之间的水量交换。为分析大包围圩垸防洪对区域典型洪涝过程的影响，利用耦合模型分别对所假设的 S1、S5 和 S6 三种情景进行模拟分析。其中，S1 情景代表不启用大包围，S5 和 S6 分别代表仅关闭大包围闸门和全面启用大包围（表 6-13），图 6-8 为不同情景下常州大包围及其周边的淹没情况。从图中来看，各情景下淹没面积的空间分布总体相似，主要的淹没差异位于大包围内部及其周边地区。从现状情景模拟来看，淹没范围主要分布在奔牛、邹区、牛塘和新闸街道等区域，多为京杭运河、扁担河和新京杭运河沿线；淹没水深主要集中在 0～1.0 m。相比来看，当仅关闭大包围闸门防洪时，城区内的洪涝淹没格局发生明显变化。全面启用大包围时，大包围内的淹没面积明显减少，仅有大包围沿线仍有少量区域出现灾情，尤其新闸街道附近缓解最显著；而大包围外的牛塘、邹区和戚墅堰地区淹没面积有明显增加。根据常州水文局洪水调查的结果，此次洪水受涝点主要分布在奔牛、牛塘、湖塘、戚墅堰和西太湖圩区等部分地势较低地区，同时一些地势较高片区也因排水困难存在受涝现象，如邹区、常州机场等地区。总的来看，全面启用大包围时模拟的洪涝淹没空间分布与实际调查结果的一致性较好。

表 6-13　不同情景设计

情景	特征描述	大包围圩垸防洪		河网水系		土地利用
		闸门	泵站	骨干河道行洪	一般河道调蓄	
S1	21 世纪 10 年代现状条件	—	—	21 世纪 10 年代	21 世纪 10 年代	2015
S5	大包围关闸挡水	关闭	关闭	21 世纪 10 年代	21 世纪 10 年代	2015
S6	大包围向外排涝	关闭	开启	21 世纪 10 年代	21 世纪 10 年代	2015

不同情景下的淹没深度主要集中在 0～1.0 m（图 6-8），对大包围内、外各深度下的淹没面积进行统计，详见表 6-14。对整个区域而言，全面启用大包围时，圩外各深度的淹没面积进一步增加，这表明大包围圩垸防洪在一定程度上会加剧区域上的洪涝淹没。而从大包围内来看，随着大包围的启用，淹没面积可减少 56%～64%，各深度的淹没面积也均表现出明显减少，其中水深超 1.0 m 的淹没面积减少比例最大（70.2%）；而大包

围外的淹没面积均表现出不同程度的增加。

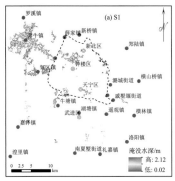 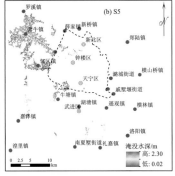 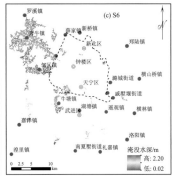

图 6-8　不同情景下洪涝淹没空间分布

表 6-14　各情景下不同淹没深度面积统计　　　　　（单位：km²）

情景	水深/m											
	整个区域				防洪包围内				防洪包围外			
	>0	>0.25	>0.50	>1.00	>0	>0.25	>0.50	>1.00	>0	>0.25	>0.50	>1.00
S1	49.2	26.4	22.9	17.1	10.0	5.0	4.8	3.7	39.2	21.4	18.1	13.4
S5	49.2	26.6	22.4	17.2	4.4	3.0	2.5	1.3	44.7	23.6	19.9	15.9
S6	53.3	29.4	22.9	18.7	3.6	2.3	1.9	1.1	49.7	27.1	21.0	17.6

三、不同量级暴雨的洪涝淹没

考虑到典型洪涝事件的极端性与特殊性，其发生存在一定偶然性，因此对不同量级暴雨的洪涝过程进行了模拟。重点分析不启用大包围（S1）和全面启用大包围（S6）时，不同量级暴雨（5 年、10 年、20 年、50 年、100 年、200 年一遇）的洪涝淹没情况，主要从包围内、外淹没面积和淹没水深方面进行具体分析。

图 6-9 和图 6-10 分别为有、无大包围运行下各量级暴雨的洪涝淹没结果，表 6-15 统计了两种情景下的淹没面积。在不启用大包围（S1）时，包围内淹没面积从 5 年一遇的 0.15 km² 增加到 200 年一遇的 10.38 km²，增大了 69 倍，最大淹没水深也相应从 0.22 m 增大至 1.72 m，增加了 1.50 m；包围外淹没面积从 5 年一遇的 1.05 km² 增加到 200 年一遇的 40.68 km²，增大约 40 倍，最大淹没水深也相应从 0.24 m 增大至 1.80 m，增加了 1.56 m。当启用防洪大包围（S6）时，随着暴雨量级的变大，包围内的淹没面积从 5 年一遇的 0.15 km² 增加到 200 年一遇的 3.91 km²，增长了 26 倍，最大淹没水深从 0.21 m 增大至 1.14 m，增加了 0.93 m；对包围外地区而言，淹没面积从 5 年一遇的 1.06 km² 增加到 200 年一遇的 53.98 km²，增大加约 50 倍，最大淹没水深也相应从 0.22 m 增大至 2.08 m，增加了 1.86 m。由此可见，启用大包围以后，随着暴雨量级的增加，包围内淹没面积和淹没水深增加幅度变小，而包围外淹没面积和淹没水深增加幅度变大。

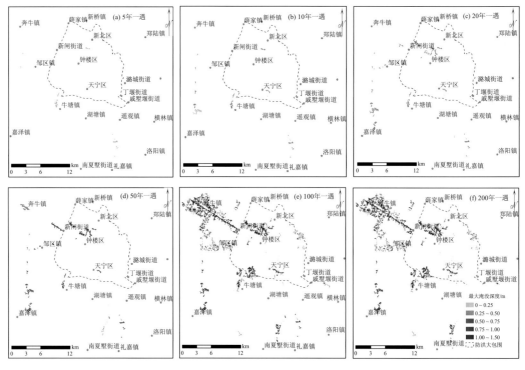

图 6-9 不启用大包围（S1）时不同量级暴雨的洪涝淹没结果

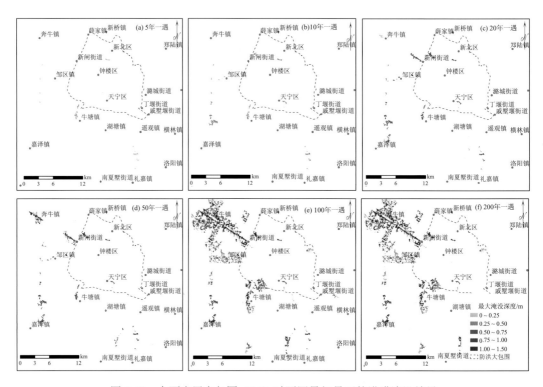

图 6-10 全面启用大包围（S6）时不同量级暴雨的洪涝淹没结果

由表 6-15 来看，受大包围圩垸防洪影响，包围内、外淹没面积的变化与暴雨强度关系密切。对于小量级暴雨，包围内、外的淹没面积变化幅度较小；而随着暴雨量级变大，大包围圩垸防洪的影响越发显著。10 年一遇暴雨时，包围内淹没面积增加 29.5%，而包围外淹没面积减少 3.3%；当发生 200 年一遇暴雨时，包围内的淹没面积减少了 62.3%，包围外则增加了 32.7%。

表 6-15　不同量级暴雨的洪涝淹没面积统计　　　　　（单位：km^2）

暴雨重现期	包围内		包围外		全区	
	S1	S6	S1	S6	S1	S6
5 年一遇	0.15	0.15	1.05	1.06	1.20	1.21
10 年一遇	0.88	1.14	5.42	5.24	6.30	6.38
20 年一遇	2.63	1.46	7.18	8.68	9.81	10.14
50 年一遇	5.07	1.96	12.80	19.98	17.87	21.94
100 年一遇	6.78	2.55	26.57	35.16	33.34	37.71
200 年一遇	10.38	3.91	40.68	53.98	51.06	57.89

四、城市产流小区洪涝淹没分析

为了开展洪涝风险变化分析，以产流小区为基本单元对每个小区的平均淹没深度进行统计。从图 6-11 可知，不启用大包围时，多数产流小区出现了不同程度的洪涝淹没，近半数小区的淹没深度超过 0.5 m；而对比大包围内外的产流小区，淹没深度未表现出明显的差异，淹没深度最大（1.24 m）的小区出现在大包围内。从空间上来看（图 6-11），洪涝淹没较严重的产流小区主要位于京杭运河、武宜运河、太滆运河沿岸地区。

当关闭大包围闸门时（S5），部分主干河道的水力学特征发生变化，大包围内外各小区的淹没水深较不启用大包围时（S1）发生了一些变化，但未表现出一致的上升或下降趋势。总的来看，大包围内近半数小区的淹没水深表现为下降趋势，其中有 7 个小区的淹没深度下降超过 0.20 m，最大降幅为钟楼开发区附近，达 1.07 m；而大包围外各小区的淹没水深多呈现出增加的趋势，最大涨幅 0.75 m；与此同时，大包围外也有部分小区的淹没水深也出现下降，但仅有 3 个小区降幅超过 0.20 m。此外，大包围内、外分别有 9 和 11 个小区淹没深度表现为增加。从空间上来看，关闭大包围闸门时（S5），淹没水深发生较大变化（±0.20 m）的小区主要集中在大包围周边地区[图 6-12（a）]，大包围内淹没水深降低的小区明显多于大包围外，大包围内水深增加的区域主要集中在天宁区和新北区，而大包围外集中在湖塘和丁塘港附近。这表明，关闭闸门在缓解城区防洪压力的同时，将会引起大包围东部和南部的防洪压力进一步加剧。

全面启用大包围时（S6），大包围内小区的淹没水深下降趋势明显，其中有 9 个小区淹没深度下降超过 0.20 m，最大降幅（1.06 m）在钟楼开发区附近，而大包围外仅有 1 个小区的降幅超过 0.20 m。

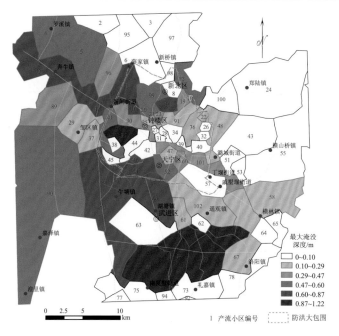

图 6-11 S1 情景下各产流小区的最大淹没水深空间分布

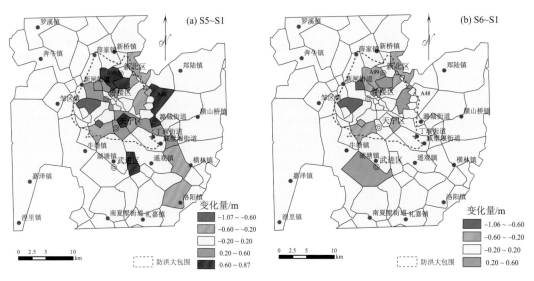

图 6-12 S5 和 S6 情景下各产流小区最大淹没水深较 S1 的变化量

　　此外，大包围外大多数小区的淹没深度增加，但增加幅度基本在 0.10 m 以内，这说明泵站的开启能够将大包围内的涝水相对均匀地分散到各个周边区域。从空间上来看 [图 6-12（b）]，大包围内产流小区的淹没水深多呈现下降趋势，仅有个别小区表现出洪涝加剧；而对于大包围外区域而言，受泵站排涝影响，虽然包围内大多数产流小区的淹没水深得到缓解，但更多的洪水风险被转移到了局部地区（湖塘镇附近）。与 S5 情景相比，全面启用大包围不仅缓解了大包围内的防洪压力，还进一步降低了全区产流小区的平均淹没深度[图 6-12（b）]，仅有 3 个小区的淹没水深上升超过 0.20 m。在大包围闸门挡水的基础上，相对均匀分布的泵站排涝还起到了分担局部洪涝压力的作用。

五、基于动态模拟的洪涝风险

基于不同情景下各产流小区的平均淹没深度，再结合其他洪涝评价指标，以产流小区为单元进行洪涝风险指数计算，所有计算均在 ArcGIS 平台操作。图 6-13 为不启用大包围时（S1）各小区的洪涝风险空间分布情况，从空间上来看，洪涝风险值较高的产流小区主要位于运北大包围内部及其周边，其中洪涝风险值大于 0.60 的三个小区均在大包围内，与这些区域淹没水深较大，且人口密度大、经济发达有关。相比之下，东北部和南部产流小区的洪涝风险值较小，洪涝风险值基本在 0.30 以下，这主要与其地势相对较高有关，且这些区域的人口密度相对较小。这表明，在不启用大包围时，城区内部将面临较严重的洪涝风险。因此，为缓解城区内洪水压力和洪涝风险，近些年政府已斥资加大了对城市圩垸防洪能力的建设。

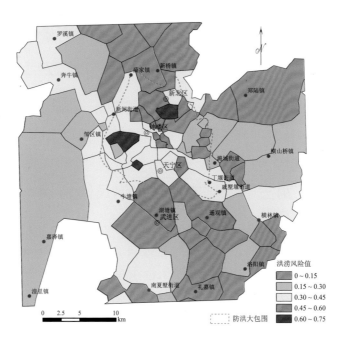

图 6-13　S1 情景下各产流小区洪涝风险的空间分布

采用同样方法，计算得到其他两种情景下洪涝风险值，将其分别与 S1 情景进行对比，得到各产流小区的洪涝风险值变化的百分比（图 6-14）。由图 6-14（a）来看，仅关闭大包围闸门时（S5），洪涝风险值变化较大的产流小区主要位于大包围内及其南北两侧，其中大包围内有 5 个产流小区的洪涝风险值下降超过 50%，这也包括图 6-14 中风险值较高的 2 个小区，大包围内北部也有 3 个小区的风险值出现上升；大包围外则有 4 个小区的风险值上升幅度超 50%，位于潞城街道和湖塘地区，同时大包围外个别小区也出现风险值下降的现象。这表明闸门挡水在一定程度上降低了大包围内的洪涝风险，将洪涝风险主要转移到了下游的潞城街道和南部的湖塘地区。当全面启用大包围时（S6），大包围内有 8 个小区洪涝风险值表现为下降趋势，其中有 4 个超 50%；大包围外的北部小区风险值有所下降，东部地区风险值有所上升，但变化幅度均低于 50%，而南部的湖塘-遥观一带有 3 个小区风险值增加超 50%[图 6-14（b）]。总的来看，启用大包围之后，会将洪涝风险向大包围以外的南部和东部地区转移。因此，在进行大包围运行调度时，相关部门应着重关注这些发生较大洪涝风险变化的区域。

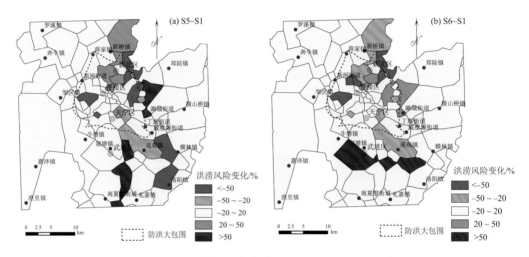

图 6-14　S5 和 S6 情景下各产流小区洪涝风险较 S1 的变化量

第三节　城市区域洪涝风险协调

　　近年来，在遭遇较强降雨的条件下，大运河水位迅速上涨且长期居高不下，给区域及城市防洪排涝带来巨大的压力。如 2015 年 6 月 15～17 日，太湖流域普降 250～300 mm 的大暴雨，导致江南运河全线超出历史最高水位 30～40 cm，运河水倒灌致两岸道路和居民区被淹；2016 年 10 月，太湖流域降雨量较常年高出 3.6 倍，江南运河水位快速上涨并全线超警戒；2017 年 6 月 10 日，太湖流域北部地区普降暴雨到大暴雨，流域平均降雨量 55.1 mm。强降雨导致地区河网水位迅速上涨，流域北部普遍超过警戒水位，城市大包围的排涝及圩区排涝，使得江南运河苏锡常段一度全线超保证水位。

　　此外，苏州中心城区大包围的建设对暴雨洪水过程的影响主要出现在苏州中心城区和郊区，突出表现为包围内水位的下降和包围外水位的上升。为更加精确地反映出城市圩垸工程布局与调度对城市及周边区域洪水的影响，选取京杭运河望亭站至苏州二站间河段为研究区，构建小时尺度暴雨洪水模型，并基于情景分析法，定量揭示大包围调度引发的区域洪涝转移，并提出城市内外区域洪水协调对策，为对苏州市防洪减灾提供依据。

一、不同重现期暴雨下城市圩垸内外洪涝变化

依据《苏州市城市防洪规划》，苏州市城区防洪标准为 200 年一遇，雨水管道排涝标准为 1 年一遇最大 1 h 降雨。由于缺少历史逐小时降雨资料，难以进行场次暴雨选取。本书以 2016 年 7 月 1 日～7 月 3 日实测时段降雨过程进行时程分配，并分别选取 10 年、20 年、50 年、100 年和 200 年一遇暴雨进行分析。此外，中心城区汇流时间较短，对暴雨强度的变化较为敏感，需要对最大小时降水量进行设计。根据苏州市城区降雨强度公式，1 年一遇最大 1 h 降水量为 34.77 mm，小于上述 200 年一遇按时程分配的最大 1 h 降雨量（51.67 mm）。因此，按照最危险降雨条件，选择使用 200 年一遇标准进行洪涝过程模拟。为消除初始条件的影响，洪水起涨过程模拟时段延长为 2016 年 6 月 28 日～7 月 9 日。通过构建泰森多边形赋予各雨量站点权重，得到逐日面雨量资料，以最大 3 天暴雨量为统计时段进行频率计算。并利用第三章所述的水文极值频率分析法，计算不同重现期最大 3 天降雨强度。对不同量级暴雨模拟时，边界条件与设计暴雨采用同频控制，即根据代表站点 1960～2014 年实测数据进行频率计算，获得对应重现期下水位值，利用同倍比放大法获得不同重现期的设计水位过程。苏州市大包围防洪工程枢纽调度按现状方案进行。

模拟结果显示，基于当前标准调度规则，在 10 年、20 年、50 年、100 年和 200 年一遇暴雨下，枫桥站峰值水位分别为 4.55 m、4.73 m、4.90 m、5.02 m 和 5.10 m，大龙港站峰值水位分别为 4.07 m、4.23 m、4.38 m、4.49 m 和 4.56 m，两站点的水位累计上升幅度为 0.55 m 和 0.49 m（图 6-15）。同时，觅渡桥站在各重现期降水下的峰值水位分别为 2.85 m、2.91 m、3.16 m、3.25 m 和 3.37 m，累计上升幅度为 0.52 m。

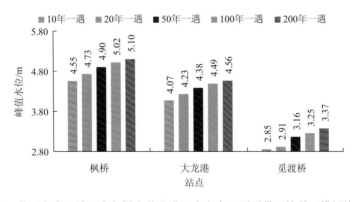

图 6-15 苏州市中心城区大包围当前防洪调度方案下不同暴雨情景下模拟峰值水位

根据《苏州市城市防洪规划》和《苏州市中心区防洪工程可行性研究报告》，要求苏州市中心城区内河最高设计排涝水位需控制在 3.80 m 以内，大包围外的枫桥站警戒水位为 4.80 m。在 10 年、20 年、50 年、100 年和 200 年一遇暴雨下，枫桥站超警戒水位时长分别 0 h、0 h、4 h、12 h 和 22 h，觅渡桥站的安全裕度分别为 0.95 m、0.89 m、0.64 m、0.55 m 和 0.43 m。可见，按照当前调度规则的大包围防洪工程能够保证城区 200 年一遇的防洪安全（图 6-16）。

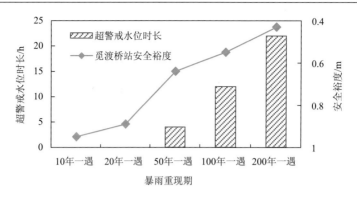

图 6-16　苏州市中心城区大包围不同重现期暴雨下超警戒水位与安全裕度

　　图 6-17 给出了苏州市中心城区防洪包围在不同重现期暴雨条件下的城内外水位差时间序列。可以看出，在不同重现期暴雨期间苏州防洪大包围内外水位差几乎全部介于 1.4~2.1 m 之间。其中，10 年一遇和 20 年一遇暴雨期间大包围内外水位差最大值均出现在 7 月 2 日 11:00，且均为 2.11 m；50 年一遇至 200 年一遇苏州防洪大包围内外水位差最大值分别为 2.09 m、2.06 m 和 2.08 m，分别出现在 7 月 2 日 23:00、7 月 3 日 8:00 和 7 月 3 日 10:00。总体而言，随着雨强的增大，包围内外的水位差有逐渐减小的趋势，且最大水位差出现时间向后推迟。

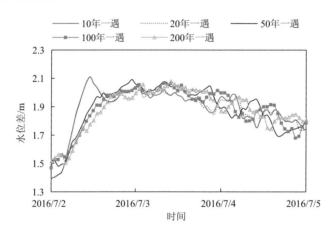

图 6-17　不同重现期降水下苏州市中心城区大包围内外水位差

二、城市圩垸调度方案协调

　　当前，太湖流域城市防洪任务主要是阻挡大包围外部洪水，同时排泄城市大包围内部洪水，但工程布局和调度方式上存在一定的不协调性。江南运河沿线的苏锡常等城市中心城区大包围防洪工程建设，导致两岸入运河的排水量不断加大，大运河上的水文站点最高水位屡创新高，防洪压力日益增大。因此，本书根据苏州市城市防洪调度方案，通过优化调整现有方案，在保证中心城区防洪安全的基础上，通过模型演算，尽量保证城市外围地区，特别是大运河区域防洪安全，增强流域、区域和城市防洪排涝的协调性。

　　根据《苏州市城市防洪规划》和《苏州市中心区防洪工程可行性研究报告》中的防洪要求，包围内水位相对较低，而包围外水位超警戒水位时间较长。因此，当前调度规则需要优化调整。基于此，设置多个调度方案，拟抬高防洪包围内的水位，尽可能控制其向运河内的排涝量（表 6-16）；同时，降低运河水位，在保护城区防洪安全的前提下，尽量协调城区和城外洪涝风险。为此以觅渡桥和枫桥的水位作为防洪包围内外水位控制调度的基准，在 200 年一遇暴雨条件下，定量模拟苏州市中心城区防洪包围内外洪峰水位，分析峰值水位超警戒时长与安全调节裕度，探讨防洪中心城区防洪包围最佳调度方案。

表 6-16　苏州市中心城区大包围防洪调度方案

方案	水位条件	调度方案
1	枫桥站水位<4.85m，觅渡桥站站水位>3.1m	启动大包围，开机排水
	枫桥站水位介于 4.85～5.10m，觅渡桥站站水位<3.1m	沿运河泵站停机
	枫桥站水位介于 4.85～5.10m，觅渡桥站站水位>3.1m	沿运河泵站开机排水
	枫桥站水位>5.10m，觅渡桥站站水位<3.1m	沿运河泵站停机
	枫桥站水位>5.10m，觅渡桥站站水位>3.1m	沿运河泵站控制排水
2	枫桥站水位<4.85m，觅渡桥站站水位>3.2m	启动大包围，开机排水
	枫桥站水位介于 4.85～5.10m，觅渡桥站站水位<3.2m	沿运河泵站停机
	枫桥站水位介于 4.85～5.10m，觅渡桥站站水位>3.2m	沿运河泵站开机排水
	枫桥站水位>5.10m，觅渡桥站站水位<3.2m	沿运河泵站停机
	枫桥站水位>5.10m，觅渡桥站站水位>3.2m	沿运河泵站控制排水
3	枫桥站水位<4.75m，觅渡桥站站水位>3.1m	启动大包围，开机排水
	枫桥站水位介于 4.75～5.0m，觅渡桥站站水位<3.1m	沿运河泵站停机
	枫桥站水位介于 4.75～5.0m，觅渡桥站站水位>3.1m	沿运河泵站开机排水
	枫桥站水位>5.0m，觅渡桥站水位<3.1m	沿运河泵站停机
	枫桥站水位>5.0m，觅渡桥站水位>3.1m	沿运河泵站控制排水
4	枫桥站水位<4.75m，觅渡桥站水位>3.2m	启动大包围，开机排水
	枫桥站水位介于 4.75～5.0m，觅渡桥站水位<3.2m	沿运河泵站停机
	枫桥站水位介于 4.75～5.0m，觅渡桥站水位>3.2m	沿运河泵站开机排水
	枫桥站水位>5.0m，觅渡桥站水位<3.2m	沿运河泵站停机
	枫桥站水位>5.0m，觅渡桥站水位>3.2m	沿运河泵站控制排水
5	枫桥站水位<4.65m，觅渡桥站水位>3.1m	启动大包围，开机排水
	枫桥站水位介于 4.65～4.9m，觅渡桥站水位<3.1m	沿运河泵站停机
	枫桥站水位介于 4.65～4.9m，觅渡桥站水位>3.1m	沿运河泵站开机排水
	枫桥站水位>4.9m，觅渡桥站水位<3.1m	沿运河泵站停机
	枫桥站水位>4.9m，觅渡桥站水位>3.1m	沿运河泵站控制排水
6	枫桥站水位<4.75m，觅渡桥站水位>3m	启动大包围，开机排水
	枫桥站水位介于 4.75～5.0m，觅渡桥站水位<3m	沿运河泵站停机
	枫桥站水位介于 4.75～5.0m，觅渡桥站水位>3m	沿运河泵站开机排水
	枫桥站水位>5.0m，觅渡桥站水位<3m	沿运河泵站停机
	枫桥站水位>5.0m，觅渡桥站水位>3m	沿运河泵站控制排水

续表

方案	水位条件	调度方案
	枫桥站水位<4.65m，觅渡桥站水位>3m	启动大包围，开机排水
	枫桥站水位介于4.65~4.9m，觅渡桥站水位<3m	沿运河泵站停机
7	枫桥站水位介于4.65~4.9m，觅渡桥站水位>3m	沿运河泵站开机排水
	枫桥站水位>4.9m，觅渡桥站水位<3m	沿运河泵站停机
	枫桥站水位>4.9m，觅渡桥站水位>3m	沿运河泵站控制排水

各调度方案下的洪水模拟过程见图6-18。2016年7月2日～3日间共有三次洪水过程，分别发生在7月2日的10点和21点，以及7月3日的6点左右。总体上，不同调度方案下，枫桥站水位过程变化幅度较觅渡桥站小。其中，在方案1和方案2条件下，觅渡桥站洪峰水位较低，仅分别为3.39 m和3.42 m，洪峰水位距离《苏州市城市防洪规划》和《苏州市中心区防洪工程可行性研究报告》中对于城内水位的防洪要求3.80 m的安全裕度分别为0.41 m和0.38 m。此时，枫桥站洪峰水位相对较高，分别为5.09 m和5.08 m，超警戒水位4.80 m的时长均为19 h（图6-19和图6-20）；在方案3、方案4和方案6条件下，觅渡桥和枫桥站洪峰水位分别介于3.65~3.66 m和5.05~5.06 m。其中，觅渡桥站洪峰水位安全裕度分别为0.14 m、0.15 m和0.15 m，枫桥站超警戒水位时长分别为20 h、18 h和20 h；在方案5和方案7条件下，觅渡桥站洪峰水位均达到3.83 m，超过了《苏州市城市防洪规划》和《苏州市中心区防洪工程可行性研究报告》中对于城内水位的防洪要求，此时，枫桥站超警戒水位4.80 m的时长分为22 h和20 h。

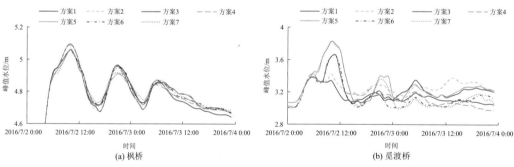

图6-18　苏州市大包围不同防洪调度方案下枫桥和觅渡桥模拟洪水过程

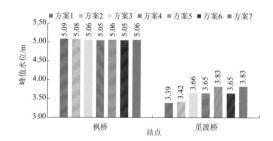

图6-19　苏州市中心城区大包围不同防洪调度方案模拟洪峰

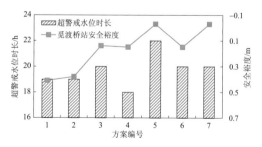

图6-20　苏州市中心城区大包围不同防洪调度方案大包围超警戒水位与安全裕度

在不同调度方案下，苏州市中心城区大包围内外水位差有较大差异（图 6-21 和图 6-22）。在 7 个方案条件下，大包围内外水位差最大值分别为 1.82 m、1.73 m、1.85 m、1.75 m、1.73 m、1.89 m 和 1.83 m。相较于现有调度规则下的 2.08 m，均有较大程度的下降。其中，方案 2、方案 4 和方案 5 的降低幅度更大，分别为 0.35 m、0.33 m 和 0.35 m；方案 2 和方案 5 的城内外水位差的均值都在 0.43 m 以上；其余方案中，除方案 7 以外，城内外水位差的均值都下降了 0.30 m 以上。

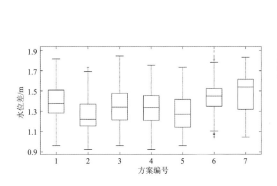

图 6-21 苏州市中心城区大包围不同防洪调度方案大包围内外水位差箱形图

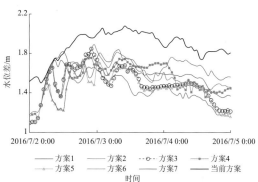

图 6-22 苏州市中心城区大包围不同防洪调度方案大包围内外水位差

综上所述，相较现有调度规则，在 200 年一遇暴雨和方案 4 调度条件下，枫桥站洪峰水位下降幅度最大，达 0.05 m，且超警戒水位时长最短，为 18 h；同时，觅渡桥站洪峰水位上升 0.28 m，未超过防洪规划要求，且具有 0.15 m 的防洪潜力；最后又能够有效降低大包围内外水位差的均值和峰值。因此，该方案可视为协调苏州市中心城区大包围内外洪涝安全的最佳方案。

在城市防洪规划过程中，应该充分考虑其与流域、区域防洪的协调，科学确定防洪保护范围和排涝能力，尽可能减少城市排涝对周边区域防洪的影响。此外，面对不断提升的城市防洪标准和排涝强度，应统筹协调城市排涝需求与区域防洪能力的关系，深入探讨城市防洪大包围运行与流域、区域防洪的适配性，合理控制城市河网水位与区域河道水位的关系，进一步提高城市防洪工程调度与管理水平。在优化调度方案上可采用城市、区域同时优化调度，在工程布局措施上可同时采用所提出的三类工程措施方案。这些调度和工程措施的同时实施可最大限度地降低流域、区域水位，同时也不影响城市大包围内部的防洪安全。

第七章　城市化与水环境及河流健康

水安全不仅涉及前述洪涝灾害等防洪体系，还包括水生态、水环境等河流健康方面。水作为最基本的自然资源，在人类的生存与发展中发挥着举足轻重的作用。然而由于气候变化和人类活动的干扰，国内外均出现了严重的水污染、水环境恶化、河流生态系统退化等环境问题，严重威胁着人类健康和区域的可持续发展。

随着长江三角洲社会经济的快速发展和城市化进程的不断推进，其下垫面及河流水系均发生了巨大的改变。土地利用变化所引起的非点源污染是影响水质恶化的重要因素之一（于兴修和杨桂山，2003）。尤以太湖流域地区生态环境急剧恶化最为显著，该区水域污染和富营养化现象日趋严重，总氮（TN）、总磷（TP）、生化需氧量（BOD）、化学需氧量（COD）等多项污染物指标严重超标。

除城镇用地对河流水系的侵占以外，为了满足防洪或城市建设发展的其他需求，对河流水系进行改造、填埋等措施使得流域内水系数量和长度有所减少，水系结构遭到严重破坏（徐光来等，2013），水系结构趋于主干化及简单化，水系连通性遭到破坏，严重影响了河流的纳污及自净能力，使得水环境问题加剧。因此，在城市化过程中，土地利用、河流水系的变化与水质之间的关系以及河流健康诊断是亟须探索和研究的问题。为此，本书中以长江三角洲地区为典型，重点关注水环境污染问题较为突显的太湖流域，分别在部分城市和流域开展了水质特征分析和河流健康诊断。

第一节　城市化地区水环境特征

一、水环境的时间变化特征

平原地区水环境质量状况不仅影响社会经济发展，同时影响生态环境质量和人们的生活质量，为此城市化背景下水质变化情况以及二者的关系研究就显得极其重要。以长江三角洲城镇化迅速发展的苏州市为例，从《2013年苏州市环境状况公报》来看，全市一级河道，即流域性河道（长江干流、太浦河和望虞河）的水质相对较好，而一些二级河道，即区域性骨干河道（张家港河、元和塘和京杭运河）的水质相对较差。21世纪以来该地区水质发生了较大变化，并表现出一定的发展趋势。

（一）水质综合评价指数

河流水质的量化指标用水质综合评价指数来表示。水质理化参数可以反映河流的水质变化，水质样品的采集根据《地表水和污水监测技术规范》（HJ/T91—2002）来执行，各水质指标均源自实测一手数据，能客观、准确地反映出河流中污染物的组分和存在形式。参照《地表水环境质量标准》（GB3838—2002），根据太湖流域地区水质监测站点的水质数据，选取对河流水环境质量影响较为突出的常规检测指标溶解氧（DO）、五日生化需氧量（BOD$_5$）、总氮（TN）、氨氮（NH$_3$-N）、总磷（TP）和高锰酸盐指数（COD$_{Mn}$）。其中指标权重的确定采用熵值法进行计算，熵值法（entropy method）是一种客观赋权法，主要根据各项指标观测值所提供的信息的大小来确定指标权重。在某系统中，指标提供的信息量与熵值呈负相关关系，而与权重呈正相关关系，即信息量越大，熵值越小，而权重越大。

　　水质综合评价指数的具体计算过程为：设有 m 年统计数据，每年有 n 项指标，则形成原始数据矩阵 $X=(X_{ij})_{nm}$，$i=1,\cdots,n; j=1,\cdots,m$。由于各指标量纲和数量级上差别很大，首先需要采用极差变化法进行指标的标准化处理，然后计算第 i 项指标第 j 年指标值的比重 b_{ij}（董晓峰等，2011）。为了更加客观地确定各指标的重要性，采用熵值分析法来计算指标权重。最后计算得到水质综合评价指数。计算方法和步骤详见表 7-1。

表 7-1　水质综合评价指数计算方法和步骤

计算步骤	表达式
（1）数据标准化	正向指标：$X_{ij}=(X_i-X_{\min})/(X_{\max}-X_{\min})$ 负向指标：$X_{ij}=(X_{\max}-X_i)/(X_{\max}-X_{\min})$
（2）比重	$b_{ij}=x_{ij}\Big/\sum_{i=1}^{m}x_{ij}$
（3）熵值	$e_i=-\sum_{j=1}^{n}b_{ij}\ln b_{ij}/\ln n$
（4）差异性系数	$f_i=1-e_i$
（5）权重	$\omega_i=\dfrac{f_i}{\sum_{i=1}^{m}f_i}=(1-e_i)\Big/\sum_{i=1}^{m}(1-e_i)$
（6）综合评价指数	$H_j=\sum_{i=1}^{m}\omega_i\times b_{ij}$

注：X_{ij} 为指标 i 的标准化值；X_i 为指标 i 的原始值；$X_{\max}$、$X_{\min}$ 分别为评价区内指标 i 的最大值、最小值。

（二）水质总体变化情况

　　以太湖平原苏州市为典型，基于市内的浒浦闸、平望大桥、跨塘大桥、甘露大桥、南沙大桥、元和塘桥、新丰新星桥、巴城工农桥、花桥吴淞江大桥等 9 个位于主干河道的水质监测站点，以 2004～2019 年水质监测数据为支撑，苏州市各年水质综合评价指数见表 7-2、图 7-1。

　　由图表可知，苏州市的水质综合评价指数总体呈现出先降低后增高的趋势，2004～2006 年期间的水质综合评价指数明显偏低，2006 年之后水质综合评价指数逐年增大，说明苏州市的水环境质量状况明显好转。具体原因为：一方面，从人口城镇化水平和城镇化背景下土地利用变化情况来看，苏州全市的城镇化水平虽然呈现增长趋势，但就增长幅度而言，近年来有所减小；另一方面，相关保护政策的实施，使得水生态环境保护提上议程，根据《2013 年苏州市水资源公报》，全市境内的水功能区水质监测断面达到 326 个，且监测重点包括地表水、地下水、供水水源地、农村河道以及废污水排放等。

表 7-2　苏州市 2004～2019 年水质综合评价指数

年份	浒浦闸	平望大桥	跨塘大桥	甘露大桥	南沙大桥	元和塘桥	新丰新星桥	巴城工农桥	吴淞江大桥	算数平均值
2004	0.056	0.055	0.041	0.056	0.063	0.040	0.056	0.054	0.048	0.052
2005	0.047	0.041	0.046	0.051	0.057	0.050	0.057	0.059	0.048	0.051
2006	0.053	0.055	0.046	0.040	0.050	0.051	0.047	0.043	0.044	0.048
2007	0.046	0.049	0.043	0.049	0.055	0.061	0.059	0.045	0.054	0.051
2008	0.059	0.060	0.056	0.064	0.049	0.062	0.064	0.057	0.058	0.059
2009	0.063	0.061	0.064	0.059	0.061	0.063	0.061	0.062	0.061	0.062
2010	0.056	0.062	0.064	0.064	0.063	0.068	0.060	0.058	0.061	0.062
2011	0.072	0.062	0.065	0.070	0.067	0.067	0.064	0.065	0.057	0.065
2012	0.066	0.066	0.067	0.069	0.063	0.068	0.063	0.074	0.059	0.066
2013	0.064	0.064	0.069	0.068	0.048	0.069	0.065	0.076	0.063	0.065
2014	0.061	0.070	0.070	0.067	0.053	0.071	0.061	0.078	0.068	0.066
2015	0.069	0.073	0.075	0.065	0.059	0.068	0.063	0.063	0.071	0.067
2016	0.068	0.068	0.073	0.067	0.071	0.061	0.067	0.063	0.077	0.068
2017	0.066	0.066	0.073	0.067	0.080	0.063	0.070	0.071	0.070	0.070
2018	0.073	0.072	0.072	0.072	0.081	0.067	0.071	0.064	0.080	0.072
2019	0.078	0.077	0.076	0.073	0.081	0.071	0.074	0.068	0.082	0.076

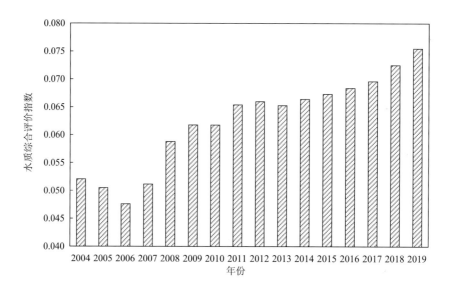

图 7-1　苏州市 2004～2019 年水质变化趋势图

（三）不同等级河道的水质变化

依据现有的水质监测站点，按照河道等级，将水质监测站点分为两类，第一类为流域性河道监测站点，代表站点为平望大桥、甘露大桥、花桥吴淞江大桥，分别用来监测太浦河、望虞河、吴淞江的水质状况；第二类为区域性骨干河道监测站点，代表站点为南沙大桥、元和塘桥、新丰新星桥，分别用来监测张家港、元和塘、盐铁塘的水质状况。通过水质综合评价指数，城镇化背景下不同等级河道的水质变化趋势见图7-2。

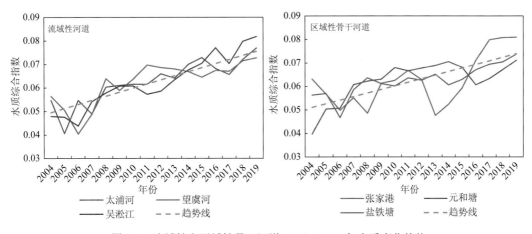

图 7-2 流域性和区域性骨干河道 2004～2019 年水质变化趋势

流域性河道（一级河道）和区域性骨干河道（二级河道）的趋势线走势可以看出，2004～2019 年，苏州市总体的水质状况逐渐好转。同时，太浦河、望虞河、吴淞江等流域性河道在 2006 年以后水质综合评价指数均逐年增加，且变化幅度较为明显，而张家港、元和塘、盐铁塘等区域性骨干河道的水质综合评价指数自 2004 年呈现波动上升趋势。由此说明，自 2004 年以来，苏州市高等级河道的水质状况要优于低等级河道。主要原因是太湖流域综合规划中流域性河道作为重点整治工程，不断拓宽、疏浚，使得河流功能更加完善。而对于区域性骨干河道的整治相对较弱，且由于不同地区的城镇化水平存在差异，所以近十年来，低等级河道的水质变化程度较高等级河道要更为剧烈。因此，城镇化进程中保护低等级河流不受破坏和污染，维护平原河网地区水环境质量状况刻不容缓。

近年来水质逐渐好转，但是其在不同季节存在较大差异。通过该地区最受关注的总磷污染以及较为严重的总氮污染为例，分析其季节变异。

从图 7-3 中总磷各测站不同季节的排列分布可以发现，夏、秋两季总磷的浓度在数值上分布在较为一致的范围内，而在春、冬两季水质较差的异常点较多。总氮指标的异常值在夏、秋较多，但是基本都小于春、冬季节上边缘值，夏、秋季节水质整体较好。TP 污染在一年中大部分站点均能达到Ⅴ类水质要求，但是 TN 污染在一年中大部分站点均不能达到Ⅴ类水质要求。整体上，太湖平原河网区 TP、TN 指标的均值都大于中位数的值，说明该地区存在氮、磷污染较重的区域，对区域平均水质有较大影响。

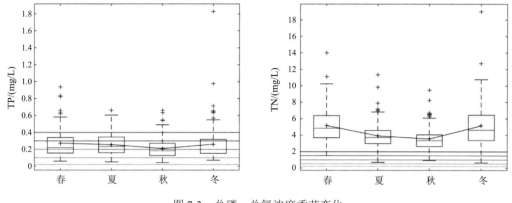

图 7-3　总磷、总氮浓度季节变化

二、水环境的空间变化特征

从苏州市的水质变化特征可以发现该地区水质状况较差，而太湖平原河网区是长江三角洲水污染最为严重的地区。特征方向分布方法可用来分析该地区的水污染空间变化特征。TP 污染以 IV 类水质标准为界限，低于该要求的水质判断为 TP 污染区域，TN 污染由于极为严重，所以以 V 类水质标准的 3 倍浓度为界限，浓度高于该值则判断为高度污染区。

为了反映污染分布的空间特征，采用方向分布（即标准差椭圆）的计算方法来反映污染区域的位置及其主要方向。具体计算过程如下：

$$\text{SDE}_x = \sqrt{\frac{\sum_{i=1}^{n}\left(x_i - \bar{X}\right)^2}{n}} \tag{7-1}$$

$$\text{SDE}_y = \sqrt{\frac{\sum_{i=1}^{n}\left(y_i - \bar{Y}\right)^2}{n}} \tag{7-2}$$

式中，（$\text{SDE}_x, \text{SDE}_y$）是标准差椭圆的中心坐标；（$x_i, y_i$）是 i 点的坐标；（$\bar{X}, \bar{Y}$）是所有坐标点横、纵坐标的平均值；n 是坐标点的个数。

旋转角度 θ 的计算公式如下：

$$\tan\theta = \frac{A + B}{C} \tag{7-3}$$

$$A = \left(\sum_{i=1}^{n}\tilde{x}_i^2 - \sum_{i=1}^{n}\tilde{y}_i^2\right) \tag{7-4}$$

$$B = \sqrt{\left(\sum_{i=1}^{n}\tilde{x}_i^2 - \sum_{i=1}^{n}\tilde{y}_i^2\right)^2 + 4\left(\sum_{i=1}^{n}\tilde{x}_i\tilde{y}_i\right)^2} \tag{7-5}$$

$$C = 2\sum_{i=1}^{n}\tilde{x}_i\tilde{y}_i \tag{7-6}$$

式中，$\tilde{x}_i$ 和 $\tilde{y}_i$ 是所有点横、纵坐标值的平均值和点 i 的差值。

$$\sigma_x = \sqrt{2}\sqrt{\dfrac{\sum\limits_{i=1}^{n}\left(\tilde{x}_i\cos\theta - \tilde{y}_i\sin\theta\right)^2}{n}} \tag{7-7}$$

$$\sigma_y = \sqrt{2}\sqrt{\dfrac{\sum\limits_{i=1}^{n}\left(\tilde{x}_i\sin\theta - \tilde{y}_i\cos\theta\right)^2}{n}} \tag{7-8}$$

式中，σ_x 和 σ_y 是椭圆的长轴和短轴。

　　根据上述方法得到苏州市 TP 和 TN 污染区域的标准差椭圆，如图 7-4 所示。TP 污染地区主要分布在以下三个区域：一是在常州、江阴和无锡的边界附近；二是在昆山和太仓的边界附近；三是位于苏州古城的北部。总体来说，在这 5 年里，几乎每个污染区域的面积都在减少。2010～2014 年 TN 污染地区主要位于无锡、昆山和太仓，其污染分布与 TP 污染分布较为类似。其中位于常州与无锡之间的 TN 和 TP 的污染区域，亦包括连接这两个城市的江南运河，这个椭圆的长轴方向与江南运河的方向相似，说明这些污染受到运河的影响。另外，该区域的污染区在 2010～2014 年间先出现后消失然后又出现，说明该地区的水质问题出现了反复。

　　TN 和 TP 污染最严重的地区均出现在昆山和太仓交界的地方，该区域的监测点最为密集。其中 TN 在 2010 年和 2011 年污染区域规模较大，2012 年和 2013 年规模减小。该地区最终在 2014 年分裂为两个地区，一个区域分布在常熟/太仓边界，另一个区域分布在太仓/昆山边界，污染区方向与上海边界方向相似。而 TP 从 2010 年到 2012 年，污

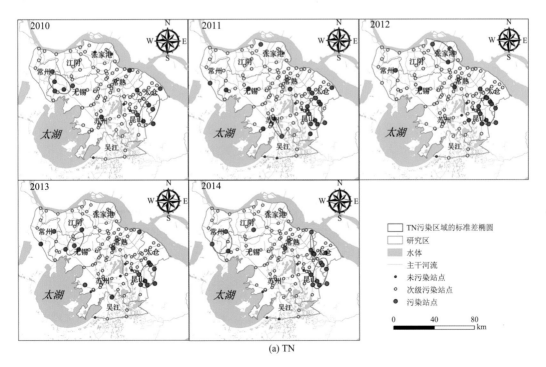

(a) TN

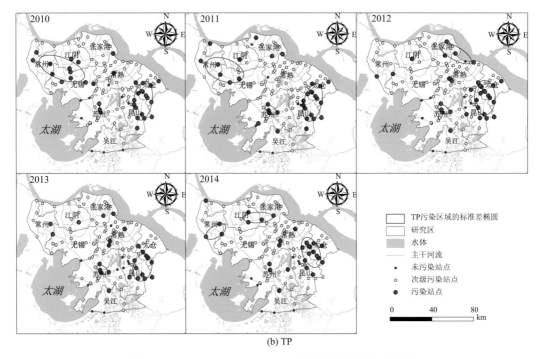

(b) TP

图 7-4　2010～2014 年 TN 和 TP 污染区域的标准差椭圆

染区域规模较大,但在 2013 年和 2014 年面积有所减少。污染区域于 2014 年向北移动,方向不再沿上海市边界,其分布属性发生了变化。上述污染区域之所以发生变化是因为城市经济的发展,上海作为大城市,其经济相对较为发达。为了降低经济成本,许多经济活动,特别是工业活动被转移到太仓和昆山,导致两市污染物排放量急剧增加,出现水体 TP 和 TN 的浓度高于其他地区的问题。

三、次降雨过程水质变化特征

不同类型城市小区降雨时径流污染物浓度对比观测实验是一种有效揭示次降雨水质变化特征的方法。以高度城镇化的无锡市区为典型区域,沈巷小区、广丰三村东风小区和槐古豪庭北区(简称沈巷、广丰和槐古小区),是城镇化发展到一定程度下地表特征基本稳定的小区,相互间直线距离不超过 4.5 km。沈巷与广丰小区皆建设于 20 世纪 90 年代,槐古小区则建于 2004 年,3 个小区均在监测实验前的 2 年内完成了雨污分流改造工程。在该地区 2014 年 7～9 月的降雨场次监测中,共有 13 场有效降雨,其中径流水质监测较为完备的场次有 9 场,短时间尺度监测 2 场,长时间监测尺度 7 场。通过降雨径流污染与初期冲刷效应分析来识别无锡市区城市小区的降雨径流污染特征。

由于降雨事件的时间、强度和雨型不同,所选取的小区建设、管理和类型等条件不同,降雨事件中的径流污染情况变化较为复杂,所以采用次降雨径流平均浓度(EMC)方法计算不同小区降雨事件中的径流平均污染情况。由于不能测量每个时刻的水质状况,所以根据间隔时间段采集的水样计算 EMC。

$$\text{EMC} = \frac{\sum_{i=1}^{N} c_i q_i}{\sum_{i=1}^{N} q_i} \qquad (7\text{-}9)$$

式中，N 为某场降雨中采样次数；i 为采集水样的次序；c_i 为第 i 次采样水体中的污染物浓度，单位为 mg/L；q_i 为对应采样时间段内径流总量，单位为 m^3，采用径流系数方法计算地区的流量。

单位面积径流污染年负荷体现了高度城镇化地区径流污染的严重性，反映了对该地区河流污染的输送情况。可通过以下公式计算：

$$M = \left[\sum_{j=1}^{N} (a_j P) \right] \overline{\text{EMC}} \qquad (7\text{-}10)$$

式中，$\overline{\text{EMC}}$ 为多次降雨事件中 EMC 的平均值，单位为 mg/L；M 为径流年污染负荷，单位为 mg/($m^2 \cdot$a)；P 为年降雨量，单位为 mm/a；α_j 为不同用地类型的径流系数，根据小区实际情况，参考已有相关小区集水井推流结果和相关标准分别取值。

对不同场次降雨计算初期冲刷效应，计算不同采样时间点的累计污染负荷量 M 和累计径流量 V 的关系，绘制 M(V) 曲线分析径流污染初期冲刷特征。污染物初期冲刷率（MFF_n）则是根据绘制的 M(V) 计算出不同体积分数时径流中含有的污染负荷占比得出，计算方法如下：

$$\text{MFF}_n = \frac{\sum_{t=1}^{T} c_t q_t / M}{\sum_{t=1}^{T} q_t / V} \qquad (7\text{-}11)$$

式中，n 为径流量的体积分数；T 为降雨径流过程中采样的总次数；c_t 为径流量体积分数为 n 时的样本浓度，单位为 mg/L；q_t 为径流量体积分数为 n 时流量，单位为 m^3；M 为总污染负荷，单位为 mg；V 为总流量，单位为 m^3。

（一）太湖平原城市小区降雨径流污染

降雨径流过程中水质状况不断发生变化，统计不同场次降雨径流过程中不同阶段的降雨径流水质，包括降雨水质、径流水质以及受纳水体的水质，结果如表 7-3。由于太湖平原地区河网密度较大，降雨产生径流基本直接汇入河网，因此其与地表水联系更为紧密，所以依据《地表水环境质量标准》（GB 3838—2002）分析降雨径流过程中水质特征。雨水中高锰酸盐指数、COD、TP 和 NH_4^+-N 的平均浓度 EMC 平均值分别为 2.86 mg/L、18.19 mg/L 和 0.06 mg/L 和 1.03 mg/L，存在一定的污染。但是 TN 的 EMC 平均值为 2.80 mg/L，未达到 V 类水质标准，污染严重。无锡市区的雨水污染较重，降雨发生时会造成区域水质污染加重，尤其是氮污染。排水口各指标浓度皆远高于降雨的水质，说明雨水降落地面后经过冲刷、汇流，运移污染物达到排水口，各种污染指标浓度相比降雨均会大幅增加（表 7-3）。

表 7-3　雨水、不同小区径流水质 EMC 值及受纳水体水质范围及平均值统计表（单位：mg/L）

指标	项目	雨水	商住私房混合小区	民丰河	商业住宅小区	北兴塘	商住餐饮小区
高锰酸盐	范围	1.70～5.30	5.35～14.61	5.5～10.2	3.95～12.11	5.6～9.5	4.88～11.2
指数	均值	2.86	9.76	7.97	7.21	7.11	7.54
COD	范围	14.50～23.90	22.48～81.09	21.2～46.5	18.06～54.19	21.6～41.5	19.85～48.23
	均值	18.19	43.23	35.5	31.78	32.33	31.61
NH_4^+-N	范围	0.23～2.16	5.1～21.69	5.67～12.3	1.88～12.47	2.45～6.31	3.24～7.12
	均值	1.03	13.69	9.07	5.56	4.57	5.20
TP	范围	0.02～0.15	0.64～2.02	0.63～1.13	0.20～1.63	0.25～0.55	0.27～0.94
	均值	0.06	1.34	0.86	0.69	0.38	0.58
TN	范围	1.34～7.16	7.89～24.53	6.55～14.6	4.57～13.48	3.45～9.17	5.89～10.59
	均值	2.80	15.73	10.28	8.11	6.37	7.11
总溶性	范围	20.00～45.00	43.83～88.24	37～96	39.35～76.08	47～115	51.44～95.53
固形物（TSS）	均值	29.00	62.84	69.78	56.70	73.45	70.99

从不同污染物 EMC 值的均值对比国内外不同城市的类似用地类型来看（表 7-3 和表 7-4），无锡市商住私房混合小区、商业住宅小区和商住餐饮小区降雨径流中仅考虑高锰酸盐指数时，浓度较低，而 COD 指标在商住私房混合小区超过 V 类水质标准。但是整体上 COD 污染相比较其他城市较轻。NH_4^+-N 的 EMC 值均值相较《地表水环境质量标准》（GB 3838—2002）中的要求污染较为严重，TN 污染浓度更高，均超过 V 类水质标准，整体上氮污染较为严重。且相较于国内外其他城市，氮污染物浓度范围明显高于其他城市。TP 的 EMC 值均值皆超出 V 类水质标准，但是对比国内外其他城市相似类型地区 TP 污染情况基本相近。以国内地表水质标准为参考，整体上该地区径流水质 COD 污染较轻，磷污染较重，而氮污染尤其严重。而对比国内外城市的污染状况，径流中 COD、磷浓度较轻，氮污染较为严重。

降雨径流中的污染物浓度明显高于对应的河道（表 7-3），当降雨形成的径流进入河道后，会被河道中的水稀释，同时随着河水的运动发生迁移转化，污染物浓度下降，但同时也会污染河水，对河道水环境的保护造成压力。

表 7-4　国内外不同城市的居民区降雨径流水质 EMC 值

国家或城市	地表类型	实验年份	面积/hm²	EMC/（mg·L⁻¹）			
				TSS	COD	TN	TP
杭州市	居民区	2011	—	285.06	108.38	—	0.57
宁波市	城市小区	2017	5	—	—	4.0～7.0	0.6～1.3
澳大利亚	城市功能区	—	—	83.50～225.03	—	2.19～6.85	0.55～3.29
Malaysia	居民区	2008～2009	32.77	2～58	14.9～147.4	—	0.09～1.75

"—"表示该部分数据未在研究中体现。

（二）太湖平原城市小区初期冲刷效应

降雨径流污染常见的影响因素中，地表特征受到人类活动较大影响，城镇地区人类活动对其影响更为频繁，如地面清扫等可能降低污染状况和初期冲刷效应，而车辆行驶、垃圾中转存放不规范以及污水处理不规范等则可能会加重地表污染状况和初期冲刷效应。初期冲刷效应指在降雨事件初期产生的径流中污染物含量在整个径流过程中最高，不同研究中所认定的"初期"概念也存在差异，包括初期25%、30%或50%径流量，但是最常用的为30%径流量。无锡市城市小区2014年7~9月的降水事件中，整体上前30%的径流中污染物含量均值都高于30%，大部分降雨事件中基本都存在一定的初期冲刷效应，对比已有研究中对初期冲刷效应的定义标准，例如Saget等（1996）提出的高标准：前30%径流量中含有80%以上污染物，初期冲刷效应较为轻微。不同污染物中，氨氮的初期冲刷效应最为明显，TSS冲刷效应最弱。

商住私房混合小区不同指标的MFF_{30}（前30%的径流中污染物含量所占比重）均值范围为28.85%~32.91%，商业住宅小区不同指标的MFF_{30}均值范围为30.74%~40.34%，商住餐饮小区不同指标的MFF_{30}均值范围为31.84%~41.68%（表7-5），整体上商住餐饮小区的MFF_{30}值高于商业住宅小区、高于商住私房混合小区。

表 7-5　不同城市小区前 30%流量中排放的污染物量 MFF_{30}　　（单位：%）

指标	项目	商住私房混合小区	商业住宅小区	商住餐饮小区
高锰酸盐指数	范围	24.70~40.38	23.15~44.53	25.77~52.50
	均值	31.06	33.17	38.73
COD	范围	26.42~40.99	25.47~41.28	26.99~43.96
	均值	31.21	33.13	35.97
NH_4^+-N	范围	28.27~41.96	22.92~65.86	19.15~52.42
	均值	32.91	40.34	41.59
TP	范围	24.73~37.24	25.14~49.45	20.49~46.88
	均值	32.10	39.12	41.68
TN	范围	23.07~39.92	23.16~50.76	20.49~46.88
	均值	31.68	35.85	35.85
TSS	范围	21.05~31.80	24.43~37.99	20.50~43.38
	均值	28.85	30.74	31.84

长江下游三角洲太湖平原地区雨水水质污染较重，TN含量超过地表水Ⅴ类水标准，降雨后会造成更严重的污染。太湖平原城市小区的降雨径流会对河道水质造成污染，城市小区降雨径流是地区水质污染的重要来源之一。整体上太湖流域平原地区的城市小区有一定的初期冲刷效应，且存在污染越轻的小区初期冲刷效应却越明显的现象，这与该地区的小区建设管理、路面清扫以及不规范的污水处理有关。规范的小区建设以及生活方式对降雨径流水质的改善有较好作用，但是同时也要对管道系统的污染有规范化管理，否则会导致区域水质污染严重。太湖流域平原地区城市小区中，商住私房混合小区和商

住餐饮小区最佳初期流量截留占比为30%，商业住宅小区则为25%。在全国不同时期的不同城市小区中，氮污染较为严重，处于较高水平，磷污染相对较轻，有机污染物污染则处于中等水平。

第二节　城市化地区河流水环境变化的影响因素

一、土地利用及其格局对水环境的影响

（一）水质与不同空间尺度土地利用结构的关系

土地利用变化是水文水资源情势变化的重要影响因素。土地利用类型及其格局与流域水质之间存在某种联系，流域土地利用变化会造成其水质的变化，土地由农业用地转变为城市用地，即不透水面的增加会对水体循环和净化产生极大影响。尤其是在流域尺度上，有学者研究曾发现，多种土地利用类型相结合的结构对于河流污染效应的抵抗力要高于单一土地利用类型结构，对非点源污染的影响更为明显。土地利用是环境属性的综合反映，由不同土地利用方式、土地利用类型、土地利用结构构成的异质景观即是土地利用格局。

土地利用及其格局的变化，不仅影响地表径流、蒸发、渗透等水文过程，而且影响物质的形态与迁移、生物地球化学循环等一系列生态过程，主要表现为河流污染物数量对河流水质的影响。自20世纪70年代以来，国内外学者开展了广泛的研究，但由于研究区域的差异性，土地利用格局对河流水质影响的空间尺度、影响程度可能有所不同。

土地利用的改变能够减少或增加径流，以及影响到土壤侵蚀。土地利用/覆被变化是导致景观结构变化的重要因素，景观内的不同土地利用及其格局均深刻影响径流的产生和侵蚀过程。如果从流域景观生态系统整体的角度出发，采用景观生态学方法对区域景观格局与水环境质量之间的关联关系进行定量评价，借助新技术与新方法探索景观内不同土地利用及其格局对径流和侵蚀过程的影响，而不是局限在某一景观单元范围内，这样就能更加了解和掌握水土流失在系统内的来龙去脉。同时，对影响地表水环境质量的主导控制因素进行科学诊断，把握不同土地利用程度、方式和措施配置下的动态规律，也就能更有效地指导农业结构调整、优化布局和设计整体治理措施。在整体经营管理中解决水土流失的治理问题，也可为区域景观格局调控以防治非点源污染等方面的实践提供参考。因此本书中进一步探讨流域土地利用及其格局与河流水质之间的关系，希冀为城镇化过程中西苕溪流域土地利用规划及其水环境保护提供借鉴。

1. 平原河网区土地利用对水质影响

利用灰色关联方法探讨太湖腹部平原区2009年土地利用对水质的影响。这里采用邓氏灰色关联度计算得出灰色关联序，计算确定不同曲线的几何形状，形状越接近，则关联度越大。根据计算所得的关联度排序，即为灰色关联序，从而判断优势因素的排名。具体方法如下。

以水质数据为参考数列，表示为X_0，以土地利用类型的占比数据为比较数列，表示

为 X_i（$i=1$，2，$\cdots$，m），区域、缓冲区序号以 j（$j=1$，2，$\cdots$，n）表示。

由于各指标量纲和数量级差别很大，首先使用均值化方法将指标进行标准化处理，计算公式为

$$Y_{ij} = X_{ij} / \bar{X} \tag{7-12}$$

求不同序列 X_i 与序列 X_0 的差序列与关联系数：

$$p_{ij} = |Y_{ij} - Y_{0j}| \tag{7-13}$$

$$\&_{ij} = \frac{\min(p_{ij}) + \rho \max(p_{ij})}{p_{ij} + \rho \max(p_{ij})} \tag{7-14}$$

$$r_i = \frac{1}{n} \sum_{j=1}^{n} \&_{ij} \tag{7-15}$$

式中，Y_{ij} 为标准化处理后的水质指标和土地利用数据；p_{ij} 为比较数列与参考数列的绝对差值；$\&_{ij}$ 为关联系数；ρ 为分辨系数，其取值范围为 0～1，在土地利用类型与水质指标灰色关联计算中取 0.5；r_i 为关联度。

按照上述灰色关联计算方法，分别求取丰水期和枯水期的土地利用类型与水质的灰色关联序（表 7-6）。

表 7-6　区域水质指标-土地利用类型灰色关联序

丰枯水期	污染指标	灰色关联序
丰水期	DO、NH$_3$-N、TN、COD$_{Mn}$	城镇>水田>旱地>水域>林地
	TP	水田>城镇>旱地>水域>林地
枯水期	DO、TN	城镇>旱地>水田>水域>林地
	NH$_3$-N	水田>城镇>旱地>水域>林地
	TP	旱地>城镇>水田>林地>水域
	COD$_{Mn}$	城镇>水田>旱地>水域>林地

整体上，区域尺度的水质-土地利用类型灰色关联在枯水期不同污染指标的关联序较为多变。而在丰水期，DO、NH$_3$-N、TN、COD$_{Mn}$ 与土地利用的灰色关联序相同，所以在丰水期城镇和农田产生污染整体较多，而林地整体较少。丰水期降水量较大，大量的降水对污染物有一定的稀释作用，造成不同土地利用类型的影响相对固定，丰水期的水质比枯水期的好也是相同的原因。枯水期不同污染物的灰色关联序之间则有较大不同，枯水期降水量较少，不同污染物的冲刷、迁移情况较为复杂。但是城镇和农田用地都是对不同污染指标影响最大的用地类型。

土地利用类型与不同水质指标的灰色关联序中，林地和水域灰色关联序基本处于最后，且只有在枯水期时的 TP 的灰色关联序中水域在林地之后，表明在丰水期和枯水期林地对不同污染指标的关联度都是最小，因为林地对径流的贮存较好，产生污染较少，同时对大气沉降的污染物有一定的净化作用。水域是水体污染的来源之一，同时也是污染物迁移、转化的场所，其间发生的物理、化学、生物变化较为复杂，导致其与水质的

关联度较低。

　　2. 低度城镇化地区土地利用与河流水环境的关系

　　为了解低度城镇化地区土地利用与河流水质的相关性，以西苕溪为例，为其主干河流划分不同的缓冲区流域，对比不同缓冲区下土地利用变化及其格局的变化趋势，结合水质数据，分析二者的相关性。大多数揭示不同空间尺度对河流水质影响的研究多以河流缓冲区尺度的河流水质与区域土地利用格局之间的关系为研究对象。不同的缓冲区范围所确定的河流与陆地的过渡带的区域面积不同，斑块不同，其景观格局的变化对河流廊道生态系统的影响也各不相同。目前河流缓冲区范围的界定多基于 GIS 技术，需设定岸边距离来划分河流水质响应单元。而在流域界限比较明显的流域主要通过划定不同宽度的带状缓冲区。经测试，确定以 500 m 为最小空间尺度，选择 500 m、600 m、700 m、800 m、900 m、1000 m 作为 6 个空间尺度进行分析。利用 2010 年的西苕溪流域 DEM 数据进行河网提取和分割，结合实际河网的分布，并根据河道水质监测站点的设置，将河流概化为 5 条主干河流，6 个空间尺度，共 30 个空间单元。

　　冗余分析法（RDA）是数量生态学中一种常见的排序方法，可以用于解释两组相互独立的变量之间的关系，可用于分析土地利用及其格局与河流水质的相关性。该方法早前用于分析植被与环境间的关系，即将样方或植被物种排列在一定的空间，基于排序轴所反映出的生态梯度来揭示植被或物种的分布与环境因子间的关系，它能从统计学的角度来评价一个或一组变量与另一组多变量数据之间的关系。但其他学科也不断试用此类方法，例如 Korsman 等（1994）利用 RDA 分析揭示出沉积物钻孔中 Spruce 孢粉的增多与硅藻种群变化之间的强烈关系，提出陆地植被结构的改变是导致湖泊酸化的主要原因；Eastwood 等（2002）发现土耳其西南部湖泊沉积柱中火山灰碎片的浓度与陆地孢粉变化关系不大，而与沉积硅藻组合变化显著相关，由此得出附近火山爆发对该地区陆地生态系统影响小而导致水生态系统的营养富集和酸化的结论。

　　在 RDA 排序图中，判断某个指标在某个排序轴的相关性大小是依据指标在其上的截距大小判定的。响应变量与解释变量夹角的余弦值则表示它们之间的相关性。当两个指标方向相同时，两个指标的相关性为正，反之为负，90°时表示没有相关性。也就是说，偏离 90°越大，相关性越好。序列图可以更直观地理解土地利用及其格局与河流水质的相关性。

　　通过分析汛期和非汛期 6 个水质指标与 4 种土地利用类型及其格局的关系，结果如图 7-5 和图 7-6 所示，可以发现不同水质指标与土地利用类型的相关性及强度往往随尺度而变化，且汛期与非汛期之间也存在一定的差异。

　　由图 7-5 可以得出汛期 4 种土地利用类型与各项水质指标的相关性。整体上林地（woodland）与除 DO 以外的水质指标呈负相关，即林地的大面积的分布有助于净化水质，截留污染。城镇用地（towns）、水田（paddyfield）和旱地（drylands）表现出与除 DO 外的所有水质指标呈正相关，表明流域范围内城镇面积的增加将会导致河流水质的恶化，主要表现为生活污水的排放，而农田主要是由于施肥导致的面源污染使其呈现正相关关系。从 500 m 到 1000 m 的变化过程中，城镇用地按逆时针旋转，表明随着空间尺度的扩大，即城镇用地占用的土地利用面积越大，各类水质指标在其上的截距越大，影响程度越大。

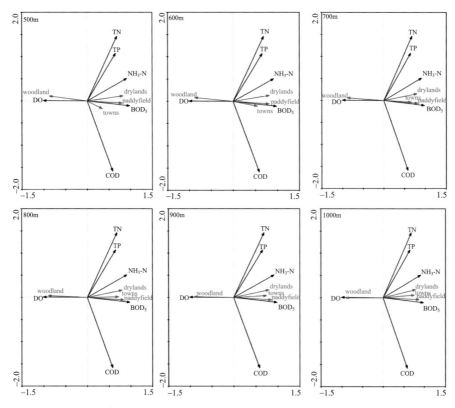

图 7-5　汛期土地利用类型与河流水质的 RDA 分析

towns、paddyfield、drylands、woodland 分别表示城镇用地、水田、旱地和林地

　　在非汛期（图 7-6），与汛期一样，城镇用地、水田和旱地与除 DO 外的所有水质指标呈现正相关关系，林地则恰好相反，与其他水质指标呈负相关，与 DO 呈正相关。其次，城镇用地、水田和旱地与水质的相关性强度在汛期和非汛期也有差异，表现为几乎在所有观测尺度上，非汛期城镇用地与水质指标的相关性均要强于汛期，即非汛期城镇用地对水质指标的负效应要强于汛期。

　　城镇用地在汛期、非汛期均与河流水质表现为正相关，表明流域城镇化过程引发的城镇用地快速扩张是当前西苕溪流域水环境质量的主要威胁之一。因为城镇建设用地大面积集中分布造成不透水面的增加以及生产、生活污染的聚集性释放，会进一步导致径流量增加和污染物浓度升高，加大受纳水体的污染负荷，进而引起水质退化。林地在汛期与非汛期较为一致的表现为与河流水质呈负相关，表明林地对于改善和维护西苕溪水环境质量具有非常重要的意义。因此，在城镇化过程中，加强对流域湿地的保护，是改善流域水环境质量的有效措施之一。

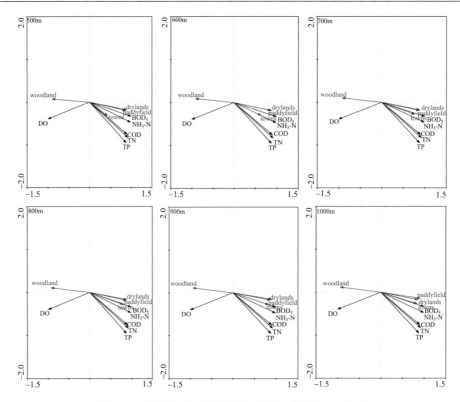

图 7-6　非汛期土地利用类型与河流水质的 RDA 分析

towns、paddyfield、drylands、woodland 分别表示城镇用地、水田、旱地和林地

（二）城镇化土地利用变化下水量水质综合模拟

太湖地区长期以来受蓝藻问题困扰，蓝藻生长需要的氮、磷元素是太湖地区污染较为严重的指标。为了控制太湖蓝藻问题，西苕溪流域的磷污染已得到有效控制，但是氮污染仍然较为严重。因此，针对长江三角洲的氮污染严重的问题，以浙江西苕溪流域为典型，建立水质水量模型分析氮污染的情况与变化，并探究土地利用变化对河流氮污染的影响。

流域水质受多种因素影响且较难分离，而且流域内水质监测较少，且监测数据存在缺测情况，所以运用模型研究可较好地反映流域污染特征和不同因素对水质的影响。选取了较为成熟的 SWAT 模型运用于西苕溪流域，根据流域监测数据和流域基础数据构建模型并率定出适合该地区的模型参数。

为增加模型的可信性及子流域尺度的适用性,除了流域出口横塘村站用于流量及 TN 输出量的参数率定外，还选择了塘浦站（位于子流域 6 出口，流域中一个数据较为完备的站点）来率定和验证有关 TN 输出量的参数。横塘村流量拟合精度较好，率定期和验证期 R_e 值均小于 11%，R^2 大于 0.8，NS 大于 0.75（表 7-7）。TN 输出量的模拟精度低于流量模拟精度，但是考虑到影响水质因素的多样性及复杂性，一般模型模拟的精度都稍低一些，所以判断标准稍有降低。横塘村和塘浦监测点 TN 输出量在率定期和验证期 R_e

值均小于 10%，R^2 均大于 0.65，NS 均大于 0.60（表 7-8），可以认为在流域出口及内部 TN 输出量的模拟结果都可接受。图 7-7～图 7-10 是横塘村水文站的河道流量及水质模拟结果与实测值对比图。

表 7-7　西苕溪流域流量模拟精度评价

站点	时期	R_e/%	R^2	NS
横塘村	率定期（2002.07～2008.12）	10.12	0.84	0.79
	验证期（2009.01～2012.12）	−1.89	0.86	0.83

表 7-8　西苕溪流域 TN 模拟精度评价

站点	时期	R_e/%	R^2	NS
横塘村	率定期（2003.05～2005.05）	−9.59	0.68	0.60
	验证期（2010.01～2012.12）	−7.01	0.71	0.69
塘浦	率定期（2003.06～2005.07）	−7.40	0.73	0.67
	验证期（2010.01～2012.12）	−0.28	0.76	0.65

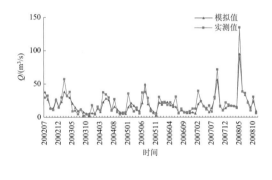

图 7-7　横塘村水文站 2002～2008 年（率定期）月平均流量模拟结果

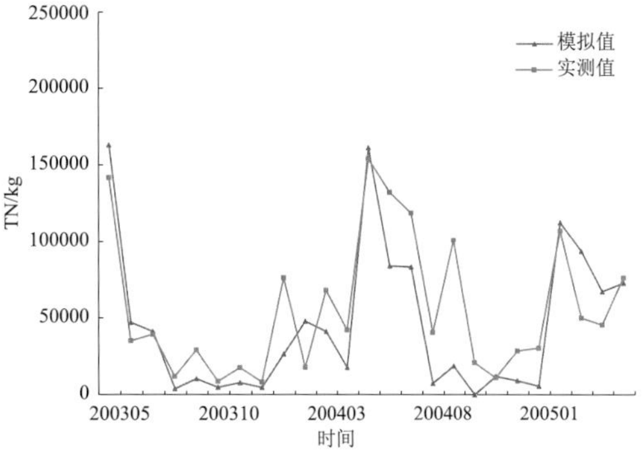

图 7-8　横塘村水文站 2003～2005 年（率定期）月 TN 输出量模拟结果

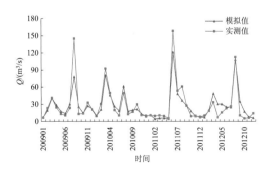

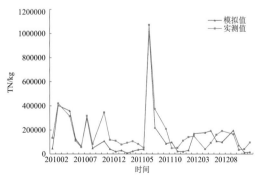

图 7-9　横塘村水文站 2009～2012 年（验证期）月平均流量模拟结果

图 7-10　横塘村水文站 2010～2012 年（验证期）月 TN 输出量模拟结果

　　模型模拟结果表明，以流域出口横塘村为参照，总体而言流量模拟结果优于水质的模拟，但是二者模拟结果的细节上存在一定差异，主要体现在峰值模拟上。水文模拟中整体峰值的模拟值低于实际值，尤其数值较高的峰值，差异更明显。水质模拟结果中的峰值模拟结果相对较好，但是部分峰值和非峰值的模拟结果与实际情况相差较大。

　　2002 年和 2008 年土地利用情景下模型模拟的各子流域污染负荷见图 7-11，流域 TN 污染负荷分布较为均匀，范围分别为 16.99～20.37 kg/hm² 和 16.56～22.96 kg/hm²，污染负荷最高子流域仅比污染最低子流域高 38.65%。2002 年土地利用情景下，TN 污染负荷最高的子流域主要分布在流域中部以及安吉县城所在子流域及周边子流域。而 2008 年土地利用情景下 TN 污染负荷显著增加，主要表现为负荷在 19.5 kg/hm² 以上的子流域数量明显增多，且 TN 污染负荷较高的子流域更加集中，主要分布于流域中部及北部，尤其下游的子流域 TN 污染负荷较高，流域上游的 TN 污染负荷较低。

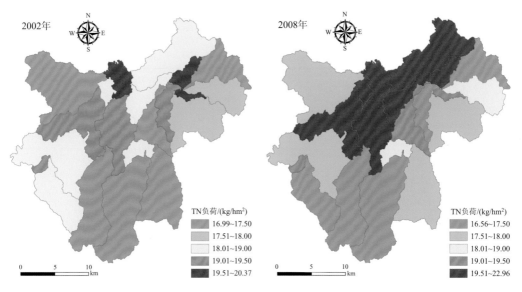

图 7-11　不同土地利用情景下 TN 污染负荷

　　2008 年相对 2002 年流域上游子流域的 TN 污染负荷基本都有所减少或有较少增加，在流域北部，尤其是靠近流域出口的子流域，TN 负荷大幅增加，基本呈现流域北部、下游区域 TN 负荷增加，南部、上游区域 TN 负荷减小的格局（图 7-12）。2015 年相对 2008 年在流域西部上游和下游流域出口处子流域 TN 负荷都有不同程度的增加，与农田面积增加的子流域有一定重合（图 7-13），在流域中部子流域 TN 负荷表现为下降。

　　从图 7-12 和图 7-13 可以发现各子流域 TN 负荷变化与各子流域农田变化率较好地吻合，为进一步验证农田变化对 TN 污染负荷的影响，统计不同土地利用情境下对应子流域的 TN 负荷变化率及农田面积变化率（图 7-14），发现二者之间有一定线性相关关系，决定性系数达 0.51（$P<0.05$），随着农田面积变化增大，TN 负荷的变化也增大。这主要是因为农田减少时，流域内施肥和施用农药的面积也随之减少，而农药、化肥等农业活动是流域 TN 面源污染的重要来源之一，因此农田面积减少对 TN 负荷变化有一定影响。

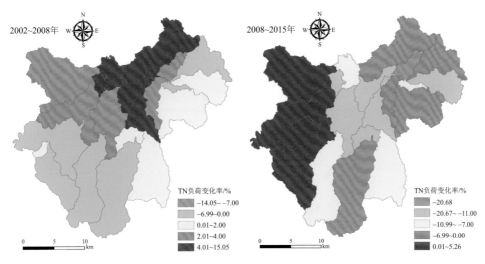

图 7-12　不同土地利用情景下 TN 污染负荷变化率

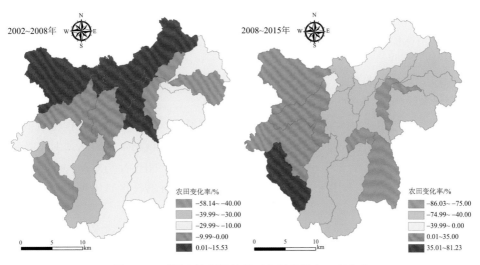

图 7-13　不同土地利用情景下各子流域农田变化率

二、水系格局对水环境的影响

　　水系的变化往往会对河流水系的自净能力、污染物的迁移转化产生影响。尤其是对于长三角太湖流域，近 60 年来，水系发生了较大的变化，而这些变化可能会对水环境造成什么样的影响是亟须探讨的问题。因此，有必要进行水质对水系特征的响应研究。

　　以锡澄地区为例，其整体的水系形态为顺直型，且在近 60 年间，该地区的河流曲度并未发生太大的改变，因此，此处不选取河流曲度作为指标，仅从水系数量、结构两个方面选取水系特征指标。在水系数量特征指标方面，采用的指标为河网密度（D_d）和水面率（W_p），水系结构特征指标方面则选择支流发育系数（K）。各指标的计算公式参见第二章内容。

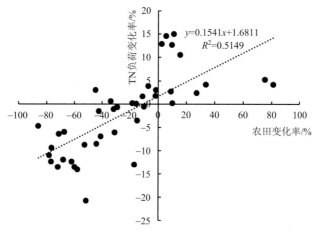

图 7-14　TN 负荷变化率与农田变化率关系

以锡澄地区水质监测断面为圆心的圆形缓冲区作为水质响应单元，分别计算 4 个空间尺度（300 m、500 m、1000 m、1500 m）各缓冲区单元水系特征指标值，并与丰、枯水期的水质指标值进行 Spearman 秩相关分析。表 7-9～表 7-12 为水质指标与水系特征指标的相关分析结果。

通过比较不同空间尺度丰、枯水期时水质指标与水系特征指标的相关关系，发现有以下几个特征：

（1）枯水期时水质对水系特征指标的响应程度最强，丰水期时响应程度较弱。通过比较丰、枯水期水质指标对水系特征指标的响应结果，发现枯水期时水质对水系特征指标的响应较强，尤其是在 300 m 和 500 m 缓冲区，DO、NH_3-N 与水质综合评价指数 Q 均与 D_d 显著相关；在丰水期时，仅在 1000 m 和 1500 m 缓冲区时出现 1 对指标相关，即 COD_{Mn} 与 W_p。

（2）在丰、枯水期这两个不同的时间段，同种水系特征指标对水质的影响表现出较大的差异。在 300 m 和 500 m 缓冲区，D_d 在枯水期与 DO 呈负相关关系，而与 NH_3-N 和水质综合评价指数 Q 呈显著正相关关系；而在丰水期，D_d 虽然与各水质指标的相关性不高，但从相关系数的正负值可以看出，D_d 越大在丰水期对水质起到一定的改善作用，如在 1000 m 缓冲区时，D_d 与 DO 的相关系数为正，与其余 5 个指标的相关系数为负值。W_p 在枯水期时与水质指标的相关性不明显。

（3）在丰水期时，W_p 越大对水质可以起到一定的改善作用。在 1000 m 和 1500 m 缓冲区，丰水期时，W_p 与 COD_{Mn} 呈显著负相关关系。在 300 m 缓冲区，K 与枯水期时的 DO 呈显著负相关，与 NH_3-N、水质综合评价指数 Q 呈显著正相关；而丰水期时，K 与水质的相关关系较微弱，但它与所有指标的相关系数均是负值，对水质表现为一定的积极的作用。在 500 m 缓冲区，K 在枯水期与 NH_3-N 仍保持正相关关系。在 1000 m 和 1500 m 缓冲区尺度，由于 K 与水质指标的关系并不显著且相关系数的正负性并不一致，因此不能判断它与水质的关系。

上述分析表明，D_d、W_p 与 K 在丰、枯水期对水质的影响截然不同。具体表现为水系数量越多，水面率越高，支流发育程度越好，在丰水期时对水质起到改善作用，对枯水期时的水质会有一定程度的恶化作用。这可能是因为枯水期时河流水量少且流速小，自净能力很弱，污染物进入河流后容易聚集，并且在这个时期该区的河流水质普遍较差，空间内的河流数量较多，反而容易相互污染。而在丰水期时，该区降雨充沛，河道的水量大、流速快，河流之间的流通性越强，污染物质容易被稀释，空间内的水系多、水面率大反而能够增强自净作用。

水质指标在较小的空间单元与水系特征的响应程度更强一些。比较 4 个尺度空间单元的水质的响应结果，在 300 m 缓冲区时，有 6 对指标显著相关；在 500 m 缓冲区时，有 4 对指标显著相关；在 1000 m 缓冲区有 2 对指标显著相关；1500 m 缓冲区时只有 1 对指标显著相关，说明较小空间尺度内的水系特征与水质的相关性更强。

表 7-9　300 m 缓冲区水质指标与水系特征指标相关系数

不同时间	水质指标	D_d	W_p	K
枯水期	DO	-0.50^*	0.07	-0.43^*
	COD_{Mn}	-0.23	0.21	-0.09
	NH_3-N	0.46^*	0.05	0.46^*
	TP	-0.06	-0.03	-0.09
	TN	0.35	0.18	0.41
	Q	0.45^*	0.15	0.46^*
丰水期	DO	-0.10	-0.36	-0.08
	COD_{Mn}	-0.07	-0.30	-0.02
	NH_3-N	-0.19	-0.16	-0.07
	TP	-0.24	-0.12	-0.25
	TN	-0.37	-0.27	-0.30
	Q	-0.26	-0.21	-0.19

*表示在 0.05 水平上显著相关；**表示在 0.01 水平上显著相关；其余为不显著相关；下同。

表 7-10　500 m 缓冲区水质指标与水系特征指标相关系数

不同时间	水质指标	D_d	W_p	K
枯水期	DO	-0.47^*	0.06	-0.36
	COD_{Mn}	-0.14	0.24	0.08
	NH_3-N	0.47^*	0.12	0.43^*
	TP	-0.05	0.01	-0.07
	TN	0.37	0.22	0.37
	Q	0.43^*	0.17	0.41
丰水期	DO	-0.11	-0.3	-0.06
	COD_{Mn}	-0.15	-0.34	-0.10
	NH_3-N	-0.01	-0.13	0.09
	TP	-0.02	-0.05	-0.22
	TN	-0.13	-0.18	-0.12
	Q	-0.07	-0.17	-0.07

表 7-11 1000 m 缓冲区水质指标与水系特征指标相关系数

不同时间	水质指标	D_d	W_p	K
枯水期	DO	−0.44[*]	0.03	−0.11
	COD_{Mn}	−0.31	0.08	−0.10
	NH_3-N	0.37	0.06	0.20
	TP	0.02	0.12	−0.14
	TN	0.22	0.18	0.06
	Q	0.32	0.12	0.16
丰水期	DO	0.02	0.08	0.08
	COD_{Mn}	−0.27	−0.45[*]	−0.07
	NH_3-N	−0.04	−0.23	0.07
	TP	−0.30	−0.40	−0.21
	TN	−0.21	−0.26	−0.21
	Q	−0.19	−0.36	−0.10

表 7-12 1500 m 缓冲区水质指标与水系特征指标相关系数

不同时间	水质指标	D_d	W_p	K
枯水期	DO	−0.31	0.02	−0.26
	COD_{Mn}	−0.25	−0.06	−0.13
	NH_3-N	0.27	0.08	0.24
	TP	−0.12	0.11	−0.08
	TN	0.12	0.12	0.07
	Q	0.20	0.08	0.21
丰水期	DO	−0.08	0.03	0.04
	COD_{Mn}	−0.18	−0.51[*]	0.33
	NH_3-N	0.06	−0.14	0.03
	TP	−0.29	−0.29	−0.06
	TN	−0.06	−0.22	−0.19
	Q	−0.05	−0.30	0.02

三、经济结构对水环境的影响

高度城镇化的太湖平原地区水质状况相对较差，而城镇化程度较低的地区水质状况尚好。社会经济结构是表征城镇化发展水平的重要指标，探讨其对水环境的影响具有重要意义。采用冗余分析方法（RDA），依据 2005~2014 年水质监测数据，选择同为太湖流域，具有相似自然背景但城镇化水平差异较大的苏锡常地区和西苕溪流域进行研究。

近年来，RDA 已逐渐应用于水环境领域。采用 RDA 时，以 NH_3-N、TP、TN、COD_{Mn}、DO 作为响应变量，以第一产业比重（PI）、第二产业比重（SI）、第三产业比重（TI）、农业比重（A）、林业比重（FO）、畜牧业比重（AH）、渔业比重（FI）、重工业比重（HI）、

轻工业比重（LI）等 9 个指标作为解释变量。根据前文述及内容来识别响应变量与解释
变量之间的相关性，即基于 RDA 序列图可以更直观地理解水质指标与环境指标之间的
相关性。

　　两个典型区域中所有测序轴的蒙特卡罗测试结果分别为 15.55（$P<0.05$）和 4.24
（$P=0.09$）（表 7-13）。结果表明，高度城镇化地区（如苏锡常地区）的水质更容易受到社
会经济因素的影响。而低城镇化区域（如西苕溪地区）的社会经济因素与水质指数之间
存在一定的相关性，但并不显著。在苏锡常地区，物种-环境相关系数分别为 0.99 和 0.93，
物种组成和物种-环境关系的累积解释量分别为 94.2%和 96.7%。这表明在高度城镇化水
平地区有良好的排序效应。此外，根据每个社会经济因素与排序轴之间的相关系数，RDA
的第一排序轴与 PI、SI、FI 和 AH 呈显著正相关（$P<0.05$），而与 TI、A 和 FO 呈显著
负相关（$P<0.01$）。在西苕溪地区，RDA 的第一排序轴与 PI、SI、FO 和 AH 呈显著正
相关（$P<0.05$），而与 TI、FI 和 A 呈显著负相关（$P<0.05$），这表明不同城镇化地区水
质的主要经济影响因素也不同。

表 7-13　社会经济因素与典型地区的两个 RDA 排序轴和排序摘要之间的相关系数

环境因子及排序概要		苏锡常		西苕溪	
		Ax1	Ax2	Ax1	Ax2
环境因子	PI	0.90**	0.02	0.93**	0.06
	SI	0.88**	0.17	0.67*	−0.09
	TI	−0.88**	−0.17	−0.85**	0.02
	LI	−0.14	0.07	0.01	−0.24
	HI	0.14	−0.07	−0.01	0.24
	A	−0.89**	−0.15	−0.51*	0.29
	FO	−0.93**	0.11	0.61*	−0.24
	AH	0.68*	0.44	0.65*	−0.30
	FI	0.95**	−0.05	−0.62*	−0.24
排序概要	特征值	0.94	0.03	0.82	0.07
	物种-环境因子相关	0.99	0.93	0.99	0.86
	解释的物种组成变异的累积百分比/%	94.2	96.7	82.2	88.8
	物种-环境因子关系方差的累积百分比/%	95.9	98.5	87.7	94.8
	第一典范轴的显著性测验	$F=32.38, P=0.03$		$F=9.22, P=0.07$	
	所有典范轴的显著性测验	$F=15.55, P=0.02$		$F=4.24, P=0.09$	

　　**表示 $p<0.01$，*表示 $p<0.05$。

　　图 7-15（a）表明在长三角高度城镇化地区（如苏锡常），主要污染物受 PI 和 SI 的
影响很大，其中 SI 对其影响更大。此外，TI 的比例与主要污染物的浓度呈负相关。圆
圈代表样本时间变化趋势，即社会经济结构的时间区域。从 2005 年到 2014 年，PI 和 SI
的比例呈整体下降趋势，但 TI 的比例呈上升趋势。在 PI 中，FI 对三种污染物浓度的影
响最大；SI 中，HI 和 TP 也表现出良好的相关性；此外，TI 的比例与主要污染物的浓度

呈负相关。在太湖流域平原水网地区，渔业发展较为广泛。但早期渔业发展存在诸多问题，它使河流、湖泊的生态环境变差，水质出现恶化。但近年来随着生态渔业和绿色渔业的蓬勃发展，以渔业为主的苏锡常地区的水质整体出现改善趋势。而且随着轻工业占比的增大，以科技作为支撑的第三产业的快速发展，也使水质朝着良好方向发展成为必然趋势。

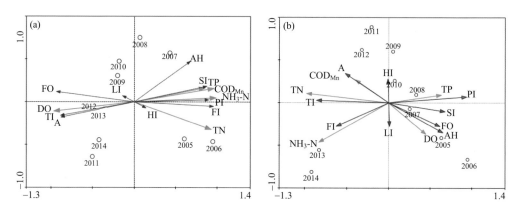

图 7-15　苏锡常（a）和西苕溪（b）社会经济因素与水质指标之间的 RDA 排名图

在西苕溪地区，污染物浓度也与 PI 和 SI 呈正相关[图 7-15（b）]，但其与 PI 的相关性远远大于 SI。作为 PI 的重要组成部分，AH 对该区域的 TP 浓度有很大影响。AH 的污染主要来自畜禽粪便，富含氮、磷和有机物。大多数农场的污水未经处理就排入河流、湖泊和池塘，造成水体富营养化，藻类大量生长，溶解氧含量降低，水质恶化，鱼类死亡数量众多，严重影响了人类和牲畜饮用水的安全性（Sun and Wu, 2012）。从 2005 年到 2015 年，AH 的比例呈显著下降趋势，这可能是该地区 TP 浓度下降的重要原因。同时，该地区水质的良好趋势也可能受此影响。因此，为了保持良好的水质，我们需要开发环保饲料技术，并利用生态净化技术处理畜禽废水。

第三节　城市化地区水环境容量特征

一、长三角典型地区水环境容量

水环境容量一般指水体在满足特定功能条件下所能容纳污染物的最大负荷量，其大小与水体特征、水质目标及污染物特性有关，因此，又称水域负荷量或纳污能力（程声通等，2013）。水环境容量的计算及其在各功能区间的分配，是水污染总量控制的基础和核心。以无锡、苏州等太湖平原城市为典型，计算不同城市月平均水环境容量，可以更清晰地量化各城市的纳污能力，从而为水环境治理提供理论支撑。

（一）太湖平原地区无锡市水环境容量

以太湖流域锡澄地区为例（图 7-16），由于缺少流量监测资料，采用完全混合算法，根据《江苏省水功能区规划》对无锡市 2010 年水质目标的要求，对该地区主要河流 2010～2014 年水环境容量进行研究。完全混合计算法是指污染物进入到河流水体后，在断面上污染物完全均匀混合，较好地符合此处研究的需求。完全混合算法的计算步骤如表 7-14 所示。根据我国在气候上划分四季的标准，一般以 3～5 月为春季、6～8 月为夏季、9～11 月为秋季、12 月至次年 2 月为冬季，以此标准划分区域的四季。根据 2010～2014 年 TP 和 COD_{Mn} 的水环境容量计算结果，得到两种污染物四季水环境容量多年月平均值，分别用 W_{TP} 和 $W_{COD_{Mn}}$ 表示，单位为 t。具体结果如图 7-17 和图 7-18 所示。

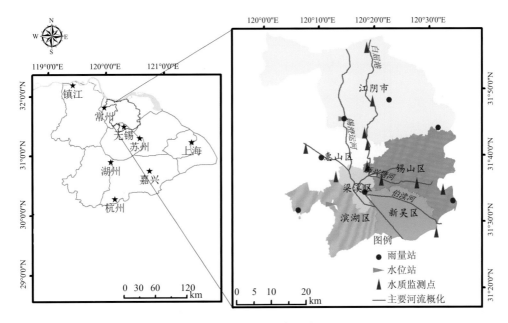

图 7-16　主要研究河流

表 7-14　水环境容量的计算步骤

计算步骤	表达式	符号含义
（1）设计流量	$v_i = \dfrac{1}{n} H_i^{2/3} J_i^{1/2}$	v_i 为平均流速（m/s）；n 为河道糙率；H_i 为水深；J_i 为水面比降
（2）控制单元水环境容量	$W_{ji} = Q_{0i}(C_{sji} - C_{0ji}) + K(S_{ji} \cdot l_i) C_{sji}$	W_{ji} 为控制单元水环境容量(t/月)；Q_{0i} 为 i 河段的设计流量(m^3/s)；C_{sji} 为不同控制单元的水质标准下的水质浓度（mg/L）；C_{0ji} 为不同河断面的每个月的水质浓度（mg/L）；K 为污染物综合降解系数（d^{-1}）；S_{ji} 为河道断面面积（m^3）；l_i 为河长（km）
（3）修正的水环境容量	$W = \sum\limits_{j=1}^{k}\sum\limits_{i=1}^{l} \alpha_{ji} \times W_{ji}$	W 为修正的水环境容量（t）；α_{ji} 为不均匀系数，范围为（0，1]

　　TP 水环境容量的季节性差异较为明显，呈现出秋季较高、冬季较低的特征（图 7-17）。春季 TP 水环境容量范围为 –1.66～3.42 t，均值为 0.37 t；夏季的变化范围为 –1.33～3.38 t，均值为 0.82 t；秋季的变化范围为 0.21～3.43 t，均值最大为 1.11 t；冬季的变化范围为 –2.76～3.33 t，均值最小为 0.24 t，并且 TP 四季水环境容量显示为负值的河流百分比分

别为 37.5%（春）、37.5%（夏）、0%（秋）、50%（冬），这充分表明大部分河流在秋季对磷的纳污能力较强，冬季有一半左右的河流水环境容量为负值，表明 TP 排放量已超出水体容纳能力，水环境质量较差。每年 5～10 月为太湖流域平原河网区的汛期，根据近 10 年的雨量资料，无锡市汛期、非汛期的年平均降雨量分别为 740.73 mm、352.35 mm，降雨量对水位有一定的贡献，而夏、秋季节正处于汛期，长历时雨量的积累有助于河道水位上涨，使河流水量有增大趋势，进而间接影响了 TP 的水环境容量的大小，因此降雨量的差异性对水环境容量具有一定的影响。

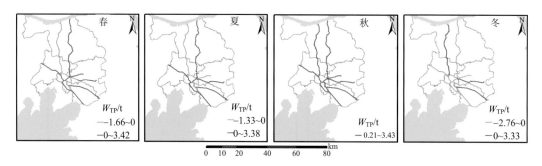

图 7-17　锡澄地区 TP 水环境容量的四季分布

W_{TP} 表示每条河流 TP 的水环境容量数值，单位为 t；粉红色线表示 TP 水环境容量低于 0 的河流；绿色线表示 TP 水环境容量高于 0 的河流

另外，农业生产中水田与旱地污染主要来源于种植过程中化肥和农药的施用，磷元素的污染较为严重。有研究表明氮磷肥料的使用和水产养殖的农业方式对环境的磷污染贡献很大（黄欢等，2007）。水域面积较大的太湖平原河网地区，种植水稻、水产养殖是主要的农业方式，饵料是磷污染产生的原因之一。非点源污染主要以降雨为载体迁移到河流中，影响磷的浓度，而夏、秋季正是水产养殖业进行的重要时期，这导致磷浓度有一定季节性差异，但结果显示秋季磷的水环境容量相对较大，水体中磷浓度相对较低，这可能是因为降雨对水环境容量的影响程度要大于水产养殖的影响。

COD_{Mn} 水环境容量的季节性差异相对较小，根据四季 COD_{Mn} 水环境容量的变化范围，春、夏、秋、冬的变化范围分别为 17.49～151.16 t、17.72～163.75 t、19.60～155.15 t、23.19～165.01 t，呈现出春季偏低，夏、秋季节偏高的特征（图 7-18）。在太阳辐射强度相对较高的季节（夏、秋季节），水体中有机物更易发生降解，使其浓度降低，并且夏、秋季节降水较多，水位相对升高，水体体积也会随之变大，使得相应水体的水环境容量数值增大。在空间上，COD_{Mn} 水环境容量存在一定的季节性特征，京杭运河四季的水环境容量均处于中低值范围，而伯渎港的水环境容量四季均高于 85 t，即处于中高值偏上。京杭运河是江浙地区的水利重要枢纽，流经镇江、常州、无锡等经济较为发达的城市，京杭运河的水质受到的工、农业生产以及日常生活污水的影响要远高于伯渎港这样的小型河道（张聃等，2010a），导致京杭运河的有机物的浓度也相对较高，故京杭运河的 COD_{Mn} 水环境容量要低于伯渎港。

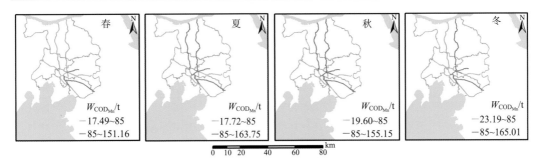

图 7-18　锡澄地区 COD_{Mn} 水环境容量的四季分布

$W_{COD_{Mn}}$ 表示每条河流 COD_{Mn} 的水环境容量数值，单位为 t；黄色线表示 COD_{Mn} 水环境容量低于四季均值 85 t 的河流；湖蓝色线表示 COD_{Mn} 水环境容量高于四季均值 85 t 的河流

（二）太湖平原苏州市水环境容量

以太湖平原苏州市为例计算水环境容量，以水功能区划为基础，将苏州主要河流划分为不同河段。由于苏州市有流量监测资料，所以采用的水环境容量计算方法和无锡市有一定区别。

单一河段水环境容量通过下式计算：

$$W = Q_p(C_s - C_0) + KVC_s \qquad (7\text{-}16)$$

式中，W 为单一河段（河段为两节点之间的河道）计算单元的环境容量，单位通常为 kg/d 或 t/a；Q_p 为计算单元设计流量，单位为 m^3/s；C_s 为计算单元控制因子环境质量目标值，单位为 mg/L；C_0 为计算单元入流断面控制因子浓度值，单位为 mg/L；K 为控制因子污染物自净系数；V 为计算单元中水的容积。

C_0 由入流河道功能区水质类别相应的水质目标与计算单元的水质目标比较确定，表示为

$$C_0 = \begin{cases} C_{s\text{计算河段}} & \text{入流河段功能低于计算河段，按过渡区出水水质控制} \\ C_{s\text{上游河段}} & \text{上游功能区水质目标严于或等于计算单元} \end{cases}$$

河网计算水域环境容量，由各个河段的环境容量叠加得到，计算公式如下：

$$W_{\text{河网水域}} = \sum_{j=1}^{n} a_j \times W_j \qquad (7\text{-}17)$$

式中，$W_{\text{河网水域}}$ 为整个研究区水域的环境容量；W_j 为任一计算单元的环境容量；a_j 为河道宽度不均引起污染物横向非均匀混合的修正系数，水面越宽，取值越小。

在水环境容量的计算过程中，确定控制单元的水陆对应关系是必不可少的中心环节。根据《江苏省地表水（环境）功能区划》中的水环境功能区划分，结合河道特性，将苏州市主要河流划分为 13 个控制单元，细分为 21 个单元，各控制断面对应范围为起止断面之间对应的流域范围，断面具体情况如表 7-15 所示。

表 7-15　苏州市水污染控制单元划分结果

控制单元名称		起始位置	终止位置	2010 年水质	2020 年水质	长度/km
吴淞江	I 单元	吴淞江车坊大桥	昆青交界处	III	III	63.15
	II 单元	昆青交界处	花桥吴淞江大桥	V	IV	10.43
盐铁塘	I 单元	梅李汤家桥	高速公路延伸段	IV	IV	25.95
	II 单元	高速公路延伸段	城南桥	IV	III	18.79
	III 单元	城南桥	新丰新星桥	IV	IV	5.71
胥江	I 单元	胥定桥	木渎镇上游	II-III	II	6.07
	II 单元	木渎镇上游	五福桥	III	III	8.21
	III 单元	五福桥	泰壤桥	IV	IV	5.11
张家港	I 单元	张家港闸	袁家桥	IV	IV	8.47
	II 单元	码头桥	通城河	IV	IV	69.01
娄江	I 单元	跨塘大桥	正仪桥	IV	IV	43.14
	II 单元	正仪桥	西河大桥	V	IV	
七浦塘	I 单元	七浦塘桥	石牌下游鱼簖	IV	III	11.85
	II 单元	石牌下游鱼簖	七浦闸（上）	IV	IV	33.94
太浦河		太浦闸（下）	芦墟大桥	III	II	40.5
常浒河		世纪大道常浒河桥	浒浦闸	IV	IV	21.84
白茆塘		世纪大道白茆塘桥	沿江一级公里白茆塘大桥	IV	IV	45.94
望虞河		沙墩港大桥	王市望虞河大桥	III	III	67.18
元和塘		洋泾塘桥	元和塘桥	IV	IV	39.69
杨林塘		巴城工农桥	杨林闸上游	III	II	41.24
江南运河		五七大桥	平望运河桥	IV	IV	62.63

　　污染物排入水体后，经过扩散、混合、沉淀等运动过程，在水体中通过物理、化学和生物化学反应演化，使浓度和毒性随时间及流动过程降低、消解，这就是水体对污染物的物理稀释和自然净化作用，当入河污染物浓度超出水体自然净化能力，其水质即会恶化。综合考虑河道蓄水量、水质目标、上游来水水质和污染物降解能力等因素，按前述模型计算得到各个功能区水环境容量，见表 7-16。

表 7-16　苏州市河流水环境容量　　　　　　　　　（单位：t）

控制单元名称		2010 年		2020 年	
		COD	NH₃-N	COD	NH₃-N
张家港	I 单元	5256.11	171.79	5256.11	171.80
	II 单元	10854.74	360.35	10854.74	360.35
胥江	I 单元	2258.23	−10.78	1379.12	−109.05
	II 单元	3168.12	−72.97	3168.12	−72.98
	III 单元	3014.97	−44.12	3014.97	−44.13

续表

控制单元名称		2010 年		2020 年	
		COD	NH₃-N	COD	NH₃-N
七浦塘	Ⅰ单元	2383.98	121.96	1015.62	33.95
	Ⅱ单元	5999.81	341.90	5999.81	341.90
盐铁塘	Ⅰ单元	3902.19	193.22	3902.19	193.22
	Ⅱ单元	2197.35	−51.65	793.44	−180.68
	Ⅲ单元	1240.68	−128.42	1240.68	−128.42
吴淞江	Ⅰ单元	2760.98	332.80	2760.98	332.80
	Ⅱ单元	2093.20	−17.42	1063.55	−87.13
娄江	Ⅰ单元	4776.12	669.64	4776.12	669.64
	Ⅱ单元	5531.76	470.47	3376.65	272.77
元和塘		4526.13	251.37	4526.13	251.37
杨林塘		4224.40	343.60	2688.05	49.39
望虞河		8629.04	270.20	8629.04	270.20
江南运河		11348.70	1238.22	11348.70	1238.22
白茆塘		4423.75	99.70	4423.75	99.70
太浦河		9511.25	236.43	5020.31	−227.82
常浒河		3905.70	178.32	3905.70	178.32
总计		102007.21	4954.61	89143.78	3613.42

注：2010 年即以功能区 2010 年水质目标计算水环境容量，2020 年即以 2020 年水质目标计算水环境容量。

从 COD 环境容量来看，苏州市域及各流域的 COD 环境容量均为正值，表明各水体对于 COD 污染仍然具有一定的纳污能力。其中，以张家港容量最大，江南运河及娄江次之，三部分水域 COD 环境容量均超过 10000 t。常浒河容量则最小。

就 NH₃-N 环境容量而言，部分河道水环境容量显示为负值，表明其水体中 NH₃-N 排放量已超出水体纳污能力，水环境质量较差。其中，2010 年，胥江整体 NH₃-N 环境容量均呈现负值，为−127.87 t；盐铁塘、吴淞江部分河段也出现环境容量不足现象，但河流整体仍存在部分可纳污的容量值。其余河道均存在一定的环境容量，其中，江南运河 NH₃-N 环境容量最大，达到 1238.22 t，为苏州市 2010 年 NH₃-N 环境容量的 24.99%，水质状况较好。

由于 2020 年部分河段功能区对于单元水质目标进行了提升，因此以 2020 年水质目标计算出的水环境容量值相较于 2010 年呈现减小的趋势。相较于 2010 年水质目标，采用 2020 年水环境功能区水质标准作为目标值，COD、NH₃-N 环境容量分别减少 12863.43 t、1341.19 t。此外，盐铁塘及太浦河 NH₃-N 环境容量均变为负值，现状所承纳污染物量超出其纳污能力。

二、水环境容量变化的影响因素

水质状况、水量以及流量的不同都会对水环境容量计算结果产生影响，因此对这些要素产生影响的因素皆会影响水环境容量大小。此处以无锡为典型，分析水环境容量变化的影响因素。无锡地区的"引排水"工程是目前对水质影响最为活跃的工程措施之一，其对水环境容量大小有一定影响。此外自然降水因为其对流域的水源补充，排泄产流时运移污染物，也会对水环境容量有较大影响。

（一）"引排水"对水环境容量影响

在 2007 年太湖流域蓝藻暴发后，"引江济太"调水试验工程开始启动，以期改善太湖平原河网的水质。定波闸位于锡澄运河与长江交接处，在"引江济太"工程中发挥着重要作用，2010～2014 年，年平均引水量为 $1.05 \times 10^7\,\mathrm{m}^3$，最大年引水量为 $1.64 \times 10^7\,\mathrm{m}^3$。以定波闸为例，分析引水量对锡澄运河水环境容量的影响。由于降雨量的不同，年内各月引水量存在一定的差异，为了更加准确地呈现引水量与水环境容量的关系，对 2010～2014 年引水量与水环境容量的月均值进行研究，两种污染物的水环境容量与引水量的对应关系如图 7-19 所示。

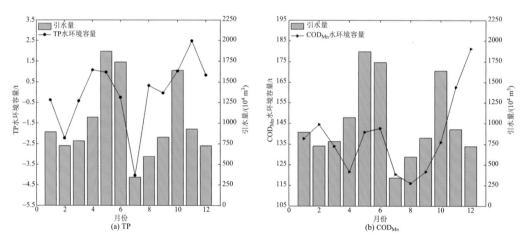

图 7-19　锡澄运河水环境容量与引水量的关系图

对于太湖平原河网区典型河道锡澄运河，引水量越大，污染物的水环境容量也越大，就 TP 而言，由于部分河流中磷的浓度较高，超出水质目标，故水环境容量表现为负值，表明磷的排放量大于河流对磷的容纳能力。图 7-19（a）中显示锡澄运河的 TP 水环境容量为负值的月份，对应的该月份的引水量也相对较少，但 TP 的水环境容量呈现出正值的月份，引水量也较大。图 7-19（b）中锡澄运河的 COD_{Mn} 水环境容量均是正值，引水量较大的月份，COD_{Mn} 水环境容量也相对较大。以上现象表明闸坝引水较大时，在一定程度上可以提高污染物的水环境容量，间接说明"引江济太"工程的启动对于改善平原河网的水质有一定作用（熊鸿斌等，2017）。引水调控措施不仅可以增加水体的稀释能力，还能促进水体流动和交换，进而增强水体的自净能力，从而增大水体对污染物的容纳能力，近年实践表明其是一种行之有效的改善水环境的措施，张聘等（2010b）也曾就引配水对京杭运河水质的影响进行研究，得出引配水对河流水质具有一定的改善作用。

（二）降雨对水环境容量影响

　　根据 2005～2014 年雨量资料，选择 2010 年为枯水年、2012 年为平水年、2013 年为丰水年，TP 和 COD_{Mn} 典型年的水环境容量分别如图 7-20 所示，发现大多数河流 TP 和 COD_{Mn} 的水环境容量在丰水年均高于枯水年。对于 TP 而言，3 种典型年均有河流的水环境容量为负值的情况，以枯水年较为显著，这些河流包括北兴塘河、古运河、锡澄运河等，且主要分布于无锡市市区，由此说明磷含量的超标不仅与农业污染有关，与生活污水和工业废水的大量排放也有很大关系。COD_{Mn} 代表河流中有机物的污染状况，对于不同的典型年，COD_{Mn} 的水环境容量呈现出相同的规律，九里河和京杭运河均较小，北兴塘河、伯渎港和古运河均较大。这种现象可能与河流所处的位置与功能区划有关。

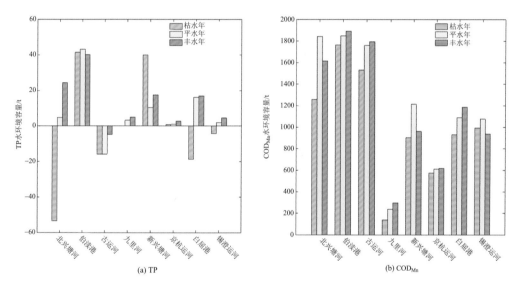

图 7-20　锡澄地区主要河流各典型年 TP 和 COD_{Mn} 水环境容量分布图

三、提高水环境容量的对策措施

　　河流污染影响因素众多，影响方面复杂，在本节研究的基础上，提出以下水环境保护对策。

　　从地理学角度，不同地区应该合理规划区域土地利用结构，在城镇规划过程中要充分考虑绿地的规划，尽量使其能够发挥对城市面源污染的吸收和净化作用。在不宜发展种植的地区，如陡峭山区，应该实施退耕还林、还草等措施，能有效减少农业种植中的化肥、农药污染。同时无锡平原河网地区河网复杂，有大量断头浜，导致污染后水体不流通，污染聚集。因此，在保留现有河流基础上合理规划水系，使得区域水体流通起来，不但能有效运移污染物，还能加强水体的净化能力。总之，在城镇化发展、规划过程中要充分考虑水环境承载能力，保障水环境安全。

从经济角度，合理布局区域产业结构，以发展第三产业为主，并严格控制污染产业，例如渔业、畜牧业的污染排放。目前太湖平原地区第三产业比重不断加大，尤其是以科技驱动的新兴产业，对区域污染不断减少有重要影响。太湖平原地区是"鱼米之乡"，渔业养殖也较为发达，养殖中饵料过度投放很容易造成水质污染，因此要做好渔业养殖中的污染控制工作，宣传生态渔业和绿色渔业。在太湖上游西苕溪流域的畜牧养殖对水质产生了较大影响，因此畜牧养殖中产生的污染也需要受到严格把控，发展绿色养殖业。

从工程方面，需要合理运用"引江济太"工程。该工程对太湖湖区、太浦河沿线的水质都有较显著的改善作用，但是对太湖平原河网区的水质改善效果并不显著（季笠，2013）。这主要是由于太湖平原河网区地势低平，河网错综复杂，断头浜较多，河流调水困难大，如果没有合理设计的调水方案，调水工程的效果会不如预期，造成资源投入大却收益较少的局面。因此需要综合考虑规划调水方案，通过工程调度加速全区域的河流水流通速度，从而加速水污染净化。同时引来的江水增加了区域的水量，对保证区域的水环境容量也有较大积极作用。

第四节　城市化地区河流健康评价

一、河流健康与评价

（一）河流健康内涵

河流是人类生命的源泉。近些年来，城市化的快速推进、人类活动的高强度干扰导致河流环境恶化、生态破坏严重。在这一背景下，河流健康概念受到了国内外众多学者的关注。国外有关河流健康内涵界定的顺序为：首先从生态系统观出发，强调河流的自然属性，将河流健康等同于河流生态系统的健康；其次，充分认识到河流的社会属性以及河流的社会服务价值，强调河流对人类创造的生态功能和社会服务效益，将河流健康作为河流管理的评估工具。

目前，在城市化背景下，几乎所有的河流都或多或少受到了人类活动的影响。虽然河流健康概念仍没有统一，但从国内河流健康内涵的发展历程来看，国内河流健康概念经历了由不全面到相对全面，由不确切到相对明确，由不完善到相对完善的过程。现有的河流健康的概念与内涵大致可以分为以下四个阶段：第一阶段，将河流健康等同于生态完整性，突出其生态服务价值；第二阶段，将关注转向社会服务功能，根据人类对河流功能发挥的满足程度来衡量河流的健康状况；第三阶段，河流健康作为河流管理的衡量工具，通过评价指标体系的构建，探讨河流健康对于河流管理的改进；第四阶段，"人水和谐""人水关系"随着城市化的发展备受青睐，在河流健康评价中，如何平衡利益冲突、如何满足人类社会需求、如何使得人类的开发与保护相互平衡是研究热点，具有理论和现实意义。

本节从河流的自然属性与社会功能属性出发，认为健康的河流不但保持自身结构的完整性，还应强调其生态服务功能的发挥。因此，在认清河流健康含义的基础上，更为重要的是其评价指标的构建、衡量标准的制定以及评价方法选取的适用性。并将最终的评价结果作为河流管理对策提出的理论依据。

（二）评价指标体系

1. 指标选取的原则

河流健康评价指标体系是用来全面衡量河流健康状况的尺度，科学的河流健康评价指标体系是评价河流健康状况的前提。河流健康评价内容繁杂，涉及生态学、水文学、水资源学、经济学等多学科和领域。人们在对于不同地域的河流健康状况进行评价时，总是力求对所有的河流健康特征都进行评价，试图用大量的指标来反映河流健康状况，这通常很难做到且不是很科学。指标的选取既要考虑其全面性，能够真实、准确、科学地反映河流健康状况；又要考虑其独立性、主导性、代表性、获取性，能够客观地得出河流健康状况受损的原因，为河流保护和修复提供科学依据。因此，有效的指标选取至关重要，应遵循以下几方面的基本原则。

1）科学性原则

指标的选取要建立在科学理论的基础上，即以水文学、水资源学、生态学、经济学等学科作为理论基础，以 GIS、RS、GPS 等 3S 技术作为理论支撑。在明确河流健康内涵的基础上，构建层次分明的指标体系，各指标均具有明确的物理意义和准确的计算方法，能够真实地反映河流的基本特征，准确地反映不同地域河流的健康状况和发展变化规律。

2）代表性原则

影响河流的因素很多，包括自然因素和人为因素。由于河流生态系统的复杂性，河流健康表征指标的选取并不是越全面越好，而是要进行适当的取舍，抓住主要因素，舍弃次要因素，并且避免指标之间的重叠。总之，代表性指标要具有信息量大、综合性强的特性。

3）综合性原则

从河流的自然属性和社会属性出发，指标的选取应综合考虑河流自然结构、生物、社会经济和人类健康等方面，具体指标的选择应尽可能地涵盖物理、化学、生物、生态、社会经济等方面的指标。指标体系涵盖面的综合性和全面性，一方面能够从各角度直观地评判出河流健康状况；另一方面能够对影响河流健康各方面的因素有更加全面、系统的认识。

4）独立性原则

指标的全面性并不是指片面追求指标数量的庞杂，度量河流健康的指标在筛选的过程中要尽可能地选择那些相对独立的指标，以避免指标之间的重叠现象。为后期河流保护和管理对策打下坚实的基础。

5）可操作性原则

选取指标的概念简单、明晰，易于理解；指标的资料和数据易于获得、测量；指标收集的成本相对低廉、费用合理；度量河流健康的指标与现有的河流管理对策相协调。此外，对于非专业的管理人员和公众来说，易于掌握和使用，具有较强的适用性和可操作性。

6）定量性原则

为了避免河流健康评价的主观性，应当尽可能地使评价指标体系的每一条指标都定量化，这是评价过程中指标权重和评价方法数学处理的必要性。此外，指标的定量化也使得指标的可操作性与可接受性大大提高。

2. 指标体系构建步骤

纵观国内外河流健康评价指标体系的研究，国外多从河流生态功能的角度出发来构建评价指标（Haase and Nolte，2008），而国内在借鉴国外研究成果的基础上，还增加了河流的社会服务功能（单媛媛等，2010；冯彦等，2012），但是当前并没有统一和固定的指标体系和评价标准。表征指标在具体构建的过程中要根据不同地域河流的自身特点和性状来分析和探讨，构建步骤如图7-21。

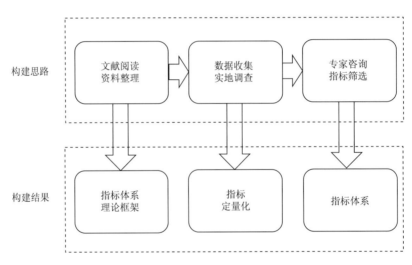

图 7-21　指标体系构建步骤图

（三）评价方法

1. 指标赋权方法

权重是针对某一指标而言的一个相对概念，某一指标的权重即表示该指标在整体评价指标体系中的相对重要程度，指标权重值大表明该指标对于总体目标贡献较大。事实上，任何客观的评价都是有重点的评价。重点的突出就要通过指标权重的赋值来对各指标的重要程度进行定量分配，以便更好地阐述评价因子对系统产生的影响以及影响程度。指标权重的赋值方法包括主观赋权法和客观赋权法两种，主观赋权法是依据人们主观意识确定权重的一种方法，主要有层次分析法、专家打分法、德尔菲法等；客观赋权法是依据一定的数学理论与方法，来确定相应的指标权重，主要有熵值分析法、主成分分析法、均方差法等。

主观赋权法能够体现专家的知识背景和经验判断，在指标数值难以定量化时，决策者凭借自身对指标的含义和重要性，来判定指标的权重值大小。主观赋权法中最具有代表性的是层次分析法（AHP），AHP法由Saaty提出，使用广泛。值得注意的是，该方法的使用既取决于指标体系的构建又取决于系统工程问题的复杂程度。特别适用于多目标、多层次和难以完全定量化的社会系统工程中的复杂问题（黄兴国，2012）。

客观赋权法根据完全定量化的指标，通过建立一定的数学模型，最终计算出各指标的权重值。客观赋权法中最具代表性的方法为熵值法，熵值法由Shannon最先提出，且引入信息论中。熵值是信息论中信息无序化程度的反映，其值的大小与系统无序度成正比。熵值法的优势在于权重的确定是由评价指标构成的矩阵判定的，最大限度地消除了权重判定的主观性，评价结果客观、实际、理想。

2. 综合评价方法

近30年来，随着人们对河流健康评价理论和实践研究的不断深入，形成了一系列各具特色的评估方法，且得到了广泛应用，例如河流无脊椎动物预测与分类系统（RIVPACS）、澳大利亚河流健康评价模型（AUSRIVAS）、澳大利亚溪流状况指数（ISC）、生物完整性指数（IBI）、河岸带与河道环境评估方法（RCE）、综合指数（RHP）、上海地区城市河流健康评价体系（USHA）等。虽然评价方法内容丰富，但从评价原理出发，可大概将上述评价方法分为两类：预测模型法和多指标评价法。

1）预测模型法

RIVPACS和AUSRIVAS等是典型的预测模型法（Oberholster et al., 2005）。该方法实质是将原始河流（即无人为干扰或人为干扰非常小的河流）作为参照河流，预测其物种组成并与河流的实测值进行比较，根据对比结果对河流的健康状况进行评判。用预测模型法开展的河流健康评价，主要将河流的任何变化完全体现在单一物种的变化上，进而通过物种的变化对河流健康状况进行评价，在某种程度上不能够真实地反映河流的健康状况，可见该方法自身存在一定的局限性。

2）多指标评价法

多指标评价法是河流健康领域未来发展的一种趋势。该方法的主要思路为：首先基于河流的属性和功能，从物理、化学、生物以及社会经济等方面构建指标体系；其次收集各指标现状值、采用适当的评价模型、综合评价河流状况。

国外典型的多指标评价方法有：美国的IBI、澳大利亚的ISC、英国的RHS、瑞典的RCE等等。对于国内而言，主要的多指标综合评价方法有：综合指数法、模糊综合评价法、物元分析、改进的优劣解距离法（TOPSIS）、灰色关联分析法、集对分析法、压力-状态-响应（PSR）模型等多种方法（申艳萍，2008；翟红娟等，2008）；另外，新方法——耦合评价模型（由两种或两种以上方法组成）的研究越来越多，例如AHP-模糊综合评价模型、模糊层次和可变模糊集（FAHP-VFS）耦合模型、集对分析和可变模糊集耦合模型等（王国胜，2007；邰雷群，2011）。

目前，多指标综合评价方法发展迅速，形成了大量各具特色的评价方法，主要有模糊综合评价法、灰色关联分析法、集对分析法、人工神经网络评价法、物元分析法等，各评价方法都有其优缺点和使用范围。从表 7-17 可以看出，虽然每种方法各具特色，但是在具体的研究中，方法的选择需要结合研究区的实际情况、数据资料的获取情况、评价指标的构建特点以及评价系统的复杂程度来综合确定。

表 7-17　各评价法的优缺点和使用范围

评价方法	优点	缺点	使用范围
模糊综合评价	可对涉及模糊因素的对象系统进行综合评价；对数据的要求低且计算量小	反映客观实际的隶属度和隶属函数需要借助专家经验才能确定；各指标加权处理后的加权值容易淹没个别指标的极值，从而降低评价的客观性	评价因素多、结构层次多的对象系统；适用于对不确定性问题的研究
灰色关联分析	概念清楚；对数据要求较低，且计算量小	关联评价值趋于均匀化；分辨率较低，分辨系数取值直接影响结果的排序	应用广泛
集对分析	一种综合集成分析方法；将确定性分析和不确定性分析有机结合起来	计算量较大	应用广泛
人工神经网络	具有模拟人类思维方式的能力	学习算法的收敛速度较慢；网络隐含层数和隐含节点数的选取需依靠经验，且存在局部极小问题；稳定性不好	应用受限
物元分析	概念模糊；针对单项指标之间不相容问题；利用关联函数及关联度可对各指标进行等级确定和优劣排序；计算简单、方便	指标等级的确定不完全合理，会直接影响关联度函数的最佳点位置	单项指标之间不相容、多因子的评价系统

（四）河流健康综合评价的思路

随着河流健康理论与实践研究的不断深入，近十多年来，河流健康评价实践已先后在美国、英国、澳大利亚、南非、新西兰、中国等国家开展，且具有一定的代表意义。目前美国、英国、澳大利亚、南非、中国等都已经制定了符合各国特色的河流健康评价指标体系以及评价方法。由于河流生态系统的复杂性，在今后的研究中，多指标综合评价法仍将会是常用方法。

河流健康综合评估的过程一般包括评价方法的选取、各指标等级的确定、评价指标的量化、指标权重的确定、指标评价值的确定和河流健康等级的确定。然后可以根据河流健康评估过程中得到的信息，对各指标以及河流健康评价结果进行分析，从而为河流管理提供一定的决策依据。

二、典型地区河流健康状况

太湖流域位于长三角的核心地区，该区内河网密集、湖荡众多，长期以来受到高强度的人类活动干扰，河流健康状况对城镇化进程较为敏感。根据地形条件和水系分布，太湖流域可分成 8 个水资源分区：浙西和湖西山区，包括武澄锡虞、阳澄淀泖、杭嘉湖、浦东和浦西在内的平原河网地区，以及太湖湖区。20 世纪 60 年代前，太湖平原保持较好的自然状态。从 20 世纪 80 年代开始，这一地区城镇化快速推进，导致生态环境恶化，环境问题日趋严重，表现为河流萎缩、水体污染、水资源匮乏、洪涝灾害和生物多样性丧失等。本节以包括武澄锡虞、阳澄淀泖和杭嘉湖 3 个平原河网地区的太湖平原为例，通过对河流功能进行分类与表征，建立其河流健康评价指标体系，并通过改进基于熵权的模糊物元模型对太湖平原的河流健康状况进行评价。

（一）指标体系

根据河流功能属性的不同，河流功能可分为自然功能和社会功能两种。自然功能指河流对河流生态系统的贡献，而河流生态系统是河流生命活力的重要指标（刘晓燕和张原峰，2006）。河流的社会功能反映的是河流对人类社会经济系统的支撑程度，也是人类维护河流健康的原始动力。自然功能可以进一步划分为二级功能，如地貌塑造、物质输送、气候调节、水质净化、生境提供、生物多样性保护等。社会功能也可以进一步分为二级功能，包括水源供给、泄洪排涝、内河航运、产品提供、休闲娱乐和文化教育。由于该地区地势平坦、起伏较小，此处忽略了水力发电这一二级功能。

（二）河流功能表征

1. 地貌塑造

指河流的侵蚀、搬运和沉积等作用于地表而形成的各种地貌的功能。平原河网地区的主要特征是河流纵横交错、密集分布。以往的研究表明，河网复杂度可以反映河网数量和长度的发育程度（杨凯等，2004）。为此采用盒维数（D），一种最常用的分形维数来描述河网地貌塑造功能。其表达式同前述公式（2-7）。

2. 物质输送

指河流以水为媒介，沿途输送泥沙和各种营养物质至河口以实现水文和生物地球化学循环等功能。平原河网地区地势平坦、水流缓慢，且常受人工引排水的影响导致其流向不定，因此不能采用流速和流量等常见评价指标。物质输送的能力在一定程度上取决于河网的连通性。因此，可以采用这种连通性来表征河流的物质输送功能。其计算公式同式（2-10）。

3. 气候调节

指河流及其连通的水域通过水面蒸发以增加湿度和诱发降雨等调节区域气候的功能。在平原河网地区，水域面积的大小是河流调节气候功能发挥的关键因素。因此，采用河流和湖泊的面积百分比来表征河网调节气候的能力，其公式同式（2-2）。浦东和浦西地区（上海）及浙东（宁波）沿海地区的研究表明，当 W_p 大于 12% 时能够满足调蓄和净化的需要（陈云霞等，2007）。

4. 水质净化

当人类活动对水体影响较小时，河流一般能通过自我净化能力保持良好的水质。然而，随着污染和废物排放量的增加，水质难以维持原样。鉴于此，通过建立河流水质达标率指标来表征河流水体对污染物的净化能力。计算公式为

$$R_q = \frac{N_r}{N_t} \tag{7-18}$$

式中，R_q 是河流水质达标率；N_r 是水质达标的河流断面数量；N_t 是监测的河流断面总数。R_q 越高，河流越健康。

5. 生境提供

弯曲度是河流的主要形态特征，可以产生不同的河流栖息地。然而，河流弯曲度可能会阻碍水、沉积物和养分的运输。为了提高泄洪能力，以河流生境为代价，许多蜿蜒的河流已经被拉直。这种现象在快速城镇化地区比较常见。因此，自 20 世纪 80 年代以来，河流弯度已被广泛用于评估河流健康（Barbour et al., 1999; Aswathy et al., 2008）。一般而言，河流弯度的范围为 1～3，低蜿蜒河流的弯度低于 1.3，而高蜿蜒河流的弯度超过 2（赵军等，2011）。

6. 生物多样性保护

指河流生态系统能够为各种生物的生存和多样性保护提供场所的功能。在过去一百年，生物群落被广泛应用在溪流和河流的生态状况的评估。此外，底栖大型无脊椎动物因其不易移动和具有较长生活周期能够稳定反映河流水体的污染变化。因此，近几十年，许多地区提出了基于生物完整性指数（IBIS）和底栖动物指数（MMIS）的多个指标（Jun et al., 2012）。近期通过大规模的调查和评估，在太湖流域构建了基于 MMI 的新指标。根据 MMI 分数，底栖动物的生态条件可划分为 5 个等级（"优""良""中""差""极差"）。MMI 包括分类群的总数（NT）、甲壳纲和蜻蜓目动物的百分比（%CO）、伯杰-帕克指数（BP）、生物指数（BI）以及过滤收集者的百分比（%FC），将五个度量的原始值归一化，每个指标可使用第 5 和第 95 百分位重新调整为 0 和 1 之间的得分（Huang et al., 2015）。根据太湖流域 120 个采样点的 MMI 分数计算得到底栖大型无脊椎动物的健康指标（H_{bm}），该指标用于表征河流的生物多样性保护功能。其计算公式为

$$H_{bm} = \sum_{i=1}^{n} \frac{S_i}{N_s} = \sum_{i=1}^{k} \frac{S_{ij}}{N_s} \tag{7-19}$$

式中，H_{bm} 是底栖大型无脊椎动物的健康指标；S_i 是第 i 个采样点的 MMI 分数，$0 \leqslant S_i \leqslant 5$；$S_{ij}$ 是第 i 个采样点第 j 个 MMI 的分数（包括 NT、%CO、BP、BI 和%FC），$0 \leqslant S_{ij} \leqslant 1$；$N_s$ 是评估地区采样点总数。

7. 水源供给

指河流具有为人类提供灌溉、工业、生活、生态和景观用水等各种水源的功能。在这里，运用水资源的开发利用率来表征水源供给功能。其公式可表示为

$$R_u = \frac{W_u}{W_t} \tag{7-20}$$

式中，R_u 为水资源的开发利用率；W_u 是已开发利用的水资源量，单位为 $10^8 \times m^3$；W_t 是流域水资源总量，单位为 $10^8 \times m^3$。水资源的开发利用率不能超过 40%（Zhao and Yang, 2009）。

8. 防洪排涝

指河流及其连通的湿地、沼泽和湖泊等各种水体蓄积和排泄洪水，从而减轻洪涝灾害的功能。防洪标准（S_f）是防洪的实际能力，被广泛用于评估河流健康。虽然 S_f 可能存在国家之间的差异，但洪水重现期和实际洪水通常用来描述泄洪排涝功能。

9. 产品提供

指河流及其连通的池塘、湖泊等水面为人类提供鱼类、甲壳类和藻类等水生生物产品的功能。近几十年来，受人类过度捕捞和水环境恶化的影响，河流鱼类产品提供逐渐由天然生产过渡到人工养殖。当前，人工养殖的鱼类产量明显高于几十年前的天然产量。因此，评价河流的鱼类产品提供功能不能用现在和过去相比较，可以用渔业养殖产量变化率来表征河流的产品提供功能，其计算公式为

$$O_p = \frac{O_t}{P_t} \tag{7-21}$$

式中，O_p 是人均水产品产量，单位为 kg；O_t 是水产品总产量，单位为 kg；P_t 是总人口数量。国家统计数据表明，不同省份之间人均水产品产量的范围为 0.13～100 kg，平均产量为 22.29 kg。

10. 内河航运

指人类为了外出方便和满足远距离的物质需求，利用自然和人工的河流来运输旅客和物质的功能。在中国，根据通航内河船舶的吨位可将内河航道分为七类。此外，许多非等级河道也运送货物。主干河长变化率指标可以表征内河航运的功能，其公式为

$$R_c = \frac{L_c}{L_w} \tag{7-22}$$

式中，R_c 是主干河长变化率；L_c 是主干河道的长度，单位为 km；L_w 是河道的总长度，单位为 km。国家统计数据显示，不同省份之间的主干河长变化率范围从 0～100%，平均值为 51.55%。

11. 休闲娱乐

河流环绕着各种美丽的自然景观，其可以用于休闲和娱乐活动，如游泳、划船、钓鱼、露营。在 2004 年，为了有效管理和保护旅游资源，基于《旅游区（点）质量等级的划分与评定》（GB/T 17775—2003），旅游景点被分为 5 个等级：AAAAA、AAAA、AAA、AA 和 A。如果把这 5 个等级从高到低分别赋以分数为 5、4、3、2、1，可以建立一个景区质量指数指标来表征河流的景观娱乐功能。其公式表示为

$$Q_t = \sum_{i=1}^{n} \frac{i \times x_i}{\sum_{i=1}^{n} x_i} \tag{7-23}$$

式中，Q_t 是景区质量指数；i 是旅游景点质量等级；x_i 是第 i 级旅游景区的数量。国家统计数据显示 Q_t 的平均取值范围为 0～5。

12. 文化教育

指人类利用河流进行科研和教育的功能。由于文化多样性能反映了流域内各种文化的丰富程度。而非物质文化又是人类文化的重要组成部分。中国文化部已经颁布了三批国家级非物质文化遗产名单，并将它们分为 10 个类别。因此，非物质文化的多样性可以通过香农-维纳多样性指数（Barbour et al., 1999）表征文化教育功能。计算公式可表示为

$$H_{ic} = \sum_{i=1}^{n} (n_i / N) \ln(n_i / N) \tag{7-24}$$

式中，H_{ic} 是非物质的文化多样性；n_i 为国家非物质文化遗产的第 i 个类别的数量；N 是国际非物质文化遗产名单中的评估区域的总数。国家统计数据显示，H_{ic} 的取值范围为 0～2.3。

（三）河流健康评价标准

根据河流功能的分类及其表征，可构建平原河网地区河流健康评价指标体系（表 7-18）。借鉴相关研究成果和国家标准，并结合太湖平原的实际情况以及江苏省和全国 的 平 均 水 平 确 定 河 流 健 康 的 评 价 标 准 ， 将 该 标 准 划 分 为 5 个 等 级（"优""良""中""差"和"极差"）。

表 7-18　河流功能表征指标的评价标准

序号	指标	标准					参考
		优（I）	良（II）	中（III）	差（IV）	极差（V）	
C_1	D	1.8～2	1.6～1.8	1.4～1.6	1.2～1.4	1～1.2	（杨凯等，2004）
C_2	γ	0.8～1	0.6～0.8	0.4～0.6	0.2～0.4	0～0.2	（徐建华，2002）
C_3	W_p/%	15～30	12～15	8～12	6～8	0～6	（杨凯等，2004；陈云霞等，2007）
C_4	R_q/%	80～100	60～80	40～60	20～40	0～20	《地表水环境质量标准》（GB3838—2002）
C_5	S_r	2.5～3	2～2.5	1.5～2	1.3～1.5	1～1.3	（赵军等，2011）
C_6	H_{bm}	4～5	3～4	2～3	1～2	0～1	（Huang et al., 2015）

序号	指标	标准					参考
		优（Ⅰ）	良（Ⅱ）	中（Ⅲ）	差（Ⅳ）	极差（Ⅴ）	
C_7	R_u/%	0～10	10～20	20～30	30～40	40～100	（Zhao and Yang, 2009）
C_8	S_f/a	200～300	100～200	50～100	20～50	5～20	防洪标准 （GB50201—94）
C_9	O_p/kg	40～100	30～40	20～30	10～20	0～10	单位面积水产品产量的各省和全国平均值
C_{10}	R_c/%	80～100	60～80	40～60	20～40	0～20	等级航道比重的各省和全国平均值
C_{11}	Q_t	4～5	3～4	2～3	1～2	0～1	《旅游区（点）质量等级的划分与评定》 （GB/T 17775—2003）
C_{12}	H_{ic}	2～2.3	1.5～2	1～1.5	0.5～1	0～0.5	H_{ic} 的取值范围为 0～2.3

（四）改进的熵权-模糊物元模型

经典物元分析和模糊数学常被用来解决矛盾问题，适合多因素评估。在信息论中，信息熵的概念具有不确定性。信息熵越大，其信息含量更大。一个事件的随机性和障碍可以根据它的特性通过计算信息熵来估计，同样也是确定离散程度的一个指标。熵权法可以消除人为干扰对每个指标权重的计算和补偿，一定程度上避免因主观赋权不足导致其评估结果出现偏差。由于河流健康是一个模糊的概念，而影响河流健康的河流各种功能之间又存在不相容的关系，所以河流健康可通过建立基于改进的熵权-模糊物元模型来进行评价。这个模型的基本步骤如下。

1. 构建河流健康模糊物元

根据物元分析理论，可以通过构建 m 个评估对象 O_m（河流）、n 个特征向量 C_n（指标）和相应的指标特征值 X_n（值）建立河流健康评估的综合物模糊物元（R），用矩阵表示如下：

$$R_{mn} = \begin{vmatrix} x_{11} & x_{12} & \cdots & x_{1n} \\ x_{21} & x_{22} & \cdots & x_{2n} \\ \vdots & \vdots & & \vdots \\ x_{m1} & x_{m2} & \cdots & x_{mn} \end{vmatrix} \tag{7-25}$$

2. 确定各指标的隶属函数

众多研究表明，测量参数是离散分布的。由许多观察结果可知，在一个类似的类别中它们可以被近似看作正态分布的隶属函数。这个公式可以表示为

$$u_{ij} = \exp\left[-\left(\frac{x_{ij} - a_{ik}}{b_{ik}} \right)^2 \right] \tag{7-26}$$

式中，u_{ij} 是第 j 个对象的第 i 个指标的隶属函数；x_{ij} 表示第 j 个对象的第 i 个指标的特征值；a_{ik} 和 b_{ik} 是常数，且均大于 0。

在上式中，当 $x_{ij}=a_{ik}$ 时，$u_{ij}=1$。因此，x_{ij} 是第 i 个指标的第 k 级标准的平均值，如下

所示：

$$a_{ik} = \frac{x_u + x_l}{2} \qquad (7\text{-}27)$$

式中，x_u 和 x_l 分别是第 i 个指示符的第 k 个等级标准的上、下边界值。

在表 7-18 中，"Ⅱ"、"Ⅲ" 和 "Ⅳ" 的等级标准的边界值是从一个级到相邻级的转变值。因此，该边界值本该属于相邻的两个等级，也就是说，相邻两个等级的隶属度本该相等。这意味着 $\exp[-((x_u-x_l)/2b_{ik})^2]=0.5$，该式可以改写为

$$b_{ik} = \frac{x_u - x_l}{1.665} \qquad (7\text{-}28)$$

然而，式（7-27）是不适合 "Ⅰ" 和 "Ⅴ" 的评估标准的。例如，第一个指标（D_0）的 "Ⅰ" 的等级标准是 1.8～2.0。显然，当 $x_{ij}=2$（上边界值）时 $u_{ij}=1$。因此，a_{ik} 的值本该是上边界值，而不是平均值。同时，"Ⅰ" 和 "Ⅱ" 的隶属函数相等时，x_{ij} 应该表示下边界值。根据式（7-26），$b_{ik}=(x_u-x_l)/0.8325$ 可以得到。同样，对第一个指标的 "Ⅴ" 等级标准来说，$x_{ij}=1$（下边界值）时 $u_{ij}=1$。因此，a_{ik} 本该是下边界值，而不是平均值。根据式（7-26），$b_{ik}=(x_u-x_l)/0.8325$ 也可以得到。

总之，为了解决相邻等级的过度问题以及满足极端值的需求，隶属函数可以改善如下：

当 x_{ij} 为效益型指标时，其隶属函数等级标准的 "Ⅰ～Ⅴ" 表示为

$$u_{ij} = \begin{cases} \exp\left[-\left(\dfrac{x_{ij} - x_u}{(x_u - x_l)/0.8325}\right)^2\right], & x_{ij} \in \text{Ⅰ} \\[3mm] \exp\left[-\left(\dfrac{x_{ij} - (x_u + x_l)/2}{(x_u - x_l)/1.665}\right)^2\right], & x_{ij} \in \text{Ⅱ,Ⅲ,Ⅳ} \\[3mm] \exp\left[-\left(\dfrac{x_{ij} - x_l}{(x_u - x_l)/0.8325}\right)^2\right], & x_{ij} \in \text{Ⅴ} \end{cases} \qquad (7\text{-}29)$$

当 x_{ij} 是成本型指标时，其隶属函数等级标准的 "Ⅰ～Ⅴ" 表示为

$$u_{ij} = \begin{cases} \exp\left[-\left(\dfrac{x_{ij} - x_l}{(x_u - x_l)/0.8325}\right)^2\right], & x_{ij} \in \text{Ⅰ} \\[3mm] \exp\left[-\left(\dfrac{x_{ij} - (x_u + x_l)/2}{(x_u - x_l)/1.665}\right)^2\right], & x_{ij} \in \text{Ⅱ,Ⅲ,Ⅳ} \\[3mm] \exp\left[-\left(\dfrac{x_{ij} - x_u}{(x_u - x_l)/0.8325}\right)^2\right], & x_{ij} \in \text{Ⅴ} \end{cases} \qquad (7\text{-}30)$$

3. 关联复合模糊物元

根据各指标的实际值和式（7-27）、式（7-28），第 m 个评估对象的模糊矩阵可以生成如下：

$$R_{nk}^m = \begin{vmatrix} u_{11} & u_{12} & \cdots & u_{1k} \\ u_{21} & u_{22} & \cdots & u_{2k} \\ \vdots & \vdots & & \vdots \\ u_{n1} & u_{n2} & \cdots & u_{nk} \end{vmatrix} \tag{7-31}$$

k 是评估等级（$k = 1,2,\cdots,5$）；n 是评估指标。每一行的总和应等于 1。由于每个元素在每行是每个等级的隶属函数，因此，这个矩阵的每一行的元素可以按照下列公式进行标准化：

$$r_{ij} = \frac{u_{ij}}{\sum_{j=1}^{k} u_{ij}} \tag{7-32}$$

基于上述的归一化，m 个评估对象的复合模糊物元矩阵可标准化如下：

$$\tilde{R}_{nk}^m = \begin{vmatrix} r_{11} & r_{12} & \cdots & r_{1k} \\ r_{21} & r_{22} & \cdots & r_{2k} \\ \vdots & \vdots & & \vdots \\ r_{n1} & r_{n2} & \cdots & r_{nk} \end{vmatrix} \tag{7-33}$$

4. 利用改进的熵权法确定权重

在原有熵值法的基础上进行改进，将公式修改为

$$P_{ij} = \left(a_{ij} + 10^{-4} \right) / \sum_{i=1}^{n} \left(a_{ij} + 10^{-4} \right) \tag{7-34}$$

这里改进有两个原因，首先，当 $\alpha_{ij}=0$ 时 P_{ij} 不等于 0，且 P_{ij} 有数学意义，同时当 n 无限大时如 $n=100$，P 约等于 0。另一点，这种调整对熵值的影响控制在合理的范围内，即改进熵值非常接近于原始熵值（它们之间的差异可以控制在两位小数或更小）。

公式有一个主要缺陷，即当信息熵值非常接近 1，它们之间只有微小的差别。这轻微的差异可能会导致熵权的巨大变化（张近乐和任杰，2011）。因此，为了解决这个问题，将其改进为

$$w_{ij} = \frac{\left(1 - H_j + \frac{1}{10} \sum_{j=1}^{m} \left(1 - H_j \right) \right)}{\sum_{j=1}^{m} \left\{ 1 - H_j + \frac{1}{10} \sum_{j=1}^{m} \left(1 - H_j \right) \right\}}, \quad \left(0 \leqslant w_{ij} \leqslant 1, \sum_{j=1}^{m} w_j = 1 \right) \tag{7-35}$$

5. 计算模糊关联度

模糊关联度（或模糊贴近度）被定义为测量显示评估样本和标准样本之间的距离，类似多元统计分析中的相似系数。模糊关联度越大表明距离越小。因此，可以根据所有的评价样品的模糊关联度进行排序，并可以根据标准样本的模糊关联度进行分类。

在这里，归一化的模糊物元的理想矩阵计算公式为

$$R_{n0} = \begin{vmatrix} r_{10} \\ r_{20} \\ \vdots \\ r_{n0} \end{vmatrix} = \begin{vmatrix} 1 \\ 1 \\ \vdots \\ 1 \end{vmatrix} \tag{7-36}$$

然后，第 m 个评估对象的模糊关联矩阵可采用汉明距离和模糊算术中的加权平均算子（·,+）计算最大关联度，如下所示：

$$R_{\rho H}^m = \begin{vmatrix} & P_1 & P_2 & \cdots & P_k \\ \rho H_i & \rho H_1 & \rho H_2 & \cdots & \rho H_k \end{vmatrix} \tag{7-37}$$

$$\rho H_i = 1 - \sum_{i=1}^{k} \omega_j \cdot |r_{ij} - r_{oj}|, i = 1, 2, \cdots, k \tag{7-38}$$

6. 计算等级特征值及确定河流健康评价等级

m 个评价对象的等级特征值的计算方法如下：

$$H_m = \sum_{i=1}^{k} i \cdot \left(\frac{\rho H_i}{\sum_{i=1}^{k} \rho H_i} \right), i = 1, 2, \cdots, k \tag{7-39}$$

式中，第 m 个评估对象的河流健康等级为"V"时，$4.5 < n < 5$；当 $1 < n \leq 1.5$，河流健康等级是"I"；当 $i - 0.5 < H_m \leq i - 0.5$，$i = 2, 3, 4$，河流健康等级为第 i 级。

（五）太湖平原河流的河流健康状况

根据上述公式可以计算出每个区域的模糊贴近度和等级特征值，并由此确定太湖平原地区的河流健康等级，如表 7-19、表 7-20 所示。

表 7-19　特征值和指标权重

区域	C_1	C_2	C_3	C_4	C_5	C_6	C_7	C_8	C_9	C_{10}	C_{11}	C_{12}
武澄锡虞	1.57	0.43	4.65	28.72	1.09	1.59	34.2	20	37.24	23.96	3.55	1.77
阳澄淀泖	1.63	0.54	15.16	62.96	1.08	2.36	36.52	25	42.36	25.98	3.66	1.73
杭嘉湖	1.57	0.43	8.86	31.2	1.08	2.33	34.28	20	50.24	54.49	3.37	2.11
权重	0.0909	0.1050	0.0726	0.0916	0.0783	0.0672	0.0674	0.1050	0.0727	0.0924	0.0689	0.0880

表 7-20　太湖平原三个区域的特征值和河流健康等级

区域	自然功能		社会功能		河流健康	
	H	等级	H	等级	H	等级
武澄锡虞	3.84	差	3.17	中	3.51	差
阳澄淀泖	2.79	中	3.06	中	2.93	中
杭嘉湖	3.52	差	2.68	中	3.10	中

　　武澄锡虞、阳澄淀泖和杭嘉湖区河流健康的等级特征值分别是 3.51、2.93 和 3.10。根据其分类标准,三个地区的河流健康排名依次为"差""中""中"。如图 7-22 所示,整个太湖平原的河流健康状况低于"良好",表明维持河流健康刻不容缓。

　　对于河流的自然和社会功能来说,健康状况的分布是不均匀的。总体而言,中心地区的功能状态比南北的更好。阳澄淀泖区河流的自然功能等级为"中"。而武澄锡虞和杭嘉湖地区均为"差",但后者比前者相对好一些,该区具有更小的等级特征值 3.52。虽然三个地区河流的社会功能都是"中",但是武澄锡虞区的河流社会功能是最差的,因为它具有最大的等级特征值 3.17。综上可以看出,武澄锡虞区的河流功能较差,因此该区是太湖平原亟须生态修复以维持河流健康的重点区域。

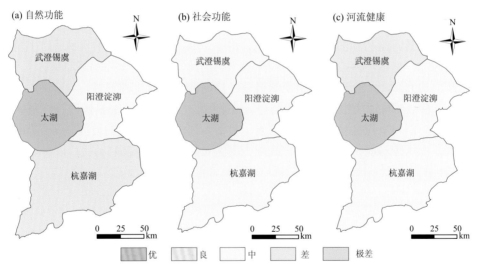

图 7-22　太湖平原河流健康的等级分布

　　将指标按权重降序排列(表 7-19)如下:$C_8 = C_2 > C_{10} > C_4 > C_1 > C_{12} > C_5 > C_9 > C_3 > C_{11} > C_7 > C_6$。$C_8$ 和 C_2 的权重都大于 0.1,这表明泄洪排涝和物质输送是当前太湖平原河流最重要的功能。通过总结各区域的指标健康等级确定各指标变化的等级百分比分布,如图 7-23 所示。每个指标的健康程度百分比从好到差的排序如下:$C_9 > C_{12} > C_{11} > C_1 > C_3 = C_2 > C_6 = C_4 > C_{10} > C_7 = C_8 > C_5$。这表明,产品提供、文化教育和休闲娱乐等河流功能是"良",而生境提供、泄洪排涝、水源供给、内河航运和水质净化等河流功能是"差"。因此,泄洪排涝是影响河流健康的最重要因素。此外,生境提供、内河航运、物质输送和净化水质的"差"的状况也限制了河流健康。因此,这些河流功能必须通过生态恢复得到改善。

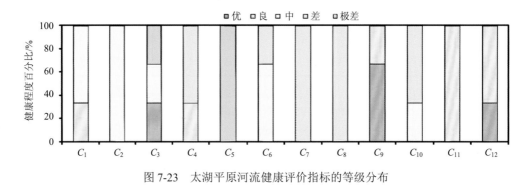

图 7-23　太湖平原河流健康评价指标的等级分布

在河流健康状况评估的基础上,从河流健康影响因素和机制出发,针对太湖平原生态恢复的几点建议如下:

首先,所有的河流必须由当地政府统一规划和监督保护。例如,为了满足泄洪和航运的需求,主干河道得到了有效的控制,但对于源头河流的保护管理一直被忽视。源头河流可以提供重要的生态功能,包括水生生物的栖息地、清洁的饮用水、可以快速处理和摄取营养素。因此,在城镇化进程中必须防止源头河流被填埋。

其次,改善河流和湖泊之间的连通性。由于道路、桥梁、建筑物和水利工程建设切断了其连通性,许多河流成为断头河或死水潭。因此,可以通过开挖新河道、人工开挖连通阻断的相邻河流、合理调度闸坝等措施,提高河网的水文连通性。

此外,有必要将河流生态系统的结构、功能和动力学作为一个整体进行修复。最后,较差的河流功能和重点区域必须优先恢复。目前,河流生态修复的首要任务是加强太湖平原河流的泄洪排涝能力,尤其是在武澄锡虞区(Deng et al., 2015)。

第八章　城市化水文效应研究趋势与水安全保障

城市化是人类发展和社会进步的重要标志，纵观世界城市发展，世界各地城市化发展和水有着密切的联系。从古代城市依山傍水而建，到近代城市的发展，无一不综合考虑着供水、防洪、航运、生态等与水息息相关的特性与功能。城市化发展又对水文过程产生了较大影响，随着人类进步和工业化的发展，人口大规模向城市集中，城市规模不断扩大，城市经济快速发展的同时城市化区域河流水系、降雨径流及暴雨洪水均发生了较大变化。

从该书前述内容中不难看出，城市化发展在促进社会、经济发展的同时，随着城镇用地快速向郊区农村扩张，城市化人类活动不断改变着自然环境，愈加深刻地影响水循环过程，使得流域产汇流过程发生较大变化，流域不透水面积大幅度增加，入渗水量大幅减少，流域中的天然水系遭受破坏，河道的截弯取直，水库、闸坝、防洪堤兴建，改变了河水运动状况，使河道水流传播速度明显加快，天然排水系统被人工的排水管网所代替，加快了排水速度，导致城市出现"堤高水涨""小水大灾""城市看海"等现象，阻碍城市化地区经济可持续发展。

城市化与水文过程一直是人们关注的热点与难点问题之一，目前仍存在一些问题与现象亟待开展深入研究，主要包括城市化对下垫面与河流水系影响，城市化对水循环的影响，城市化对降雨径流长期变化的影响，城市化区不透水面积增大、河网水系的变化对暴雨洪水影响，以及对河流生态与水质状况影响等一系列城市化水文问题。通过城市化水文效应研究，可探寻城市化进程中的水文变化规律，协调城市化与水文、水资源和水环境之间的关系，以便为当地的防洪减灾、水环境保护以及水资源持续利用提供决策依据，为其经济的持续快速发展提供坚实保障。

第一节　城市化水文效应研究与展望

一、城市化地区下垫面与局地气候变化

（一）城市化地区下垫面时空演变

城市化发展最大特征之一是导致流域下垫面土地利用/覆被变化，并引发水系结构等剧烈改变，城市化是农村地域景观向城市地域景观转化的过程，在宏观上表现为城市空间扩展和城市用地结构变化，在微观上表现为不同类型自然景观转化为城市建设用地的过程。而城市化对水文循环过程的影响主要是通过改变城市下垫面状况来实现的，尤其是混凝土屋顶和水泥路面等不透水性地面取代了原有林草地和农田等透水性下垫面。

1. 城市化对土地利用/覆被变化影响

以城市化为标志的人类活动导致下垫面不透水面积大幅增加、河流水系衰减严重，其中以长江下游三角洲地区最为典型。根据 2019 年长三角各市统计年鉴数据，长三角地区人口总数约为 $1.46×10^8$ 人，国内生产总值为 $20.01×10^4$ 亿元。长三角仅占全国面积的 1%、全国人口的 11.05 %，却创造了全国 20.19% 的国内生产总值。该地区是中国城市化程度最高、人口最为稠密和人民生活最富裕的地区，也是世界上最大的大河三角洲和城市群之一。

长三角地区大致经历了 90 年代之前的初步发展、90 年代的快速发展，以及 2000 年到 2020 年代的快速发展阶段。长三角在 1991 年至 2020 年间，土地用地类型都发生了较大变化。整体上城镇用地变化最为显著，由 1991 年的 5.0% 增加到 2020 年的 29.5%，其中 1991~2001 年的城镇用地年均增长率均达到 5.45%，2001~2015 年均增长率达到 8.18%，远远高于其他的土地利用类型，2015 年以后城镇用地年均增长速率下降至 2.71%，近 30 年间长三角地区城镇用地共增加了 24271.8 km^2，增长率达 484.51%。然而，城市化发展在空间也存在较大差异，长三角地区城市化主要集中在城市化发展最为快速的太湖流域。大规模城市化导致下垫面特性发生变化，势必会引起区域水文循环过程发生变化，但同时，城市化发展的空间差异也导致城市化水文效应产生空间差异，其变化趋势及不同地区差异程度是今后需重点关注的问题。

2. 城市化下河流水系变化特征

天然河流是流域水循环过程中径流主要通道，担负着调节径流、蓄泄洪水、净化水质等多种功能，天然河道具有良好的透水性，有较好的河岸调蓄功能，较好实现地表水与地下水的转化。而人类活动尤其是城市化发展对河流水系造成较大冲击，进而影响到水文循环系统中地表径流、壤中流和地下径流诸要素的分配。

城市化对河流水系产生很大影响，其使河道结构趋于简单，河流形态发生巨变。城市化进程加快，河流水系因被挤占、填埋而迅速衰减，其中末级河道被填没淤堵而大面积消失，尤其是河网密集、城市化水平较高的地区。长三角地区自 20 世纪 60 年代以来，各水系指标都有不同程度的衰减，河网结构趋于简单。城市化对主干河流的影响在高度城市化地区最为显著，水系的简化程度更为严重。与此同时，人工排水系统大量增加，又导致河槽过水断面减小，河流的调蓄能力降低。城市化对河流水系的影响，又因河道的等级、社会属性不同而异，一般高等级主干河道因疏浚作用以及不透水面积增加引起的径流流速、洪峰流量和洪水总量增加而变宽，低等级河道则因为淤积以及城市建设（与水争地）而逐渐变窄甚至消失。太湖流域的研究发现，城市化下河道淤积严重，河网数量明显减少。城市化对河道结构的影响是复杂的，河道的自然变化过程、水利工程的影响，河道改变与河网改变之间的联系等亟待科研人员进行更深入的研究。

未来评估城市化发展不同阶段对下垫面影响程度，探讨城市化对下垫面与河流水系影响机制，揭示城市化下水文过程变化阈值区间，是城市化进程中有待深入探讨的难点问题。

（二）城市化对局地气候影响

城市化发展、人类活动加剧，会导致下垫面状况发生较大变化，空气流通缓慢甚至造成空气污染。城市气候是在大的区域气候背景下，通过下垫面和近地层大气辐射、热力和水分状况、空气质量和空气动力学性质的改变，在城市区域形成了有别于附近郊区的局地城市小气候，其变化特点与规律有待深入分析。

随着城市的发展，人口向城市聚集，大规模的工业建设使城市又不断向郊区扩展，大批建筑物兴建，众多不透水地面和道路铺设，较大改变了下垫面的热力学和动力学状况，使城市区对太阳辐射的反射率比郊区小，导热率、热容量则有所增加。由于城市不透水面积增大，天然植被覆盖减少，使得城市蓄水容量减少，蒸发（蒸腾）比郊区小，同时由于城市下垫面糙度增大、风速减小，不利于热量扩散，导致热平衡和水量平衡有较大差异。此外，在工业生产和人民生活中，大量煤、石油和天然气等化石燃料的燃烧，给大气增加了大量的二氧化碳等气体，排入大气的污染物质明显增加，也使得城市的大气污染加剧。

不仅如此，排入大气的污染物质明显增加也会影响城市空气的透明度，降低能见度，影响了太阳辐射、散射和地面长波辐射，为降水形成提供了丰富的凝结核。特别是大气中的 CO_2 对来自太阳的短波辐射几乎是透明的，太阳辐射可直接到达地表面，而对地表指向天空的长波辐射却有很强烈的吸收作用，使得地表辐射的热量截留在大气的 CO_2 层内，对地面起一个保温作用，使城市上空产生温室效应，城市的气温比郊区高。一般情况下，二氧化碳浓度增加一倍，地表气温可增加 2～3℃。城市热岛效应是城市化对气候影响的典型特征之一，其产生原因是城市区大量人为热量的释放，以及城市内高度密集的工业、人口和众多高层建筑能够吸收较多的太阳辐射，阻碍空气的流通，减弱了风速，使城市热空气不能及时扩散；同时由于城市众多不透水道路和建筑物的覆盖，雨水迅速从排水管网排出，使得城市的蒸发较小，空气湿度也较小，这些使得城市空气温度要明显大于郊区，一般城市中心的年平均气温要高出周围农村地区 0.5～3℃，在气温水平分布上形成一个高值区，产生城市的热岛现象。

城市化局部气候效应在不同地区、不同气候背景下有着较大差异，揭示城市化在时间与空间上对局部气候的影响规律，是未来一段时间需要开展的一个重要任务。

二、城市化对水循环与降雨径流的影响

（一）城市化地区水循环过程

一般情况下，天然流域下垫面与河流有良好的透水性，降雨经过地表而形成地表径流、壤中流和地下径流，部分水量以蒸发、植被散发形式返还大气，形成一个流域的水文循环过程。而城市化发展则显著影响水文循环系统中诸因素的分配。随着城市建设的发展，下垫面状况改变，降雨入渗减少，实际蒸发量减少，地表径流加大，并且随着城市化发展，不透水面积还会增加，土壤蓄水量随之减少，地表径流也将加大。

城市化地区的大气污染和热岛效应也可改变本地区的水循环状况。城市化发展与生

态环境恶化，会引起地表反照率、粗糙度、不透水面积等物理参数的变化，从而改变了蒸发、径流、下渗等水循环过程。虽然这些影响是局部的，但其强度往往很大，对水循环的影响可扩展至地区，甚至通过水圈、大气圈的相互作用影响到全球。

城市水循环系统包括自然系统和人工系统两部分。城市水系是整个流域的一部分，参与整体的水文循环过程，由于城市化的发展，城市局地降雨条件、土地利用方式随之发生改变，尤其城市给排水管网建设使流域天然水循环路线发生巨大变化。城市化下水循环各要素的变化是直接影响城市区域降雨径流变化的主要因素，开展城市化对水循环影响的定量评价是探讨城市化对水文影响的基础，需采用综合分析方法开展系统性的深入探讨研究。探讨城市水循环变化特征，以及城市水循环各要素与城市化之间内在联系是未来迫切需要开展的研究任务。

（二）城市化地区降雨过程变化

城市化对城市区域降雨产生了较为显著影响。世界各地的研究表明，城市地区年降水总量比农村地区偏高5%～15%，其中雷暴雨增加10%～15%，并且降雨次数也比郊区多，这一现象称之为城市"雨岛效应"。

一般认为导致城市雨岛效应的原因，首先是城市热岛效应对降雨产生诱导作用。由于城市热岛效应，热能使城市大气层结构变得不稳定，结果是城区空气密度变小，产生浮力向空中上升，而郊区空气密度大，并在低层流向郊区，补充已上升空气，形成热对流，当有云团移至城市上空时，极容易形成对流云和对流性降雨。其次，城市参差不齐的建筑物，对气流有阻碍效应，并且触发湍流和抬升作用，使云滴绝热升降凝结而形成降水。此外，城市空气中凝结核比郊外多，产生凝结核增雨的效应。城市化工厂和家庭排放的大量粒状废气，可较长时间地扩散或停留在空气中，由于废气中硝酸盐和硫酸盐类物质易于吸收水汽成为凝结核，从而起到增雨作用。

在城市化对降水的影响中，有学者研究美国西部、阿拉伯干旱地区降水发现，城市化后比城市化前降水量平均增多12%～14%，城市区域激发或增加了降水。还有学者的研究提出一个理想的范式：在离城市中心25～75 km下风向125°的扇形区域，由于城市化作用，降水显著增加。前述长江三角洲地区研究结果得出类似的结论，即在相同气象条件、变化下垫面因素影响下，城市化发展迅速的城区降水增幅大于郊区。同时，城市地区城市化对表征极端降水量级和日数的指标有显著强化作用，对大部分指标的贡献率都在11%以上，最高可达53%；而城郊地区城市化对极端降水日数指标产生一定抑制作用。城市化使得城市地区极端降水变化较农村地区更加剧烈，城郊地区降水更加集中，洪涝风险增大。夏季降雨易在城市地区形成降雨中心，且峰值出现在午后（15:00）。这与城市区域局部特性有较紧密关系。

但是城市化对降水的影响程度仍然存在争议，城市化对降水的影响机理的研究还是比较薄弱的。例如珠江三角洲地区，降水的减少是由于城市化引起地表水文特征改变，植被覆盖、粗糙度、反射率、能量流动和径流变化减少大气水分的供给，城市化对降水的影响还存在地区差异和季节差异。

未来仍要重视城市化对降水影响机理的研究。同时加强由地面雷达站、卫星接收站和水文观测站所组成的信息监测网络的观测研究，并引入有效的数学模拟技术，将中尺度模式与城市水文模拟相结合，从热力因子、动力因子、区域地理等多方面综合考虑，对城市气候进行定量化的研究，开展大气污染对降雨污染的系统研究。此外，注意全球气候背景的影响，如季风气候区雨季影响远高于城市化对降水的影响，城市化对于降水变化的影响程度还有待开展更深入的分析研究。

（三）城市化地区产汇流过程与暴雨洪水变化

流域水文过程是气象要素与下垫面共同作用的结果，城市化发展严重改变了流域下垫面状况，使得城市化对降雨径流过程产生较大影响。因为地表产流量增加，汇流速度加快，所以城市地区的洪水过程线变得尖瘦，汇流历时缩短，峰值增大，洪峰出现时间提前，径流系数加大且洪峰以后流量过程衰减速度加快。同时，由于壤中流和地下径流补给减少，洪水过程历时也相应减少。

由于城市地区天然植被覆盖少，建筑物覆盖面积广，城市道路多以混凝土和柏油铺设，造成城市内不透水面积大大增加。这使得产流过程中植被截流、填洼、下渗等降雨初期损失量均减少，并且下渗与土壤蓄水量随之减少，加上排水管道的布设，导致径流快速汇集，地表径流加大。在城市区地表径流可达90%左右，远比郊区流域大得多。相关研究指出，不透水面会直接影响到地表产流：处于自然下垫面时，地表径流约占降雨量的10%；随着城市发展，当不透水面比率达到10%~20%，地表径流占比上升到20%；当不透水面比率达到35%~50%，地表径流占比为30%；而当是城市化发展到后期，不透水面比率达到75%~100%时，地表径流占比会达到50%以上。

如本书第四章所述，在长三角地区开展不同城市化水平、不同空间尺度的野外水文对比观测实验，获取区域产汇流特性的观测数据，对比不同城市化流域中降水、地表径流、土壤水和地下水响应关系，发现高度城市化小区的暴雨-洪峰滞时缩短，多在1 h以内。高度城市化地区土壤水对降水响应强烈的土壤层在0~10 cm，而低度城市化地区在0~20 cm。同时，借助中尺度气候模拟系统，并且考虑水量平衡和热量平衡，发现城市地区的径流明显高于非城市地区，城市地区夏季径流深在500 mm以上，其周边以水田为主的地区夏季累积径流深一般不超过200 mm。

城市化过程改变了水文情势，导致极端暴雨洪涝事件发生频率加大，洪峰与洪量趋于集中，城市区域小流量高水位的现象更加频繁，河流洪水位将随着堤防的延长和加高而不断抬高，即"堤高水涨"。集水区域河道渠化会增加径流汇流流速，进而使洪峰过程线尖瘦和极端洪水的规模增加。在太湖平原腹部地区，城市防洪大包围内20世纪90年代洪水频率相较于20世纪60年代增大36%，至21世纪10年代洪水频率减小12%；而大包围外洪水水位有所增大，洪水频率增大28%。借助水文水动力学耦合模型，模拟该地区"20150616"典型暴雨场次情景下，发现城市圩垸防洪工程的启用会降低圩内河道水位11~48 cm，抬升圩外河道水位1~14 cm。平原区水位过程受城市化与水利工程等人类活动的综合影响，影响因素较为复杂，有待进一步深入探讨。

城市化对水文过程影响是当前研究的重点与难点问题，如何定量评估不同气候与下垫面特征下，城市化对水文过程影响程度，揭示城市化对产汇流影响机制，确立土地利用变化与径流产生的机理之间的定量联系，探寻城市化极端暴雨洪水频发的原因，是当前研究重要课题。

三、城市化下水生态环境演变

随着城市化的发展，大量工业废水、生活污水排放进入地表水体，虽然有些已经过处理，但还不能完全达标，使得重金属、有机污染物、放射性污染物、细菌病毒等污染物质排入下水道，再汇入邻近的河流、湖泊等。当污染物的浓度超过受纳水体的自净能力时，受纳水体会遭到严重污染，水生态系统会遭到严重破坏。

在城市化背景下，水质变化的影响因素众多。区域内城镇用地和农田占比较大会加剧河流水质的恶化，并且其影响程度存在季节差异，即非汛期的影响要强于汛期；河网水系对水质的影响也有明显的季节性变化，水面率较高、支流发育程度较好，对丰水期的水质有明显改善作用；从产业经济结构角度，高度城市化地区，渔业及重工业占比的下降、第三产业占比的上升是水质改善的重要因素。而在低度城市化地区，养殖业占比的下降是水质改善的主要因素。

河网水系生态系统的结构和功能是统一的，城市化过程对其影响往往是使其结构单一化、功能退化。所以在考虑人类生产生活而充分利用水资源的同时，也应考虑到水环境结构的改变和流域生态系统对水的需求。水循环过程既要考虑大气水、地表水、土壤水和地下水，也应考虑植物需水。生物群落结构一旦遭到破坏，恢复原来的结构可能需要很长的时间。在此背景下，近年来国内兴起了生态用水、城市河流生态系统健康等相关研究。河流健康作为河流管理的评估工具，其内涵、评价指标体系的构建及评价方法的选取很大程度决定了评价结果的准确性和科学性。

水环境容量作为水污染总量控制的基础和核心，是水环境问题研究中必不可少的一部分。如太湖腹部地区主要河流的总磷水环境容量秋季较高而冬季最低，高锰酸盐的水环境容量的季节性差异不显著；相较于 2010 年水质目标，采用 2020 年水环境功能区水质标准作为目标值，区域 COD、NH_3-N 环境容量分别减少 1768.88 t、96.4 t，部分河流的 NH_3-N 环境容量均变为负值，现状所承纳污染物量将超出其纳污能力，城市化地区水环境容量不容乐观。因此在保证城市化持续发展的前提下，水环境容量阈值研究是今后需要深入探讨的一个重要问题。

四、城市化水文效应研究趋势

城市水文是随着城市化水平不断提高，在现代水文研究中产生的一门针对城市化区域各种水文现象的新的研究领域，它的出现表示着城市化对水文过程的影响已经到了非常严重的程度，同时也意味着城市化带来的水文问题与一般水文问题有着很大的差异，以往的研究方法手段已不完全适用。造成这种现象的最大原因就是城市中人类活动占主要地位，对自然水循环和水环境的改变已超出了水圈生态系统自动修复能力，城市水资源水环境发生了很大的变化，且由于人类活动的参与，整个城市水生态系统变得尤为复杂，这就是未来城市水文学需重点探讨的问题。

由于人类活动直接或间接地干扰了陆地水循环过程，城市化下水文效应研究不仅聚焦在自然状态下的水文过程，又着眼于被人类活动改变后的水文过程研究，研究视角从比较单纯的水文过程研究逐步扩展到了社会、生态等领域，研究问题从简单的区分自然和人为影响到综合考虑水系统内的复杂交互作用，研究方法也从传统的水文过程模型逐步转向多要素、多过程耦合的水系统综合评估模型。面对新形势与挑战，城市化下水文效应研究需要在以下方面更深入地开展研究。

在城市化水文效应基础理论研究方面，要注重城市化区域水文循环和水量平衡研究，加强宏观大尺度气象背景下城市化区域微观产汇流变化规律研究，将城市地区水循环过程、天气过程与降雨过程有机联系起来，逐渐加强与社会、人文科学的合作才能更加客观地看待自然和人类共同作用下的水循环过程，开展城市化地区水文循环全过程研究，探究不同界面上的水分和能量的交换问题、水在大气中的运动和转化问题，从而揭示城市化地区水文变化规律。

在城市化水文效应机理揭示方面，需注重野外实验观测研究，加强城市化地区水文要素观测与实验分析。在高强度人类活动干扰下，下垫面特征复杂，降雨等要素的空间差异和变化环境下城市区域洪水演变机制尚不明确，尚未形成统一的科学认识，难以制定行之有效的防洪减灾对策。而水文观测与实验是发现水文现象并揭示水文机理最直接且最有说服力的技术手段，且随着洪水响应研究的深入，更高精度的水文资料成为研究之必需。但我国目前短历时水文观测资料相对缺乏，尤其是中小流域短历时高精度暴雨洪水资料。因此，迫切需要开展系统的水文观测与实验研究，为我国快速城市化背景下防洪减灾提供科学参考。

在数值模拟与统计分析方面，将城市区域气象、水文与水生态环境实验观测与水文水动力数值模拟结合起来，研究建立更加适合当前城市化特点的水文模型，从而更好地揭示城市化地区不同尺度水文过程的变化机理。通过不同时期河网水系图件以及长系列历史水文资料，对比分析人类活动对流域水系以及河网格局影响机制，分析河网水系对水循环过程以及径流长期变化的影响，并探讨不透水面积增加、河网水系变化引起的洪水变异等水文问题；基于不同城市化水平下河网径流、水质以及"四水转化"的对比观测实验数据，建立基于新技术与新方法的河流综合模拟模型，定量分析城市化水文效应及河流水系变化对水文过程的影响，揭示河流水系对水循环过程、暴雨洪水以及水生态环境的影响规律。

在多学科交叉与新技术、新方法应用方面，更加注重新技术、新方法在城市化水文学中的应用研究。采用多学科综合分析方法，吸收当前快速发展的遥感监测、GIS空间分析技术、大数据与网络通信技术以及水生态环境监测分析技术、计算机模拟与虚拟现实仿真技术，将宏观和微观相结合、确定性机制分析与特征统计相结合、野外实验观测与数值模拟相结合、水文分析与地理综合相结合，建立从传统的水文过程模型逐步转向多要素、多过程耦合的水系统综合评估模型，以便更好地评估城市化区域水文过程变化规律。

此外，还需进一步开展城市化地区人类活动下的水资源与水生态环境研究。城市化地区水文、水资源与水环境的研究要逐渐从自然的视角转向人地关系的视角，其研究内涵在逐渐扩展，并从不同的时间和空间尺度上开展相关研究。城市水文研究要从多学科向跨学科（自然科学和社会科学）发展，逐渐加强与社会、人文科学的合作才能更加客观地看待自然和人类共同作用下的水循环过程，提高水资源利用的经济效益，以便使水资源生态环境形成良性循环。

我国东部是经济发达且城市化高度发展的地区，需继续开展城市化对河流水系与水文过程的影响机制研究，内容将涉及以城市化为代表的人类活动对河流水系的影响，流域下垫面及河流水系变化对流域水循环和水文过程的影响，水循环和水文过程变化对孕灾环境和水生态平衡的影响，以及流域水文过程与河流水系格局变化之间耦合关系等方面的研究。上述研究不仅有利于新形势下城市化地区水文特征变化规律的深入探讨，还可为我国东部城市化地区防洪减灾及水资源持续利用与水生态环境保护提供有力依据。

城市化水文效应是现代水文学研究的热点与前沿问题，目前国内在许多研究领域仍处于起步阶段，主要存在的问题包括在我国城市化较为发达的平原地区，河网水系纵横，城市流域排水出口众多，且多为泵站人工排水，给城市区降雨径流定量分析带来困难；其次，在整个流域水文资料中，城市区的水文资料较为匮乏，而据此资料很难得出较为深入的研究成果；此外，城市水文的影响因素繁杂，研究难度较大，加之我国幅员辽阔，不同区域有着各自不同的水文特征，因此城市化下水文研究还有待深入探讨。

第二节　城市化下洪涝风险与水安全对策

一、城市化下洪涝风险研究趋势

洪涝灾害的频繁发生对社会经济和人类发展造成了严重损失和巨大影响。目前全世界因洪涝灾害造成的损失已占各类自然灾害造成损失的一半以上。在城市化规模扩大和人类活动加剧的背景下，极端暴雨洪涝事件频发且洪涝损失剧增，洪涝灾害严重制约经济社会的健康发展。

城市化地区经济迅猛发展，工商业快速崛起，城镇规模不断扩大。经济发展带来财富累积的同时，也导致了与洪涝灾害相关的孕灾环境、致灾因子和承灾体的变化。城市化的发展使流域不透水面积剧增，河道水系淤塞萎缩，湖荡滞涝能力骤减。城市化区域内地理、气象、下垫面及人类活动共同作用导致了洪涝灾害的频繁发生。并且随着城市化地区经济不断发展，社会财富不断累积，小洪灾造成的经济损失也逐渐加大，即所谓"小水大灾"现象。为此需深入开展城市化发展对洪水风险影响研究，评估城市化进程中洪水风险的变化，以确保城市化持续发展。

同时需要开展城市化地区内洪涝风险的协调分析，实现城市与郊区、不同城市化水平地区利益共享、洪涝风险共担。通过太湖平原典型区，综合考虑城市圩垸防洪排涝及运行调度等影响下的洪涝淹没与风险变化特征，结果表明，当启用城市防洪大包围时，包围内淹没面积及最大淹没深度会随着暴雨强度而增加，但增加幅度比不启用防洪大包围时低，当发生200年一遇暴雨时，包围内的淹没面积减少了62.3 %，包围外则增加了32.7 %。启用大包围能有效缓解城区内的洪涝风险，可使其多个产流小区的洪涝风险值呈现下降趋势，圩内多个人口密集且经济较发达的产流小区洪涝风险值下降超过50%；但同时也加剧了大包围以外南部和东部地区的洪涝风险，部分小区风险值增加超50%。如何平衡城市化区域洪涝风险是城市化地区防洪减灾所面临的一个严峻问题，有待深入探讨分析。

探讨快速城市化地区洪涝灾害新特点和形成机制，进行城市化地区洪涝风险分析，探寻我国东部城市化地区防洪减灾新途径和新对策。基于不同区域城市化水文效应观测实验，分析城市化下极端洪涝事件发生的特点与规律，探寻变化环境下洪涝灾害的形成机制，实施洪涝灾害风险管理，以减轻洪涝灾害造成的损失，这将是今后一段时间城市化地区防洪减灾研究所面临的主要任务。

二、城市化下水安全保障对策

城市化水安全保障是城市化可持续发展的前提，在城市水文效应研究基础上，需深入开展水安全保障研究。城市化的快速发展剧烈改变了地区的下垫面状况，其中以水系的变迁与土地利用的变化最为突出，显著地改变了区域的产汇流模式。建设用地的扩张致使区域的产流系数增加，而水系的萎缩导致水体的调蓄能力下降。结果，城市化地区的洪涝灾害问题日益严峻，防洪减灾压力与日俱增。洪涝灾害是威胁平原水网地区城市经济发展的最主要自然灾害，从防洪现状来看，人类还不可能完全消除洪涝灾害，因此要树立"人与洪水和谐相处"的思想和"给洪水以出路"的防洪理念，努力减少洪涝灾害，避免出现经济发展越快，洪涝损失越大的现象。基于前人对洪涝成灾机制的分析，结合研究区的城市化发展现状，考虑圩垸防洪影响的暴雨洪水模拟研究，针对平原水网地区的城市洪涝现状及未来开展防洪减灾应注重以下问题。

（一）保持现状水系，优化骨干河网结构

平原水网地区的河道众多，尤其是大量末端河道对洪水有一定存蓄和调节作用。因此，在今后城市发展过程中，应充分考虑河湖水系的蓄洪功能，维持城区现有的水面率不降低，增强城市的洪涝蓄滞与消纳能力，将水系保护工作纳入到各层次的城市规划中，形成一套保护水系的长效管理机制。同时，还应注重优化骨干河网的空间结构，充分发挥其内蓄外排的功能。并加强对现有水文循环系统的保护，严格限制对较为脆弱的原有水文循环系统的随意改造和肆意破坏，确保原有水文循环系统在渗透、积存、产汇流等方面尽量保持自然状态。对水文循环系统的敏感性与脆弱性相对较高的地区，在城市化开发之前，进行相应的洪涝风险分析，对可能的发展模式进行风险预评估，进而合理规划城市化建设的模式与规模，实行不同空间尺度的综合径流系数管理方法。从流域、城市、小区等不同层次确定其相应的综合径流系数标准方案，确保城市化建设前后的综合径流系数不显著增大，甚至相对减小。因此，在城市化发展过程中，当城市建设地区径流系数变大的同时，在相应的非建设地区有相同规模的径流系数减小，从而确保区域整体的综合径流系数没有较大变化。

（二）保护现有城市水环境生态系统，增加城市"绿色"建筑设计

在城市化地区，由于过去的盲目城市化与过度开发，很多原有的生态环境脆弱地带或洪水调蓄主体遭到严重的人为破坏，致使该地区成为洪涝频发或加重的发生区，同时也是损失集中的受灾区。随着城市化发展进入科学规划的历史新阶段，结合旧城改造计划，对位于生态环境脆弱地带或洪水调蓄区域的可拆除建筑，实行全面拆除和异地安置的策略，全面恢复原有生态功能，从"与水争地"转变为"为水让地"，从"与水战斗"转变为"与水相安"的和谐相处模式。而对于不易拆除的少量建筑，根据生态建筑与绿色基础设施建设等方面的原理，在降水的截留收集、调蓄排水等功能方面进行绿色屋顶、地下储水设施等方面的全新设计改造，降低原有建筑物地带的径流系数，缓解洪涝压力。

（三）统筹城市圩垸防洪工程的建设与调度

在城市防洪规划过程中，应该充分考虑其与流域、区域防洪的协调，科学确定防洪保护范围和排涝能力，尽可能减少城市排涝对周边区域防洪的影响。此外，面对不断提升的城市防洪标准和排涝强度，应统筹协调城市排涝需求与区域防洪能力的关系，深入探讨城市防洪大包围运行与流域、区域防洪的适配性，合理控制城市河网水位与区域河道水位的关系，进一步提高城市防洪工程调度与管理水平。在优化调度方案上可采用城市、区域同时优化调度，在工程布局措施上可同时采用所提出的三类工程措施方案。这些调度和工程措施的同时实施可最大限度地降低流域、区域水位，同时也不影响城市大包围内部的防洪安全。从尽可能提升流域、区域和城市防洪协调性，完善洪涝调控格局的角度，建议在优化现有城市、区域防洪除涝工程调度方式的基础上，尽快实施区域性河流整治工程的建设。

参 考 文 献

卞洁. 2011. 长江中下游暴雨洪涝灾害的风险性评估与预估. 南京: 南京信息工程大学.

蔡金傍, 张毅敏, 李维新, 等. 2010. 常州平原河网水动力模型构建. 生态与农村环境学报, 26(s1): 41-44.

柴雯, 王根绪, 李元寿, 等. 2008. 长江源区不同植被覆盖下土壤水分对降水的响应. 冰川冻土, (2): 329-337.

陈明星, 周园, 郭莎莎, 等. 2019. 新型城镇化研究的意义、目标与任务. 地球科学进展, 34(9): 974-983.

陈秀洪, 刘丙军, 李源, 等. 2017. 城市化建设对广州夏季降水过程的影响. 水文, 37(1): 25-32.

陈莹, 许有鹏, 陈兴伟. 2011. 长江三角洲地区中小流域未来城镇化的水文效应. 资源科学, 33(1): 64-69.

陈云霞, 许有鹏, 付维军. 2007. 浙东沿海城镇化对河网水系的影响. 水科学进展, (1): 68-73.

程声通, 钱益春, 张红举. 2013. 太湖总磷、总氮宏观水环境容量的估算与应用. 环境科学学报, 33(10): 2848-2855.

程文辉, 王船海, 朱琰. 2006. 太湖流域模型. 南京: 河海大学出版社.

崔广柏, 陈星, 向龙, 等. 2017. 平原河网区水系连通改善水环境效果评估. 水利学报, 48(12): 1429-1437.

戴均良, 高晓路, 杜守帅. 2010. 城镇化进程中的空间扩张和土地利用控制. 地理研究, 29(10): 1822-1832.

丁瑾佳, 许有鹏, 潘光波. 2010a. 苏锡常地区城市发展对降雨的影响. 长江流域资源与环境, 19(8): 873.

丁瑾佳, 许有鹏, 潘光波. 2010b. 杭嘉湖地区城市发展对降水影响的分析. 地理科学, 30(6): 886-891.

董晓峰, 刘申, 刘理臣, 等. 2011. 基于熵值法的城市生态安全评价——以平顶山市为例. 西北师范大学学报(自然科学版), 47(6): 94-98.

方创琳. 2018. 改革开放 40 年来中国城镇化与城市群取得的重要进展与展望. 经济地理, 38(9): 1-9.

冯利忠, 裴国霞, 吕欣格, 等. 2016. 黄河呼和浩特段水动力与降雨径流耦合模型的构建. 中国农业大学学报, 21(7): 113-120.

冯彦, 何大明, 杨丽萍, 等. 2012. 河流健康评价的主评指标筛选. 地理研究, 31(3): 389-398.

高俊峰, 闻余华. 2002. 太湖流域土地利用变化对流域产水量的影响. 地理学报, (2): 194-200.

郜雷群. 2011. 流域健康综合评价方法及其应用研究. 郑州: 华北水利水电学院.

郭凤清, 屈寒飞, 曾辉, 等. 2013. 基于 MIKE21 的澧江蓄滞洪区洪水危险性快速预测. 自然灾害学报, 22(3): 144-152.

韩龙飞, 许有鹏, 杨柳, 等. 2015. 近 50 年长三角地区水系时空变化及其驱动机制. 地理学报, 70(5): 819-827.

韩龙飞. 2017. 基于陆-气反馈的长三角城市化对降雨-径流的影响研究. 南京: 南京大学.

黄欢, 汪小泉, 韦肖杭, 等. 2007. 杭嘉湖地区淡水水产养殖污染物排放总量的研究. 中国环境监测, 23(2): 94-97.

黄兴国. 2012. 河流健康评价研究及应用. 南京: 河海大学.

季笠. 2013. 太湖流域江河湖连通调控实践及水生态环境作用研究. 北京: 中国水利水电出版社.

季益柱, 龚荣山, 焦创, 等. 2013. 基于降雨径流的平原河网水动力模拟. 全国水力学与水利信息学大会.

焦创, 季益柱, 胡孜军, 等. 2015. 平原河网地区设计暴雨下的洪水计算——以苏州地区为例. 水利水电技术, 46(1): 17.

焦秀琦. 1987. 世界城市化发展的 S 型曲线. 城市规划, (2): 34-38.

李超超, 田军仓, 申若竹. 2020. 洪涝灾害风险评估研究进展. 灾害学, 35(3): 131-136.

李国芳, 郑玲玉, 童奕懿, 等. 2013. 长江三角洲地区城市化对洪灾风险的影响评价. 长江流域资源与环境, 22(3): 386-391.

李恒鹏, 杨桂山, 金洋. 2007. 太湖流域土地利用变化的水文响应模拟. 湖泊科学, (5): 537-543.

李加林, 许继琴, 李伟芳, 等. 2007. 长江三角洲地区城市用地增长的时空特征分析. 地理学报, (4): 437-447.

李谦, 郑锦森, 朱青, 等. 2014. 太湖流域典型土地利用类型土壤水分对降雨的响应. 水土保持学报, 28(1): 6-11.

李倩. 2012. 秦淮河流域城市化空间格局变化及其水文效应. 南京: 南京大学.

李远平, 杨太保, 包训成. 2014. 大别山北坡典型区域暴雨洪涝风险评价研究——以安徽省六安市为例. 长江流域资源与环境, 23(4): 582-587.

梁忠民, 胡义明, 王军. 2011. 非一致性水文频率分析的研究进展. 水科学进展, 22(6): 864-871.

廖凯华, 吕立刚. 2018. 东南湿润区坡面土壤水文过程研究进展与展望. 地理科学进展, 37(4): 476-484.

林荷娟, 程媛华, 梅青, 等. 2014. 太湖警戒水位研究. 中国水利, 745(7): 55-57.

刘昌明, 李宗礼, 王中根, 等. 2021. 河湖水系连通的关键科学问题与研究方向. 地理学报, 76(3): 505-512.

刘宏伟, 余钟波, 崔广柏. 2009. 湿润地区土壤水分对降雨的响应模式研究. 水利学报, 40(7): 822-829.

刘家宏, 王浩, 高学睿, 等. 2014. 城市水文学研究综述. 科学通报, (36): 3581-3590.

刘俊, 周宏, 鲁春辉, 等. 2018. 城市暴雨强度公式研究进展与述评. 水科学进展, 29(6): 898-910.

刘涛, 曹广忠. 2010. 城市用地扩张及驱动力研究进展. 地理科学进展, 29(8): 927-934.

刘相超, 宋献方, 夏军, 等. 2006. 华北山区坡地土壤水分动态实验研究. 水文地质工程地质, (4): 76-80, 89.

刘晓燕, 张原峰. 2006. 健康黄河的内涵及其指标. 水利学报, (6): 649-654, 661.

刘瑶, 江辉, 方玉杰, 等. 2015. 基于 SWAT 模型的昌江流域土地利用变化对水环境的影响研究. 长江流域资源与环境, 24(6): 937-942.

陆大道. 2007. 我国的城镇化进程与空间扩张. 城市规划学刊, (4): 47-52.

吕乐婷, 高晓琴, 刘琦, 等. 2021. 东江流域景观格局对氮、磷输出影响研究. 生态学报, 41(5).

麻蓉, 白涛, 黄强, 等. 2017. MIKE21 模型及其在城市内涝模拟中的应用. 自然灾害学报, (4): 172-179.

马保成. 2015. 自然灾害风险定义及其表征方法. 灾害学, 30(3): 16-20.

马立呼, 潘玉君, 华红莲, 等. 2021. 新型城镇化视角下城市土地扩张与人口增长耦合态势研究——以长江中游城市群为例. 中州大学学报, 38(5): 26-32.

毛锐. 2000. 建国以来太湖流域三次大洪水的比较及对今后治理洪涝的意见. 湖泊科学, 12(1): 12-18.

梅超, 刘家宏, 王浩, 等. 2017. 城市设计暴雨研究综述. 科学通报, 62: 3873-3884.

宁越敏, 杨传开. 2019. 新型城镇化背景下城市外来人口的社会融合. 地理研究, 38(1): 23-32.

单媛媛, 李瑞, 张骏芳, 等. 2010. 平原河网地区河流健康评价指标体系构建. 水科学与工程技术, (4): 17-19.

申艳萍. 2008. 城市河流生态系统健康评价实例研究. 气象与环境科学, 31(2): 13-16.

盛绍学, 石磊, 刘家福, 等. 2010. 沿淮湖泊洼地区域暴雨洪涝风险评估. 地理研究, 29(3): 416-422.

宋晓猛, 张建云, 孔凡哲. 2018. 基于极值理论的北京市极端降水概率分布研究. 中国科学: 技术科学, 48: 639-650.

孙明坤, 李致家, 刘志雨, 等. 2020. WRF-Hydro 模型与新安江模型在陈河流域的应用对比. 湖泊科学, 32(3): 850-864.

王丹青, 许有鹏, 王思远, 等. 2019. 城镇化背景下平原河网区暴雨洪水重现期变化分析——以太湖流域武澄锡虞区为例. 水利水运工程学报, (5): 27-35.

王国胜. 2007. 河流健康评价指标体系与 AHP—模糊综合评价模型研究. 广州: 广东工业大学.

王建军, 吴志强. 2009. 城镇化发展阶段划分. 地理学报, 64(2): 177-188.

王杰, 许有鹏, 王跃峰, 等. 2019. 平原河网地区人类活动对降雨-水位关系的影响——以太湖流域杭嘉湖地区为例. 湖泊科学, 31(3): 779-787.

王世旭. 2015. 基于 MIKE FLOOD 的济南市雨洪模拟及其应用研究. 济南: 山东师范大学.

王同生. 2006. 太湖流域防洪与水资源管理. 北京: 中国水利水电出版社

王维, 纪枚, 苏亚楠. 2012. 水质评价研究进展及水质评价方法综述. 图书情报导刊, 22(13): 129-131.

王艳艳, 韩松, 喻朝庆, 等. 2013. 太湖流域未来洪水风险及土地风险管理减灾效益评估. 水利学报, 44(3): 327-335.

王跃峰, 许有鹏, 张倩玉, 等. 2016. 太湖平原区河网结构变化对调蓄能力的影响. 地理学报, 71(3): 449-458.

吴浩云. 1999. 太湖流域洪涝灾害与减灾对策. 中国减灾, 9(1): 15-18.

吴天蛟, 杨汉波, 李哲, 等. 2014. 基于 MIKE11 的三峡库区洪水演进模拟. 水力发电学报, 33(2): 51-57.

伍健雄, 周侃, 刘汉初. 2021. 城市化过程对氨氮排放的驱动作用与空间交互特征——以长三角地区为例. 环境科学学报, 41(10): 3893-3904.

夏军, 高扬, 左其亭, 等. 2012. 河湖水系连通特征及其利弊. 地理科学进展, (1): 26-31.

谢华, 罗强, 黄介生. 2012. 基于三维 copula 函数的多水文区丰枯遭遇分析. 水科学进展, 23(2): 186-193.

熊鸿斌, 张斯思, 匡武, 等. 2017. 基于 MIKE11 模型的引江济淮工程涡河段动态水环境容量研究. 自然资源学报, 32(8): 1422-1432.

徐光来, 许有鹏, 王柳艳. 2013. 近 50 年杭-嘉-湖平原水系时空变化. 地理学报, 68(7): 966-974.

徐建华. 2002. 现代地理学中的数学方法(第 2 版). 北京: 高等教育出版社.

徐向阳. 1998. 平原城市雨洪过程模拟. 水利学报, 8(8): 34-37.

徐宗学, 程涛, 洪思扬, 等. 2018. 遥感技术在城市洪涝模拟中的应用进展. 科学通报, 63(21): 2156-2166.

徐宗学, 赵刚, 程涛. 2016. "城市看海": 城市水文学面临的挑战与机遇. 中国防汛抗旱, 26(5): 54-55.

许学强, 叶嘉安. 1986. 我国城市化的省际差异. 地理学报, 41(1): 8-22.

许有鹏. 2012. 长江三角洲地区城镇化对流域水系与水文过程的影响. 北京: 科学出版社.

杨大文, 徐宗学, 李哲, 等. 2018. 水文学研究进展与展望. 地理科学进展, 37(1): 36-45.

杨金玲, 张甘霖, 赵玉国, 等. 2006. 城市土壤压实对土壤水分特征的影响——以南京市为例. 土壤学报, (1): 33-38.

杨凯, 袁雯, 赵军, 等. 2004. 感潮河网地区水系结构特征及城镇化响应. 地理学报, 59(4): 557-564.

杨龙. 2014. 城市下垫面对夏季暴雨及洪水的影响研究. 北京: 清华大学.

姚士谋, 李青, 武清华, 等. 2010. 我国城市群总体发展趋势与方向初探. 地理研究, 29(8): 1345-1354.

叶正伟, 许有鹏, 徐金涛. 2009. 江苏里下河地区洪涝灾害演变趋势与成灾机理分析. 地理科学, 29(6): 880-885.

衣秀勇. 2014. DHI MIKE FLOOD 洪水模拟技术应用与研究. 北京: 中国水利水电出版社.

尹义星, 许有鹏, 陈莹. 2011. 太湖流域典型区 50 年代以来极值水位时空变化. 地理研究, 30(6): 1077-1088.

尹占娥, 许世远, 殷杰, 等. 2010. 基于小尺度的城市暴雨内涝灾害情景模拟与风险评估. 地理学报, 65(5): 553-562.

于兴修, 杨桂山. 2003. 典型流域土地利用/覆被变化及对水质的影响-以太湖上游浙江西苕溪流域为例. 长江流域资源与环境, 12(3): 211-217.

曾杉. 2018. 相同降雨过程下洪水对不同流域地形响应的概化试验研究. 西安: 西安理工大学.

张聃, 钱蔚, 潘向忠, 等. 2010a. 京杭运河(杭州段)河网水质模拟. 环境科学与技术, 33(4): 39-41.

张聃, 周蔚, 徐海岚, 等. 2010b. 引配水对京杭运河杭州段水质的改善预测. 水资源保护, 26(3): 45-48.

张洪, 林超, 雷沛, 等. 2015. 海河流域河流耗氧污染变化趋势及氧亏分布研究. 环境科学学报, 35(8): 2324-2335.

张建云, 宋晓猛, 王国庆, 等. 2014. 变化环境下城市水文学的发展与挑战——Ⅰ. 城市水文效应. 水科学进展, 25(4): 594-605.

张近乐, 任杰. 2011. 熵理论中熵及熵权计算式的不足与修正. 统计与信息论坛, 26(1): 3-5.

张兰, 张宇飞, 林文实, 等. 2015. 空气污染对珠江三角洲一次大暴雨影响的数值模拟. 热带气象学报, (2): 122-130.

张倩玉, 许有鹏, 雷超桂, 等. 2016. 东南沿海水库下游地区基于动态模拟的洪涝风险评估. 湖泊科学, 28(4): 868-874.

张珊, 黄刚, 王君, 等. 2015. 城市地表特征对京津冀地区夏季降水的影响研究. 大气科学, 39(5): 911-925.

张赟程, 王晓峰, 张蕾, 等. 2017. 海风与热岛耦合对上海强对流天气影响的数值模拟. 高原气象, (3): 705-717.

张正涛, 高超, 刘青, 等. 2014. 不同重现期下淮河流域暴雨洪涝灾害风险评价. 地理研究, 33(7): 1361-1372.

赵霏, 黄迪, 郭逍宇, 等. 2014. 北京市北运河水系河道水质变化及其对河岸带土地利用的响应. 湿地科学, (3): 380-387.

赵军, 单福征, 杨凯, 等. 2011. 平原河网地区河流曲度及城市化响应. 水科学进展, 22(5): 631-637.

赵军, 杨凯, 邰俊, 等. 2012. 河网城市不透水面的河流水质响应阈值与尺度效应研究. 水利学报, (2): 14-20.

赵鹏, 胡艳芳, 林峻宇. 2015. 不同河岸带修复策略对氮磷非点源污染的净化作用. 中国环境科学, (7): 242-252.

周北平, 史建桥, 李少魁, 等. 2016. 近 53 年长三角地区极端降水时空变化分析. 长江科学院院报, 33(9): 5-9.

周春山, 金万富, 张国俊, 等. 2019. 中国国有建设用地供应规模时空特征及影响因素. 地理学报, 74(1): 16-31.

周峰, 吕慧华, 许有鹏. 2015. 城镇化平原河网区下垫面特征变化及洪涝影响研究. 长江流域资源与环境, 24(12): 2094-2099.

周良法. 2015. 常州"2015·6"特大暴雨的灾后反思. 江苏水利, (11): 9-11.

周一星. 2006. 关于中国城镇化速度的思考. 城市规划, (S1): 32-35, 40.

周玉文, 赵洪宾. 1997. 城市雨水径流模型研究. 中国给水排水, (4): 4-6.

朱玲, 徐兴, 曹杰, 等. 2017. 无锡城市防洪工程对运东片大包围内外水文要素影响分析. 治淮, (12): 29-30.

左其亭, 刘静, 窦明. 2016. 闸坝调控对河流水生态环境影响特征分析. 水科学进展, (3): 439-447.

Aswathy M V, Vijith H, Satheesh R. 2008. Factors influencing the sinuosity of Pannagon River, Kottayam, Kerala, India: an assessment using remote sensing and GIS. Environmental Monitoring And Assessment, 138: 173-180.

Barbour M T, Gerritsen J, Snyder B D, et al. 1999. Rapid Bioassessment Protocols for Use in Streams and Wadeable Rivers. Washington: USEPA.

Barron O V, Donn M J. 2013. Urbanisation and shallow groundwater: predicting changes in catchment hydrological responses. Water Resources Management, 27(1): 95-115.

Bayley G, Hammersley J. 1946. The effective number of independent observations in an autocorrelated time series. Supplement to the Journal of the Royal Statistical Society, 8(2): 184-197.

Borga M, Gaume E, Creutin J D, et al. 2008. Surveying flash floods: Gauging the ungauged extremes. Hydrological Processes, 22(18): 3883-3885.

Bouza-Deaño R, M Ternero-Rodríguez, Fernández-Espinosa A J. 2008. Trend study and assessment of surface water quality in the Ebro River (Spain). Journal of Hydrology, 361(3-4): 227-239.

Budyko M I. 1974. Climate and Life. San Diego: Academic Press.

Cai Z, Ofterdinger U. 2016. Analysis of groundwater-level response to rainfall and estimation of annual recharge in fractured hard rock aquifers, NW Ireland. Journal of Hydrology, 535: 71-84.

Cea L, Fraga I. 2018. Incorporating antecedent moisture conditions and intraevent variability of rainfall on flood frequency analysis in poorly gauged basins. Water Resources Research, 54(11): 8774-8791.

Changnon S A. 1979. Rainfall changes in summer caused by St. Louis. Science, 205(4404): 402-404.

Chen F, Mitchell K, Schaake J, et al. 1996. Modeling of land surface evaporation by four schemes and comparison with FIFE observations. Journal of Geophysical Research: Atmospheres, 101(D3): 7251-7268.

Chen J, Hill A, Urbano L. 2009. A GIS-based model for urban flood inundation. Journal of Hydrology, 373(1-2): 184-192.

Chen Y, Li J, Xu H. 2016. Improving flood forecasting capability of physically based distributed hydrological models by parameter optimization. Hydrology and Earth System Sciences, 20(1): 375-392.

Choudhury B J. 1999. Evaluation of an equation for annual evaporation using field observations and results from a biophysical model. Journal of Hydrology, 216(1-2): 99-110.

Creutin J D, Borga M, Gruntfest E, et al. 2013. A space and time framework for analyzing human anticipation of flash floods. Journal of Hydrology, 482: 14-24.

Deng X, Xu Y, Han L, et al. 2015. Assessment of river health based on an improved entropy-based fuzzy matter-element model in the Taihu Plain, China. Ecological Indicators, 57: 85-95.

DHI. 2012. MIKE21 flow model: Hydrodynamic module scientific documentation.

Eastwood W J, Tibby J, Roberts N, et al. 2002. The environmental impact of the Minoan eruption of Santorini (Thera): Statistical analysis of palaeoecological data from Gölhisar, southwest Turkey. Holocene, 12: 431-444.

Gao J X, Nickum J E, Pan Y Z. 2007. An assessment of flood hazard vulnerability in the Dongting Lake Region of China. Lakes & Reservoirs: Research and Management, 12(1): 27-34.

Giraudel J L, Lek S. 2001. A comparison of self-organizing map algorithm and some conventional statistical methods for ecological community ordination. Ecological Modelling, 146(1-3): 330-339.

Haase R, Nolte U. 2008. The invertebrate species index (ISI) for streams in southeast queensland, Australia. Ecological Indicators, 8(5): 599-613.

Hagemeyer B C. 1991. A lower-tropospheric thermodynamic climatology for March through September: Some implications for thunderstorm forcasting. Weather Forecasting, 6: 254-270.

Harvey J, Gomez-Velez J, Schmadel N, et al. 2019. How hydrologic connectivity regulates water quality in river corridors. Journal of the American Water Resources Association, 55(2): 369-381.

Horton R E. 1921. Thunderstorm-breeding spots. Monthly Weather Review, 49: 193.

Huang J C, Mitsch W J, Zhang L. 2009. Ecological restoration design of a stream on a college campus in central Ohio. Ecological Engineering, 35(2): 329-340.

Huang Q, Gao J F, Cai Y J, et al. 2015. Development and application of benthic macroinvertebrate-based multimetric indices for the assessment of streams and rivers in the Taihu Basin, China. Ecological Indicators, 48: 649-659.

Huang S, Cheng S, Wen J, et al. 2008. Identifying peak-imperviousness-recurrence relationships on a growing-impervious watershed, Taiwan. Journal of Hydrology, 362(3-4): 320-336.

Huff F A, Changnon S A. 1972. Climatological assessment of urban effects on precipitation at St. Louis. Journal of Applied Meteorology, 11: 823-842.

Jiang X, Luo Y, Zhang D, et al. 2020. Urbanization enhanced summertime extreme hourly precipitation over the Yangtze River Delta. Journal of Climate, 33(13): 5809-5826.

Jun Y C, Won D H, Lee S H, et al. 2012. A multimetric benthic macroinvertebrate index for the assessment of stream biotic integrity in Korea. International Journal of Environmental Research and Public Health, 9: 3599-3628.

Kaller M D, Keim R F, Edwards B L, et al. 2015. Aquatic vegetation mediates the relationship between hydrologic connectivity and water quality in a managed floodplain. Hydrobiologia, 760(1): 29-41.

Korsman T, Renberg I, Anderson N J. 1994. A palaeolimnological test of the influence of Norwayspruce (Piceaabies) immigration on lake-water acidity. Holocene, 4 : 132-140.

La Barbera P, Rosso R. 1989. On the fractal dimension of stream networks. Water Resources Research, 25: 735-741.

Li J, Zhang B, Mu C, et al. 2018. Simulation of the hydrological and environmental effects of a sponge city based on MIKE FLOOD. Environmental Earth Sciences, 77(2): 32.

Li X X, Koh T Y, Panda J, et al. 2016. Impact of urbanization patterns on the local climate of a tropical city,

Singapore: An ensemble study. Journal of Geophysical Research: Atmospheres, 121: 4386-4403.

Liu B, Yan Y, Zhu C, et al. 2020. Record‐breaking Meiyu rainfall around the Yangtze River in 2020 regulated by the subseasonal phase transition of the North Atlantic Oscillation. Geophysical Research Letters, 47: e2020GL090342.

Mei K, Liao L, Zhu Y, et al. 2014. Evaluation of spatial-temporal variations and trends in surface water quality across a rural-suburban-urban interface. Environmental Science & Pollution Research, 21(13): 8036-8051.

Northam R M. 1979. Urban Geography. 2rd ed. New York: John Wiley.

Ntelekos A A, Smith J A, Donner L, et al. 2009. The effects of aerosols on intense convective precipitation in the northeastern United States. Quarterly Journal of the Royal Meteorological Society, 135(643): 1367-1391.

Oberholster P J, Botha A M, Cloete T E. 2005. Using a battery of bioassays, benthic phytoplankton and the AUSRIVAS method to monitor long-term coal tar contaminated sediment in the Cache La Poudre River, Colorad. Water Research, 39(20): 4913-4924.

Racchetti E, Bartoli M, Soana E, et al. 2011. Influence of hydrological connectivity of riverine wetlands on nitrogen removal via denitrification. Biogeochemistry, 103(1): 335-354.

Rigby R, Stasinopoulos D. 2007. Generalized additive models for location, scale and shape. Journal of the Royal Statistical Society, 23(7): 507-554.

Rozoff C M, Cotton W R, Adegoke J O. 2003. Simulation of St. Louis, Missouri, land use impacts on thunderstorms. Journal of Applied Meteorology, 42(6): 716-738.

Ryu Y, Lim Y J, Ji H S, et al. 2017. Applying a coupled hydrometeorological simulation system to flash flood forecasting over the Korean Peninsula. Asia-Pacific Journal of Atmospheric Sciences, 53: 421-430.

Saget A, Chebbo G, Bertrand-Krajewski J L. 1996. The first flush in sewer systems. Water Science and Technology, 33(9): 101-108.

Salvadori G, De Michele C. 2004. Frequency analysis via copulas: theoretical aspects and applications to hydrological events. Water Resources Research, 40(12): W12511.

Scholl S K, Schmidt S J. 2014. Determining the physical stability and water-solid interactions responsible for caking during storage of glucose monohydrate. Journal of Food Measurement and Characterization, 8(4) : 316-325.

Shepherd J M, Pierce H, Negri A J. 2002. Rainfall modification by major urban areas: Observations from spaceborne rain radar on the TRMM satellite. Journal of Applied Meteorology, 41: 689-701.

Shreve R L. 1966. Statistical law of stream numbers. The Journal of Geology, 74(1): 17-37.

Singh K P, Malik A, Mohan D, et al. 2004. Multivariate statistical techniques for the evaluation of spatial and temporal variations in water quality of Gomti River (India)-A case study. Water Research, 38(18): 3980-3992.

Sun Y, Zhang X, Zwiers F W, et al. 2014. Rapid increase in the risk of extreme summer heat in Eastern China. Nature Climate Change, (12): 1082-1085.

Sun, C, Wu H. 2012. Pollution from animal husbandry in China: a case study of the Han River Basin. Water Science & Technology, 66: 872-878.

Tolson B A, Shoemaker C A. 2007. Dynamically dimensioned search algorithm for computationally efficient watershed model calibration. Water Resources Research, 43(1): 208-214.

Trusilova K, Jung M, Churkina G. 2009. On Climate Impacts of a Potential Expansion of Urban Land in Europe. Journal of Applied Meteorology & Climatology, 48(9): 1971-1980.

Wang J, Feng J, Yan Z. 2015. Potential sensitivity of warm season precipitation to urbanization extents: Modeling study in Beijing-Tianjin-Hebei urban agglomeration in China. Journal of Geophysical Research Atmospheres, 120(18): 9408-9425.

Wang Q, Wang Y, Lu X, et al. 2018. Impact assessments of water allocation on water environment of river network: Method and application. Physics & Chemistry of the Earth, 103: 101-106.

Wang Q, Xu Y, Wang J, et al. 2019. Assessing sub-daily rainstorm variability and its effects on flood processes in the Yangtze River Delta region. Hydrological Sciences Journal, 64(16): 1972-1981.

Xu Q Y, Wang P, Wang S, et al. 2021. Influence of landscape structures on river water quality at multiple spatial scales: A case study of the Yuan river watershed, China. Ecological Indicators, 121: 107226.

Xu X, Yang D, Yang H, et al. 2014. Attribution analysis based on the Budyko hypothesis for detecting the dominant cause of runoff decline in Haihe basin. Journal of Hydrology, 510: 530-540.

Yang L, Wang L, Li X, et al. 2019. On the flood peak distributions over China. Hydrology and Earth System Sciences, 23(12): 5133-5149.

Yin J, Gentine P, Zhou S, et al. 2018. Large increase in global storm runoff extremes driven by climate and anthropogenic changes. Nature Communications, 9(1): 1-10.

Yu M, Miao S, Li Q. 2017. Synoptic analysis and urban signatures of a heavy rainfall on 7 August 2015 in Beijing. Journal of Geophysical Research: Atmospheres, 122(1).

Yue S, Pilon P, Phinney B, et al. 2002. The influence of autocorrelation on the ability to detect trend in hydrological series. Hydrological Processes, 16(9): 1807-1829.

Zhang C L, Chen F, Miao S G, et al. 2009. Impacts of urban expansion and future green planting on summer precipitation in the Beijing metropolitan area. Journal of Geophysical Research, 114(D2): 1-26.

Zhang J, Lin P, Gao S, et al. 2020. Understanding the re-infiltration process to simulating streamflow in north central Texas using the WRF-Hydro modeling system. Journal of Hydrology, 587: 124902.

Zhao J, Lin L Q, Yang K, et al. 2015. Influences of land use on water quality in a reticular river network area: A case study in Shanghai, China. Landscape and Urban Planning, 137: 20-29.

Zhao Y W, Yang Z F. 2009. Integrative fuzzy hierarchical model for river health assessment: A case study of Yong River in Ningbo City, China. Communications in Nonlinear Science and Numerical Simulation, 14: 1729-1736.

Zhong S, Qian Y, Zhao C, et al. 2017. Urbanization-induced urban heat island and aerosol effects on climate extremes in the Yangtze River Delta region of China. Atmospheric Chemistry and Physics, 17(8): 5439-5457.

Zou Q, Zhou J Z, Zhou C, et al. 2013. Comprehensive flood risk assessment based on set pair analysis-variable fuzzy sets model and fuzzy AHP. Stochastic Environmental Research and Risk Assessment Volume, 27(2): 525-546.